全国高等职业教育机电类“十二五”规划教材

高频电子线路

主　编　李　明　杨　光
副主编　付宗见　田相军　马磊娟

黄河水利出版社
·郑州·

内 容 提 要

本书为全国高等职业教育机电类“十二五”规划教材。全书共分七章,在强调基本概念的基础上,以常用基本电路为对象进行基础理论分析和实际应用介绍。同时结合当前电子技术的发展,重点介绍了集成电路在具体电路中的应用。

本书可供高职高专院校电子、通信类专业使用,也可供相应工程技术人员参考。

图书在版编目(CIP)数据

高频电子线路/李明,杨光主编. —郑州:黄河水利出版社,2011.12

全国高等职业教育机电类“十二五”规划教材

ISBN 978-7-5509-0021-9

Ⅰ.①高… Ⅱ.①李… ②杨… Ⅲ.①高频-电子电路-高等职业教育-教材 Ⅳ.①TN710.2

中国版本图书馆 CIP 数据核字(2011)第 248889 号

组稿编辑:王文科 电话:0371-66028027 E-mail:wwk5257@163.com

出 版 社:黄河水利出版社

地址:河南省郑州市顺河路黄委会综合楼 14 层 邮政编码:450003

发行单位:黄河水利出版社

发行部电话:0371-66026940、66020550、66028024、66022620(传真)

E-mail:hhslcbs@126.com

承印单位:黄河水利委员会印刷厂

开本:787 mm×1 092 mm 1/16

印张:11

字数:268 千字 印数:1—4 000

版次:2011 年 12 月第 1 版 印次:2011 年 12 月第 1 次印刷

定价:25.00 元

前 言

随着电子、电信技术的飞速发展，高频电子线路的应用越来越广泛，高频电子线路理论得到不断的充实和发展。为了更好地适应新形势下我国高职高专教育发展的需要，我们编写了《高频电子线路》教材。该教材可供电子、通信类专业使用，也可供相应工程技术人员参考。

高频电子线路是一门理论性、实践性都很强的课程，其先修课程为电路基础、模拟电子线路等。结合高职高专教学的特点，在本教材编写过程中，我们力求简单明了，尽量减少复杂烦琐的理论推导，在强调基本概念的基础上，以常用基本电路为对象进行基础理论分析和实际应用介绍，做到理论与实际相结合。同时结合当前电子技术的发展，重点介绍了集成电路在具体电路中的应用。章后安排了实训项目，以便更好地帮助读者掌握对高频电子线路的性能分析，加深对高频电子线路的工作原理和电路调试方法的理解。

全书共分七章。第一章为绪论，简要介绍通信系统的组成和非线性电子线路的基本概念；第二章为高频小信号放大器，主要介绍小信号谐振放大器的工作原理及集中选频放大器的组成；第三章为高频功率放大器，主要讨论丙类谐振功率放大器的工作原理、电路和传输线变压器的工作原理；第四章为正弦波振荡器，主要介绍 *LC* 振荡器和晶体振荡器；第五章为幅度调制、解调与混频电路，主要介绍频谱线性搬移电路的基本原理及实现电路模型，常用调幅、检波和混频电路；第六章为角度调制与解调电路，主要介绍频率调制、解调原理及实用调频和鉴频电路；第七章为锁相环电路与频率合成技术，主要介绍锁相环电路工作原理、应用和频率合成技术，简单介绍自动增益控制电路和自动频率控制电路。

另外，本书在编写过程中还注意将理论讲授、课堂讨论、自学、作业等教学环节有机结合，以充分调动学生的学习积极性和主动性。每章编有小结和习题，习题内容力求突出本课程的重点和基本要求，并注意与工程应用相结合。

本书由李明、杨光担任主编，由付宗见、马磊娟、田相军担任副主编。第一章由河南机电高等专科学校史兆强编写，第二章、第五章由河南机电高等专科学校李明编写，第三章由焦作大学机电工程学院杨光编写，第四章由濮阳职业技术学院田相军编写，第六章由商丘工学院杨娜编写，第七章由河南工业职业技术学院马磊娟编写，全书各章仿真实训及附录部分由郑州铁路职业技术学院付宗见编写。

由于作者水平有限，书中难免有不妥之处，敬请读者批评指正。

编 者

2011 年 8 月

目　录

第一章　绪　论

人们在生活和生产等活动中将语言、文字、图像及数据等含有信息的消息，从一个地方传送到另一个地方，称为通信。利用电信号实现消息传送过程的系统称为通信系统。高频电子线路是在高频段范围内实现特定功能的电路。高频电路是通信系统，特别是无线电通信系统的基础，是无线电通信设备的重要组成部分。本书主要结合无线电通信这一方式讨论高频电子线路的线路组成、工作原理。

第一节　无线电通信系统概述

一、无线电通信发展简史

信息传输是人类社会生活的重要内容。从古代的烽火到近代的旗语，都是人们寻求快速远距离通信的手段。直到19世纪电磁学的理论与实践有了坚实的基础之后，人们才开始用电磁能量来传送信息。

1837年摩尔斯发明电报，创造了摩尔斯电码，开始了通信的新纪元。

1864年麦克斯韦总结了前人的科学成果，提出电磁波学说。

1876年贝尔发明了电话，能够直接将语言信号变为电能沿导线传送。

1887年德国科学家赫兹（Hertz）用一个振荡偶子产生了电磁波，在历史上第一次直接验证了电磁波的存在。

1895年意大利科学家马可尼（Marconi）在赫兹实验的基础上，实现了远距离无线电信号的传送，这个距离在当时不过一百码（约为91.4 m），但一年后他就实现了船只与海岸的通信。

1901年马可尼首次完成横渡大西洋的无线通信。

1904年英国科学家弗莱明（Fleming）获得了一项专利，在专利说明书中描述了一个高频交变电流整流用的两极真空管，这标志着电子技术进入无线电电子学时代。

1907年美国科学家弗雷斯特（Forest）发明了真空三极管，用它能够组成具有放大、振荡、变频、调制、检波和波形变换等重要功能的电子线路。真空三极管为现代千变万化的电子线路提供了“心脏”器件，是电子技术发展史上第一个重要里程碑。

1912年英国科学家埃克尔斯（Eccles）提出了无线电波通过电离层传播的理论，这一理论使得一群业余爱好者在1921年实现了短波试验性广播；同年，美国的费森登（Fessenden）和阿姆斯特朗（Armstrong）改进了接收机的工作方式，发明了外差式接收系统，这种形式仍是目前许多无线电接收机的主要工作方式。

1938年美国科学家香农（Shannon）指出，利用布尔（Boole）代数能对复杂的开关电路进行分析，电子科学中一个崭新的分支就逐渐形成并发展起来。这就是电子计算机最初的理论。

1942年美国“莫尔小组”开始研制ENIAC（Electronic Numerical Integrator And Computer）。一般来说，它是第一台真正的电子计算机。这台计算机直到1946年才完成，它主要是为美国陆军阿贝尔丁检验基地计算弹道而设计的，共用了 18 000 个真空管。

1948 年第一只晶体管在贝尔实验室（Bell Telephone Laboratories）诞生，它促成了电子技术小型化的发展，推动了对固体物理和电子学的研究。晶体管出现后，无线电技术及电子学本身发生了巨大变化，得到了长足的发展。这是电子技术发展史上第二个重要里程碑。

20 世纪 60 年代，中、大规模乃至超大规模集成电路不断涌现，成为电子技术发展史上第三个重要里程碑。

1959 年美国科学家基尔比（Kilby）研制出了世界上第一块集成电路。

1966 年美国贝尔实验室制造成第一块公认的大规模集成电路。

1978 年超大规模集成（VLSI）电路面世，从此电子技术进入了微电子技术时代。

无线电技术诞生后对人类的生活和生产活动产生了非常深刻的影响。20 世纪初首先解决了无线电报通信问题；接着又解决了用无线电波传送语言和音乐的问题，从而开展了无线电话通信和无线电广播；随后传输图像的问题也解决了，出现了无线电传真和电视。20 世纪 30 年代中期到第二次世界大战期间，为了防空的需要，无线电定位技术的迅速发展和雷达的出现，带动了其他学科的兴起，如无线电天文学、无线电气象学等。20 世纪 50 年代以来，宇航技术的发展又促进了无线电技术向更高的阶段发展。

无线电技术的发展是从利用电磁波传输信息的无线电通信扩展到计算机科学、宇航技术、自动控制以及其他各学科领域的。

二、通信系统的组成

根据电信号传输媒质的不同，通信系统可以分为有线通信系统和无线通信系统。有线通信是指通过电线、电缆线、光缆线等有线媒质来传递信息。无线通信是指电信号利用电磁波的传播来完成信息的传输，如无线广播、移动通信、卫星通信均属无线通信。

任何通信系统都可以用图 1-1 来表示。

图 1-1　通信系统组成方框图

输入换能器——将传输的非电量信息（如声音、图像等）变换为电信号。

发送设备——将电信号变换为适应于信道传输特性的信号。

信道——传输信息的通道，又称传输媒介。

接收设备——与发送设备相反，将接收到的信号恢复成与发送设备输入信号一致的信号。

输出换能器——将电信号转变成原来传送的信号。

无线通信系统的组成框图如图 1-2 所示。

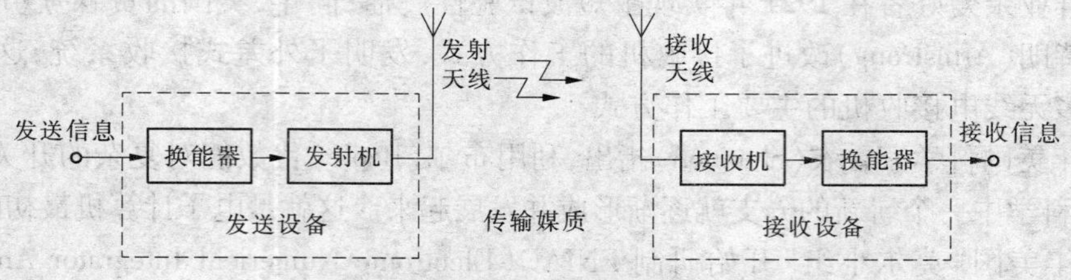

图 1-2　无线通信系统方框图

三、无线通信系统分类

按照无线通信系统中关键部分的不同特性，有以下一些类型：

(1)按照工作频段或传输手段分类，有中波通信、短波通信、超短波通信、微波通信和卫星通信等。

(2)按照通信方式分类，主要有(全)双工、半双工和单工方式。

(3)按照调制方式的不同，分为调幅、调频、调相以及混合调制等。

各种不同类型的通信系统，其系统组成和设备的复杂程度都有很大不同。但是，组成设备的基本电路及其原理都是相同的，遵从同样的规律。

第二节　无线电通信原理

以无线电通信调幅广播发射机、接收机为例来说明无线电工作原理与工作过程。

一、发送设备的基本工作原理

调幅式无线电广播发射机组成框图如图 1-3 所示。它由高频、低频和电源三大部分组成。

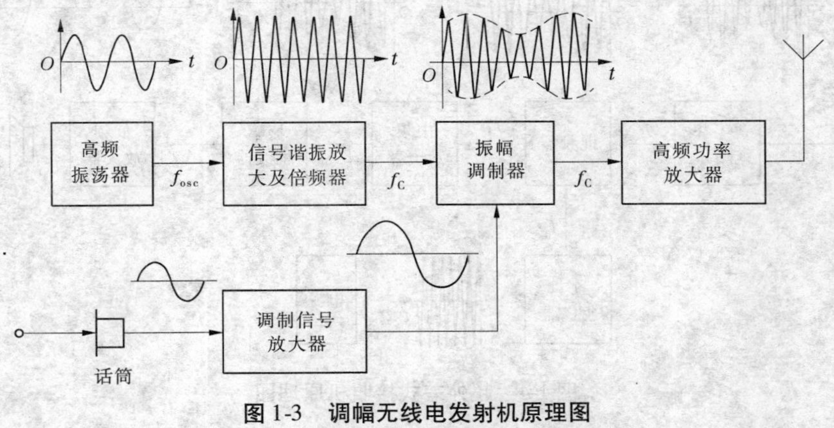

图 1-3　调幅无线电发射机原理图

低频部分有：

话筒——将声音变换为电信号，即音频信号，这种信号具有低通型频谱结构，故称为基带信号。

调制信号放大器——也称为音频放大器或低频放大器。调制信号即基带信号，从话筒得到的电信号通常强度很小，只有几毫伏到零点几伏，不能满足调制器对调制信号的要求，需要经过调制信号放大器放大，以达到所需电平。

高频部分有：

高频振荡器——产生高频的振荡信号，即载波信号。

信号谐振放大及倍频器——振荡器产生的振荡信号往往还不能直接用做载波。要使振荡器的频率稳定度高，振荡器的频率就不能太高，所以需要使用倍频器把载波频率提高到所需的数值上，然后对载波信号放大，以得到频率较高、振幅较大的高频载波信号。

振幅调制器——用调制信号对载波进行振幅调制。

高频功率放大器——对经过调幅后的已调信号进行功率放大，保证输出信号有足够大的功率馈送到天线，由天线进行发射。输出信号的功率大小决定了信号传输距离的远近。

声音经过话筒转换为电信号，即产生基带信号，基带信号为低频信号，大多不适宜直接在信道中传输，必须先经过调制，然后通过天线向空间以电磁波的形式将信息辐射出去。

所谓调制，就是在发送端将基带信号变换成适合信道传输的频带信号。它利用基带信号去控制载波的幅度（或频率或相位），使载波的幅度（或频率或相位）随基带信号而变化，这里基带信号称为调制信号，调制后形成的信号称为已调信号。调制使幅度变换的称为调幅，使频率变换的称为调频，使相位变换的称为调相。在通信系统中，载波相当于运载工具，起装载和运输信号的作用，而调制信号才是真正需要传送的对象。

二、接收设备的基本工作原理

接收设备的工作过程是发射设备工作过程的逆过程，它的基本任务是将接收天线上感应的已调信号接收下来，并还原成原来的信号。

现代接收设备多采用超外差式接收机的形式，如图 1-4 所示。

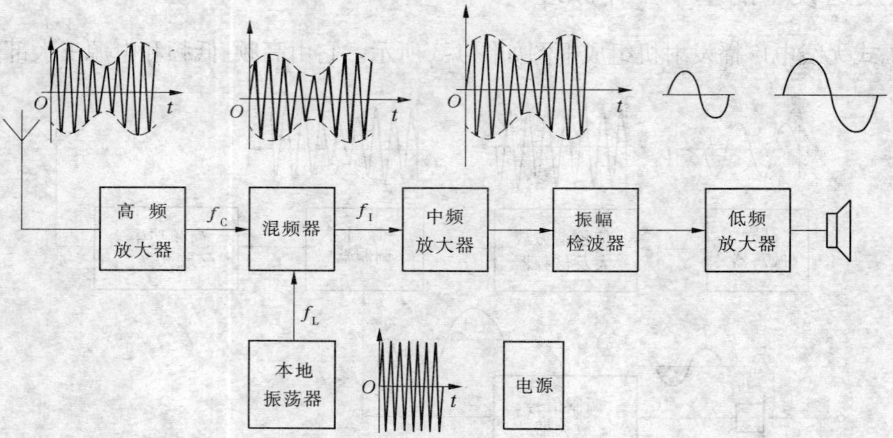

图 1-4　超外差式接收机原理图

超外差式接收机由高频放大器、本地振荡器、混频器、中频放大器、振幅检波器、低频放大器及扬声器等组成。

接收天线从空间接收信号，由高频放大器将谐振频率对准某一载频，从而在接收到的众多信号中选择其中一个电台信号，并适当放大；此时得到的信号为已调信号，还需要经过解调才能得到音频信号，输出到终端设备扬声器上；本地振荡器为混频器提供高频等幅的正弦波信号，即本振信号；混频器将高频的调幅波与高频本振信号的等幅波进行混频，使之变成中频的调幅信号输出；中频放大器将中频信号进行放大，为检波器提供峰 - 峰值为1 V的调幅波信号；检波器再将中频信号变换成音频信号，从调幅波中还原出原来的信号就是解调，它与发射设备中的调幅电路功能刚好相反；低频放大器，又称为音频放大器，将检波器输出的音频信号进行放大，使之有足够大的功率推动扬声器发声。

以上我们简要地介绍了无线电发射设备和接收设备的组成，分析了发射和接收的工作原理及过程。虽然是基于模拟信号中的语音信号进行分析的，但它具有代表意义。

第三节　波段的划分和传播方式

一、电磁波的划分

电磁波可分为无线电波、红外线、可见光、紫外线、X 射线、宇宙射线。图 1-5 为电磁波波谱，从图中可以看出无线电波的频段在整个电磁波中的位置。

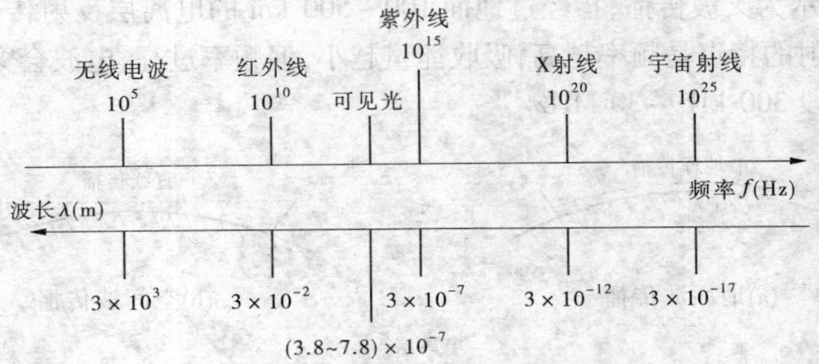

图 1-5　电磁波波谱

表 1-1 为无线电波的频段划分。按波长不同，可将无线电波划分为长波（LW）、中波（MW）、短波（SW）、超短波（VSW）和微波等。按频率的不同，可划分为低频（LF）、中频（MF）、高频（HF）、甚高频（VHF）等。高频电子线路课程涉及的频段为中频（MF）、高频（HF）、甚高频（VHF）。

表 1-1　无线电波的频段划分及其用途

波段名称		波长范围	频率范围	频段名称	主要传播方式和用途
长波（LW）		$10^3\sim10^4$ m	30 ~ 300 kHz	低频（LF）	地波；远距离通信
中波（MW）		$10^2\sim10^3$ m	300 kHz ~ 3 MHz	中频（MF）	地波、天波；广播、通信、导航
短波（SW）		10 ~ 100 m	3 ~ 30 MHz	高频（HF）	天波、地波；广播、通信
超短波（VSW）		1 ~ 10 m	30 ~ 300 MHz	甚高频（VHF）	直线传播、对流层散射；通信、电视广播、调频广播、雷达
微波	分米波（USW）	10 ~ 100 cm	300 MHz ~ 3 GHz	特高频（UHF）	直线传播、散射传播；通信、中继与卫星通信、雷达、电视广播
	厘米波（SSW）	1 ~ 10 cm	3 ~ 30 GHz	超高频（SHF）	直线传播；中继和卫星通信、雷达
	毫米波（ESW）	1 ~ 10 mm	30 ~ 300 GHz	极高频（EHF）	直线传播；微波通信、雷达

二、无线电波的基本传播方式

无线电波在无线信道中的传播方式可分为三种：地面波传播、空间波传播和天波传播。图 1-6（a）所示为地面波（300 kHz 以下的电磁波）传播，它是指电磁波沿地球表面的传播，也称为绕射或表面波传播。由于地球表面并非传播电磁波的理想导体，因而有能量的损耗，并且波长愈长，传播损耗愈小。地面波传播主要用于长距离通信、导航和广播。

图 1-6(b)所示为空间波(30 MHz 以上的电磁波)传播，它是指电磁波由发射天线直接辐射至接收天线，也称为直射波。直线传播的电磁波只能在视距范围内。发射天线和接收天线架设得越高，其传播距离就越远(在发射机发射工具足够大、接收机灵敏度足够高的条件下)。电磁波在空间传播时会被大气吸收，因而有部分能量损耗，损耗与电磁波的波长等因素有关。

图 1-6(c)所示为天波传播，指经过地面 100 ~ 500 km 的电离层反射传送到接收点的电磁波。电离层反射的特点是频率越高，吸收能量越小，但频率过高，电波会穿透电离层，故频率只限于中短波段 300 kHz ~ 30 MHz。

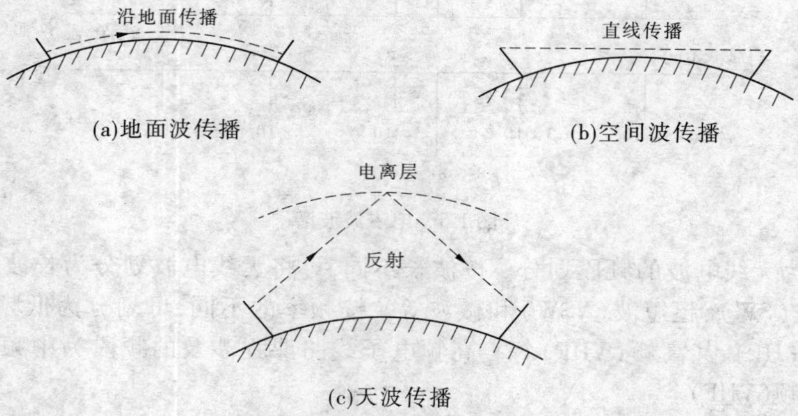

(a)地面波传播　(b)空间波传播　(c)天波传播

图 1-6　无线电波的三种传播方式

为了有效地传输信号，不同波段的信号采用不同的传播方式。

习　题

1-1　画出无线通信收发信机的原理框图，并说出各部分的功用。

1-2　无线通信为什么要进行调制？如何进行调制？

1-3　无线电波的频段或波段是如何划分的？各个频段的传播特性和应用情况如何？

1-4　无线电传播的三种方式及其特点是什么？

第二章　高频小信号放大器

第一节　概　述

高频小信号放大器的功用，就是从众多微弱的电信号中，选出有用信号并加以放大，而对其他无用信号、干扰与噪声进行抑制，以提高信号的质量和抗干扰能力。这里所指的小信号主要是强调这种信号的放大器工作在它的线性范围。高频小信号放大器既可以用于通信系统的接收机中，也可以用于发射机等设备中。它是中心频率在几百千赫到几百兆赫，频谱宽度在几千赫到几十兆赫，振幅在微伏至毫伏量级范围内的放大器。高频小信号放大器主要技术要求是：增益要高，频率选择性要好，工作稳定可靠，此外，还要求放大器内部噪声要小。

第二节　高频小信号放大器的分类与主要性能指标

一、高频小信号放大器的分类

高频小信号放大器的类型很多：按使用的元器件，可分为晶体管放大器、场效应管放大器和集成电路放大器；按通频带，可分为窄带放大器和宽带放大器；按电路形式，可分为单级放大器和多级放大器；按负载性质，可分为谐振放大器和非谐振放大器，其中以谐振回路为负载的谐振放大器又可分为调谐放大器（通称高频放大器）和频带放大器（通称中频放大器），前者的谐振回路需对外来不同的信号频率进行调谐，后者的谐振回路谐振频率固定不变。本章主要介绍单极单调谐窄带放大器。

为了突出选频效果，有时采取集中选频放大器，集中选频放大器是把放大和选频两种功能分开处理，放大作用由多级非谐振宽频带放大器承担，目前一般都采用集中宽频带放大器，其线路简单，性能可靠，调整方便。

小信号条件下工作的高频放大器，由于信号电压、电流幅度都很小，放大器件用在甲类工作状态，放大电路可看做有源线性电路，因而可采用小信号等效电路来进行分析。由于高频小信号放大器的负载具有谐振特性，故采用导纳 Y 参数电路进行分析比较方便。

二、高频小信号放大器的主要性能指标

高频小信号放大器的主要性能指标有谐振增益、通频带和选择性等。

（一）谐振电压增益与功率增益

谐振电压增益是指放大器在谐振频率上的电压增益 A_{v0}（或功率增益），其值为放大器的输出电压与输入电压之比，即：$A_{v0}=\dfrac{u_o}{u_i}$，可用分贝（dB）数表示。

而功率增益等于放大器输出给负载的功率与输入功率之比，即：$A_p = \frac{P_o}{P_i}$，它用来说明放大器对有用信号的放大能力，一般每级的增益越大越好。

（二）通频带

通频带指放大器的增益比谐振增益下降 3 dB（即 A_v 下降到 A_{v0} 的 $1/\sqrt{2}$）时，所对应的频率范围，用 $BW_{0.7}$ 表示，如图 2-1 所示。为了不失真地放大有用信号，$BW_{0.7}$ 应大于有用信号的频谱宽度。

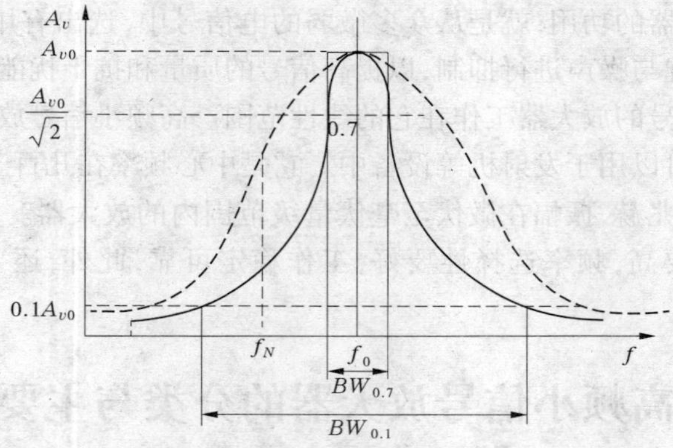

图 2-1　高频小信号放大器的典型幅频特性曲线

（三）选择性

选择性指放大器从含有各种不同频率信号总和中，选出有用信号并排除干扰信号的能力。它定义为通频带以外某一特定频率上的增益 $A_v(f_N)$ 与谐振增益 $A_{v0}(f_0)$ 的比值，用 N 表示，即

$$N = \frac{A_v(f_N)}{A_{v0}(f_0)} \tag{2-1}$$

显然，N 越小选择性就越好。

实际上，通频带与选择性是相互制约的。一般情况下，通频带越宽，对特定频率干扰的选择性就越差，图 2-1 中虚线所示幅频特性曲线的通频带比实线所示通频带宽，但 $f=f_N$ 时，N 比较大。

（四）工作稳定性

放大器的工作稳定性是指放大器的直流偏置、晶体管参数、电路元件参数等由于各种原因发生变化时，放大器主要性能的稳定程度。一般要求晶体管放大器的工作要稳定。

（五）噪声系数

噪声系数是用来表征放大器的噪声性能好坏的一个物理量。

由于 LC 谐振回路为高频小信号放大器的组成部分，其特性将直接影响放大器性能的好坏，同时 LC 谐振回路在以后各章所述的电路，如谐振功率放大器、调制、变频等电路中，也都起着重要的作用。因此，下一节将对谐振回路的基本特性进行分析。

第三节　分析小信号放大器的有关知识

一、串并联谐振回路的特性

谐振回路也称振荡回路，是最常用的选频网络，它由电感线圈和电容器组成。简单的谐振回路有串联、并联谐振回路，以及把两个或更多个串联、并联谐振回路相互耦合连接起来的耦合谐振回路。

(一) 串联谐振回路

串联谐振回路如图 2-2 所示。图中 r 表示 L 和 C 的总损耗电阻，实际上，由于电容损耗比电感线圈的损耗小很多，所以 r 近似等于线圈的损耗电阻。

由于电路中电阻、电感、电容的阻抗分别为 r、$j\omega L$、$\frac{1}{j\omega C}$，则回路总阻抗为

$$Z = r + j\left(\omega L - \frac{1}{\omega C}\right) \tag{2-2}$$

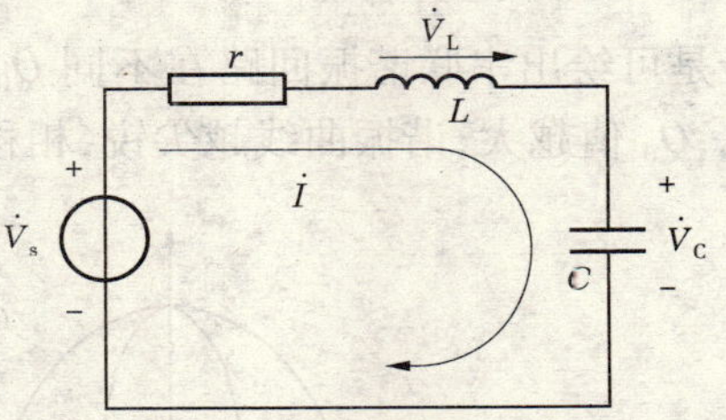

图 2-2　串联谐振回路

在某一频率 $\omega_0(f_0)$ 时，回路的感抗与容抗相等，回路的总阻抗 $Z=r$ 最小。此时，电流与电压同相，回路发生串联谐振，由此可得串联谐振频率为

$$\omega_0 = \frac{1}{\sqrt{LC}} \text{或} f_0 = \frac{1}{2\pi\sqrt{LC}} \tag{2-3}$$

谐振时容抗与感抗数值相等，通常称它们为回路的特性阻抗，用 ρ 表示，即

$$\rho = \omega_0 L = \frac{1}{\omega_0 C} = \sqrt{\frac{L}{C}} \tag{2-4}$$

回路的特性阻抗与回路固有损耗电阻的比值，称为回路的固有品质因数，用 Q_0 表示，即

$$Q_0 = \frac{\omega_0 L}{r} = \frac{1}{\omega_0 C r} = \frac{\sqrt{\frac{L}{C}}}{r} \tag{2-5}$$

Q_0 越大，说明回路电抗元件储能越大而损耗的能量越小，回路的选择性也越好。

谐振时，回路呈现纯阻性，且谐振阻抗最小。回路电流 I 与外加信号源频率之间的幅频特性曲线称为谐振曲线。谐振时，回路电流 I_{oo} 最大。任意频率下的回路电流 I 与谐振时回路的电流 I_{oo} 之比称为单位谐振函数，用 $N(f)$ 表示如下

$$N(f) = \frac{I}{I_{oo}} = \frac{\frac{U_s}{Z}}{\frac{U_s}{r}} = \frac{1}{\sqrt{1+\frac{\left(\omega L - \frac{1}{\omega C}\right)^2}{r^2}}} \tag{2-6}$$

该式总是小于或等于 1。

由式(2-5)和式(2-6)可得

$$\frac{\omega L - \frac{1}{\omega C}}{r} = \frac{\omega_0 \omega L}{\omega_0 r} - \frac{\omega_0}{\omega_0 r \omega C} = Q_0\left(\frac{\omega}{\omega_0} - \frac{\omega_0}{\omega}\right) = Q_0\left(\frac{f}{f_0} - \frac{f_0}{f}\right)$$

定义相对失谐 $\varepsilon=\frac{f}{f_0}-\frac{f_0}{f}$,当失谐不大时,

$$\varepsilon=\frac{f}{f_0}-\frac{f_0}{f}=\frac{(f+f_0)(f-f_0)}{ff_0}\approx\frac{2(f-f_0)}{f_0}=\frac{2\Delta f}{f_0}$$

因此,式(2-6)还可表示为

$$N(f)=\frac{1}{\sqrt{1+Q_0^2\left(\frac{2\Delta f}{f_0}\right)^2}} \tag{2-7}$$

式中,$\Delta f=f-f_0$,称为回路的绝对失调量,即信号源频率偏离回路谐振频率的绝对值。回路的相频特性也可近似为

$$\varphi\approx-\arctan\left(Q_0\frac{2\Delta f}{f_0}\right) \tag{2-8}$$

于是可绘出串联谐振回路在不同 Q_0 值上的谐振曲线和相移曲线,如图 2-3 所示。由图可见,Q_0 值越大,谐振曲线越尖锐,相移特性越陡峭;Q_0 值越小,曲线就越平坦。

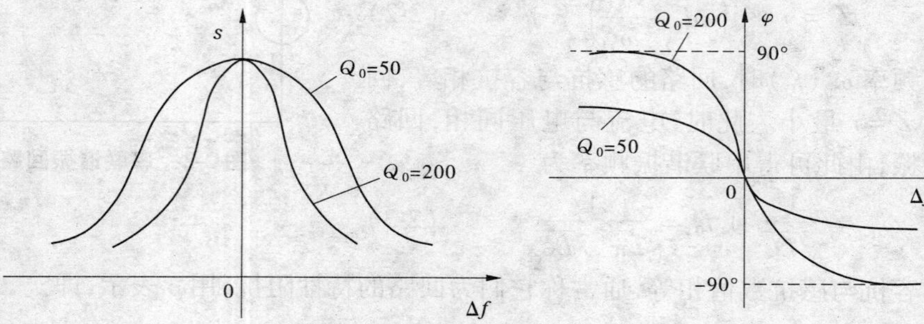

图 2-3　谐振曲线和相移曲线

当占有一定频带的信号在串联回路中传输时,由于谐振曲线的不均匀性,输出的电流或电压便不可避免地产生频率失真。为了限制谐振回路频率失真的大小,而规定了谐振回路的通频带。定义单位谐振曲线上 $N(f)\geqslant\frac{1}{\sqrt{2}}$所包含的频率范围为回路的通频带,用 $BW_{0.7}$ 表示,如图 2-4 所示。

在图上 $BW_{0.7}=f_2-f_1$,取

$$N(f)=\frac{1}{\sqrt{1+Q_0^2\left(\frac{2\Delta f}{f_0}\right)^2}}=\frac{1}{\sqrt{2}}$$

可得

$$Q_0\frac{2\Delta f}{f_0}=\pm 1$$

即

$$Q_0\frac{2(f_2-f_0)}{f_0}=1 \tag{2-9}$$

$$Q_0\frac{2(f_1-f_0)}{f_0}=-1 \tag{2-10}$$

用式(2-9)减去式(2-10),可得

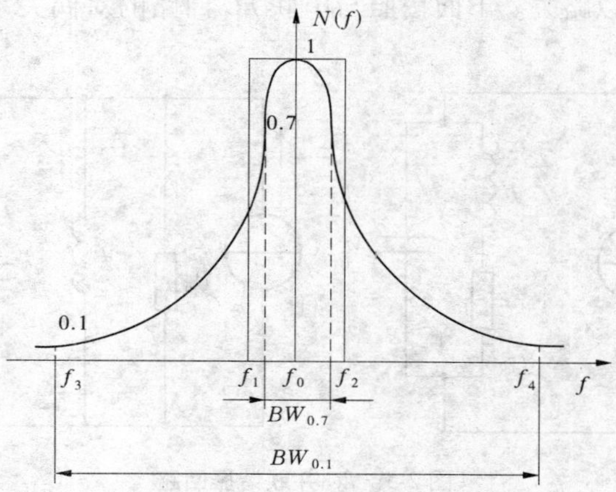

图 2-4　单位谐振曲线

$$Q_0\frac{2(f_2-f_1)}{f_0}=2$$

所以

$$BW_{0.7}=f_2-f_1=\frac{f_0}{Q_0}\tag{2-11}$$

式(2-11)说明,谐振时回路 Q_0 值越大,谐振曲线越尖锐,通频带越窄,选择性越好;反之,谐振曲线越平坦,通频带越宽,选择性越差。

由于通频带与选择性相互制约,为了解决这个矛盾,应尽量使放大器的幅频特性曲线接近理想矩形,并使矩形的宽度等于通频带,如图 2-4 所示,这样通频带与选择性才能同时达到理想的要求。因此,为了统一表示通频带和选择性的要求,说明实际幅频特性曲线接近矩形的程度,常引用矩形系数这一参数。它定义为放大器的电压增益下降到谐振增益的 0.1 时,相应的频带宽度 $BW_{0.1}$ 与放大器通频带 $BW_{0.7}$ 之比,即

$$K_{0.1}=\frac{BW_{0.1}}{BW_{0.7}}\tag{2-12}$$

【例 2-1】　求串联谐振回路的矩形系数。

解:

$$N(f)=\frac{1}{\sqrt{1+Q_0^2\left(\frac{2\Delta f}{f_0}\right)^2}}=\frac{1}{\sqrt{10}}$$

用类似于求通频带 $BW_{0.7}$ 的方法可求得

$$BW_{0.1}=f_4-f_3=\sqrt{10^2-1}\,\frac{f_0}{Q_0}$$

又因为 $BW_{0.7}=\dfrac{f_0}{Q_0}$,所以其矩形系数应为

$$K_{0.1}=\frac{BW_{0.1}}{BW_{0.7}}=\sqrt{10^2-1}\approx 9.95$$

这说明串联谐振回路的谐振曲线和矩形相差较远,所以选择性比较差。

(二)并联谐振回路

LC 并联谐振回路如图 2-5 所示。图中 *r* 代表线圈 *L* 的等效损耗电阻,由于电容器的损

耗很小，其损耗电阻可以略去。下面按照与串联 LC 回路的对偶关系，直接给出并联 LC 回路的主要基本参数。

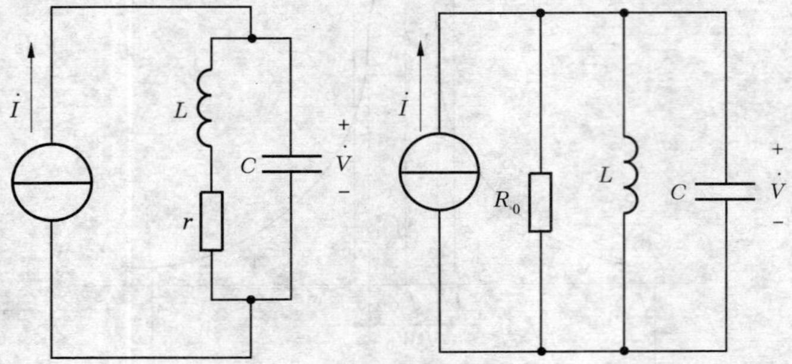

图 2-5　LC 并联谐振回路

回路的总导纳
$$Y = g_{eo} + j\left(\omega C - \frac{1}{\omega L}\right) \tag{2-13}$$

回路的谐振频率
$$\omega_0 = \frac{1}{\sqrt{LC}} \text{或} f_0 = \frac{1}{2\pi\sqrt{LC}} \tag{2-14}$$

回路的特性阻抗
$$\rho = \omega_0 L = \frac{1}{\omega_0 C} = \sqrt{\frac{L}{C}} \tag{2-15}$$

回路的品质因数
$$Q_0 = \frac{\rho}{r} = \frac{\sqrt{\frac{L}{C}}}{r} \tag{2-16}$$

其中，g_{eo} 为并联回路的谐振电导，$g_{eo} = \frac{1}{R_0} = \frac{Cr}{L}$，$R_0$ 为并联回路的谐振电阻。

同样可得出并联回路的谐振曲线和移相曲线如图 2-6 所示。

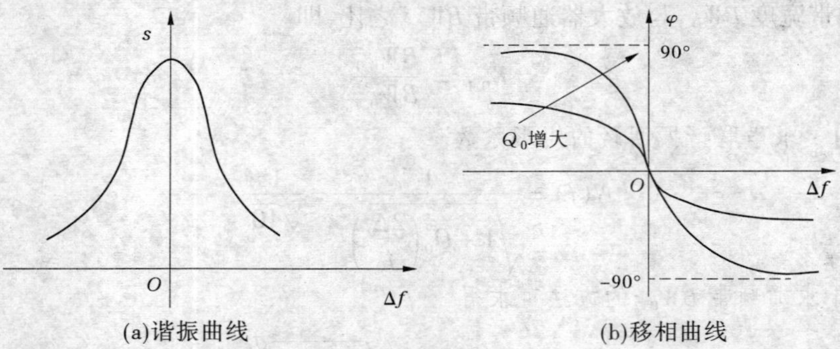

图 2-6　谐振曲线和移相曲线

其谐振函数为

$$N(f) = \frac{U}{U_0} = \frac{\frac{I_s}{Y}}{\frac{I_s}{g_{eo}}} = \frac{1}{\sqrt{1 + \frac{\left(\omega C - \frac{1}{\omega L}\right)^2}{g_{eo}^2}}}$$

用与串联谐振回路分析相同的方法,上式也可以写成

$$N(f)=\frac{1}{\sqrt{1+Q_0^2\left(\frac{2\Delta f}{f_0}\right)^2}} \tag{2-17}$$

(三)阻抗变换电路

阻抗变换电路是一种将实际负载阻抗变换为前级网络所要求最佳负载阻抗的电路。它对于提高整个电路的性能有重要作用。以并联谐振回路为例,其有载品质因数为 $Q_e=\frac{1}{g_\Sigma\omega_0 L}=\frac{R_\Sigma}{\omega_0 L}$,其中 $R_\Sigma=R_s/\!/R_L/\!/R_{eo}$,$R_L$ 和 R_s 分别为负载和信号源内阻,它们的并联值越小,Q_e 越小,回路的选择性越差,故应设法减小信号源和负载对回路的影响。

采用阻抗变换电路可以改变信号源和负载对于回路的等效阻抗,若经变换后等效电阻增加,再与 R_{eo} 并联,可以使回路总电阻减小不多,从而使有载品质因数 Q_e 与 Q_0 相差不大,不太影响选择性。下面以并联谐振回路为例来讨论几种常用的阻抗变换电路。

1. 变压器耦合的阻抗变换电路

图 2-7 中 R_L' 是负载 R_L 等效到初级的电阻。初、次级的功率近似相等,次级线圈与初级线圈匝数比为 $\frac{N_2}{N_1}=n$,则

$$\frac{U_2}{U_1}=\frac{N_2}{N_1}=n$$

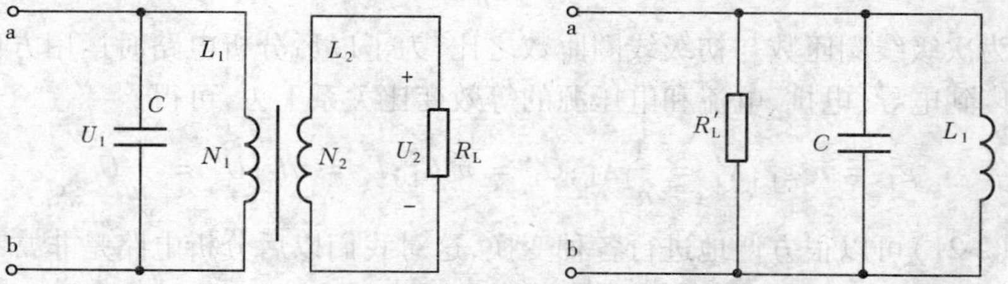

图 2-7 变压器耦合连接的变换

由于 $$P_1=P_2,P_1=\frac{U_1^2}{R_L'},P_2=\frac{U_2^2}{R_L}$$

可得 $$R_L'=\frac{1}{n^2}R_L$$

2. 自耦变压器耦合连接的变比关系

图 2-8 是自耦变压器耦合连接形式,其次级线圈与初级线圈匝数比为 $\frac{N_2}{N_1}=n$,其变比关系的分析与变压器耦合相同。同理可得

$$R_L'=\frac{1}{n^2}R_L$$

3. 双电容分压耦合连接的变比关系

图 2-9 为双电容分压耦合连接形式,其变比关系可以应用串并联等效互换的关系求得,其接入系数为 $n=\frac{C_1}{C_1+C_2}$,最终也可以得到下面的结果

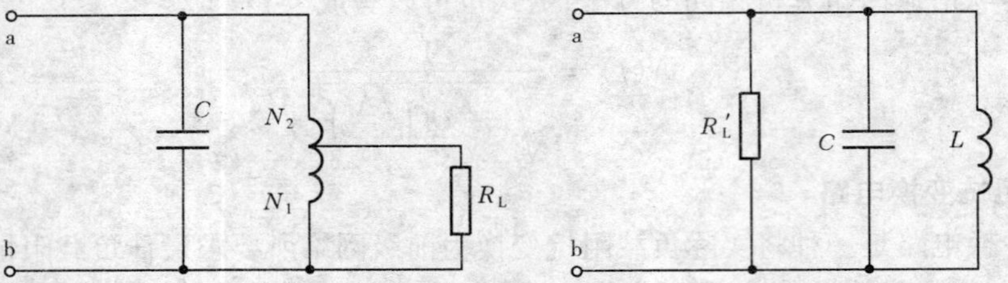

图 2-8　自耦变压器耦合连接的变换

$$R'_L = \frac{1}{n^2}R_L$$

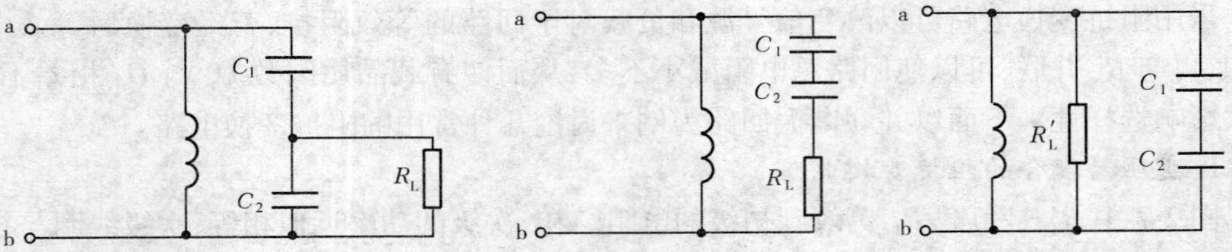

图 2-9　双电容分压耦合连接的变换

根据以上几种情况的分析,可以得到电阻转换通式为

$$R'_L = \frac{1}{n^2}R_L \tag{2-18}$$

其中 n 为次级线圈匝数与初级线圈匝数之比,为了以后分析电路时运用方便,可将上述变化关系推广到电导、电抗、电流和电压源的等效变比关系上去,可得

$$g'_L = n^2 g_L;X'_L = \frac{1}{n^2}X_L;C'_L = n^2 C_L;I'_s = nI_s;U'_s = \frac{1}{n}U_s \tag{2-19}$$

利用式(2-21)可以很方便地进行各种变换,这对我们以后分析电路是非常有用的。

二、晶体管高频等效电路双口网络的 Y 参数

(一)双口网络的 Y 参数

在高频时,晶体管的电抗效应不容忽视,因此在分析高频小信号且通频带较窄的窄带谐振放大器时,采用 Y 参数等效电路比较方便。图 2-10 是双口网络示意图。

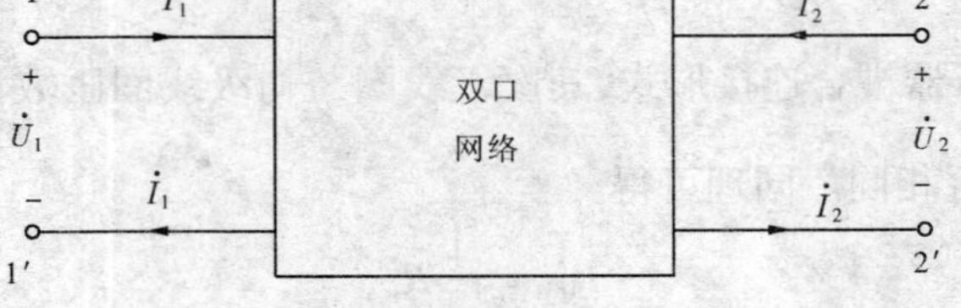

图 2-10　双口网络

双口网络即具有两个端口的网络。所谓端口是指一对端钮,流入其中一个端钮的电流总是等于流出另一个端钮的电流。而四端网络虽然其外部结构与双口网络相同,但对流入流出电流没有类似的规定,这是两者的区别。

对于双口网络，在其每一个端口都只有一个电流变量和一个电压变量，因此共有四个端口变量。如设其中任意两个为自变量，其余两个为应变量，则共有六种组合方式，也就是说，有六组可能的方程用以表明双口网络端口变量之间的相互关系。Y 参数方程就是其中的一组。它是选取各端口的电压为自变量，电流为应变量，其方程如下：

$$\begin{cases}\dot{I}_1 = y_{11}\dot{U}_1 + y_{12}\dot{U}_2 \\ \dot{I}_2 = y_{21}\dot{U}_1 + y_{22}\dot{U}_2\end{cases} \tag{2-20}$$

其中，y_{11}、y_{12}、y_{21}、y_{22} 四个参数均具有导纳量纲，且

$$\begin{aligned} y_{11} &= \left.\frac{\dot{I}_1}{\dot{U}_1}\right|_{\dot{U}_2=0}, \quad y_{12} = \left.\frac{\dot{I}_1}{\dot{U}_2}\right|_{\dot{U}_1=0} \\ y_{21} &= \left.\frac{\dot{I}_2}{\dot{U}_1}\right|_{\dot{U}_2=0}, \quad y_{22} = \left.\frac{\dot{I}_2}{\dot{U}_2}\right|_{\dot{U}_1=0} \end{aligned} \tag{2-21}$$

所以 Y 参数又称为短路导纳参数，即确定这四个参数时必须使某一个端口电压为零，也就是使该端口交流短路。

现以共发射极接法的晶体管为例，将其看做一个双口网络，如图 2-11 所示，相应的 Y 参数方程为

$$\begin{cases}\dot{I}_b = y_{ie}\dot{U}_b + y_{re}\dot{U}_c \\ \dot{I}_c = y_{fe}\dot{U}_b + y_{oe}\dot{U}_c\end{cases} \tag{2-22}$$

其中，输入导纳 $y_{ie} = \left.\frac{\dot{I}_b}{\dot{U}_b}\right|_{\dot{U}_c=0}$

反向传输导纳 $y_{re} = \left.\frac{\dot{I}_b}{\dot{U}_c}\right|_{\dot{U}_b=0}$

正向传输导纳 $y_{fe} = \left.\frac{\dot{I}_c}{\dot{U}_b}\right|_{\dot{U}_c=0}$

输出导纳 $y_{oe} = \left.\frac{\dot{I}_c}{\dot{U}_c}\right|_{\dot{U}_b=0}$ (2-23)

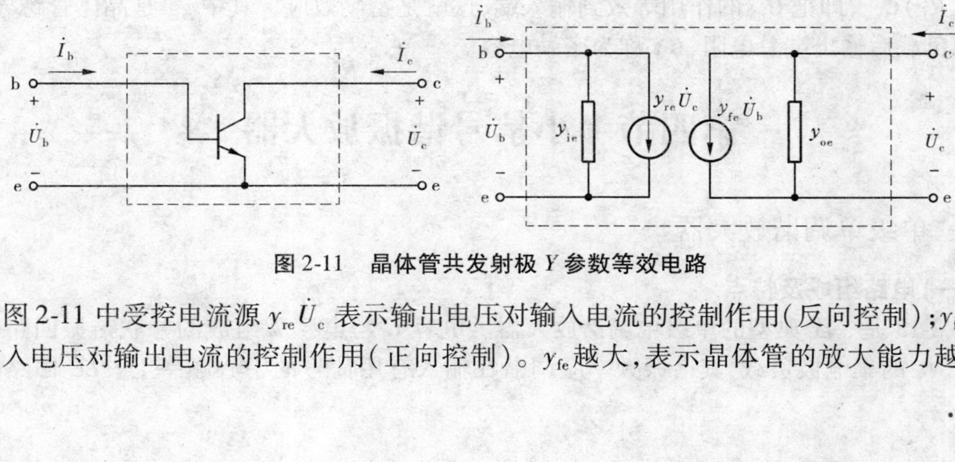

图 2-11　晶体管共发射极 Y 参数等效电路

图 2-11 中受控电流源 $y_{re}\dot{U}_c$ 表示输出电压对输入电流的控制作用（反向控制）；$y_{fe}\dot{U}_b$ 表示输入电压对输出电流的控制作用（正向控制）。y_{fe} 越大，表示晶体管的放大能力越强；y_{re}

越大,表示晶体管的内部反馈越强。y_{re}的存在,给实际工作带来很大危害,是调谐放大器自激的根源,同时也使分析过程变得复杂,因此应尽可能使其减小,或削弱它的影响。

晶体管的 Y 参数可以通过测量得到。根据 Y 参数方程,分别使输出端或输入端交流短路,在另一端加上直流偏压和交流信号,然后测量其输入端或输出端的交流电压和交流电流,代入式(2-23)中就可求得。通过查阅晶体管手册也可得到各种型号晶体管的 Y 参数。

需要注意的是,Y 参数不仅与静态工作点的电压值、电流值有关,而且是工作频率的函数。例如当发射极电流 I_e 增加时,输入与输出电导都将加大。当工作频率较低时,电容效应的影响逐渐减弱。所以,无论是测量还是查阅晶体管手册,都应注意工作条件和工作频率。

显然,在高频工作时,由于晶体管结电容不可忽略,Y 参数是一个复数。晶体管 Y 参数中输入导纳和输出导纳通常可写成用电导和电容表示的直角坐标形式,而正向传输导纳和反向传输导纳通常可写成极坐标形式,即

$$\begin{cases} y_{ie} = g_{ie} + j\omega C_{ie}, \quad y_{oe} = g_{oe} + j\omega C_{oe} \\ y_{fe} = |y_{fe}| \angle \varphi_{fe}, \quad y_{re} = |y_{re}| \angle \varphi_{re} \end{cases} \tag{2-24}$$

(二)混合∏型等效电路

图 2-12 是晶体管高频共发射极混合∏型等效电路。

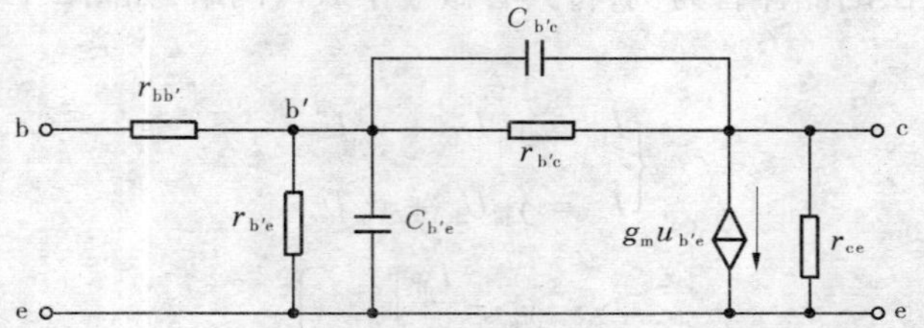

图 2-12　晶体管共发射极混合∏型等效电路

混合∏型等效电路中,$r_{bb'}$为高频晶体管的基区等效电阻,$r_{b'e}$是发射结等效电阻。当晶体管工作于放大状态时,发射结处于正偏,所以 $r_{b'e}$数值较小,可表示为 $r_{b'e} = \frac{26\beta_0}{I_e}$。由于集电结处于反偏,$r_{b'c}$的数值很大,另外 r_{ce} 也很大,它们可视为开路。$g_m u_{b'e}$是表示晶体管放大能力的等效受控电流源。在工作频率不同时,晶体管的混合∏型等效电路可简化成不同的形式。由于集电结电容 $C_{b'c}$跨接在输入输出之间,是双向传输元件,使电路的分析复杂化。为了简化电路,可以把 $C_{b'c}$折合到输入端 b′、e 之间,与电容 $C_{b'e}$并联,其等效电容为:$C_M = (1 + g_m R'_L) C_{b'e}$,即把 $C_{b'c}$的作用等效到输入端,这就是密勒效应。其中 g_m 是晶体管跨导,R'_L是考虑负载后输出端总电阻,C_M 称为密勒电容。

第四节　小信号谐振放大器

一、单级单调谐放大器

(一)电路组成及特点

图 2-13 是一个典型的单级单调谐放大器。电容 C 与电感 L 组成的并联谐振回路作为晶体管 V_1 的集电极负载,其谐振频率应调谐在输入有用信号的中心频率上。LC 回路与本

级晶体管 V_1 的耦合采用自耦变压器耦合方式，这样可减弱晶体管输出导纳对回路的影响。负载（下级放大器）与回路的耦合采用自耦变压器耦合方式和电容耦合方式，这样，可减弱负载（或下级放大器）导纳对回路的影响。另外，采用上述耦合方式也比较容易实现前、后级之间的阻抗匹配。此外，其附属电路中 R_1 与 R_2 的设置完成了正的静态偏置，使该晶体管工作在甲类状态，C_e 是旁路电容。

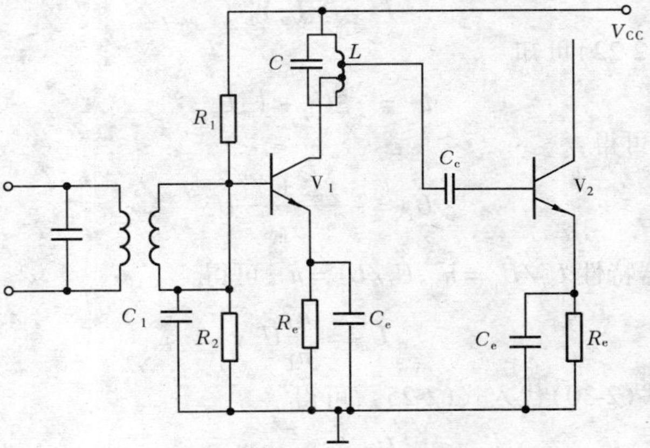

图 2-13　单级单调谐放大器

（二）电路性能分析

为了分析单级单调谐放大器的电压增益，图 2-14 给出了其等效电路。其中晶体管部分采用了 Y 参数等效电路，并忽略了反向传输导纳 y_{re} 的影响。输入信号源用电流源 $\dot{I}_s$ 并联源导纳 Y_s 表示，负载假定为另一级相同的单调谐放大器，所以用晶体管输入导纳 y_{ie} 表示。

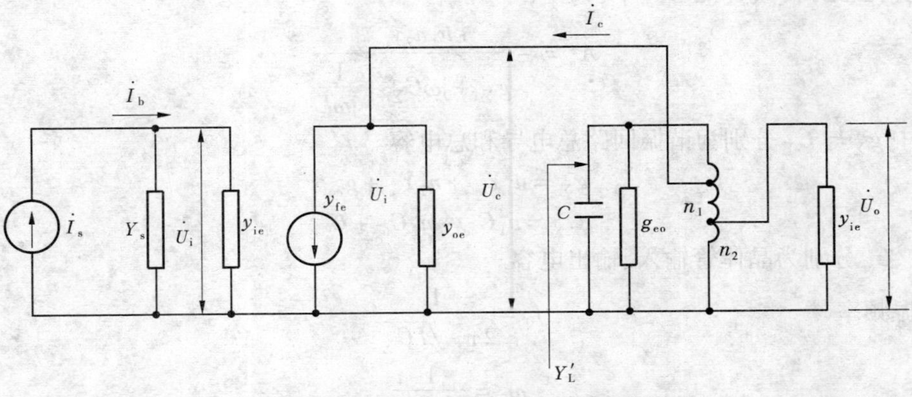

图 2-14　单级单调谐放大器的等效电路

单级单调谐放大器的电压增益

$$\dot{A}_u=\frac{\dot{U}_o}{\dot{U}_i} \tag{2-25}$$

我们先求 $\dot{U}_c$ 与 $\dot{U}_i$ 的关系式，然后求出 $\dot{U}_c$ 与 $\dot{U}_o$ 的关系式，于是可导出 $\dot{U}_o$ 与 $\dot{U}_i$ 之比，即电压增益 $\dot{A}_u$。

因为负载的接入系数为 n_2，晶体管的接入系数为 n_1，所以负载等效到回路两端的导纳

为 $n_2^2 y_{ie}$。

设从集电极和发射极向右看的回路导纳为 Y'_L，则

$$Y'_L = \frac{1}{n_1^2}\left(g_{eo} + j\omega C + \frac{1}{j\omega L} + n_2^2 y_{ie}\right) \tag{2-26}$$

由于 $\dot{U}_c$ 是 Y'_L 上的电压，且 $\dot{U}_c$ 与 $\dot{I}_c$ 相位相反，所以

$$\dot{I}_c = -\dot{U}_c Y'_L \tag{2-27}$$

由 Y 参数方程(2-22)可知

$$\dot{I}_c = y_{fe}\dot{U}_i + y_{oe}\dot{U}_c \tag{2-28}$$

代入式(2-27)，可得

$$\dot{U}_i = -\frac{y_{oe} + Y'_L}{y_{fe}}\dot{U}_c \tag{2-29}$$

根据自耦变压器特性 $\dot{U}_c/\dot{U}_p = n_1$，$\dot{U}_o/\dot{U}_p = n_2$，可得

$$\dot{U}_o = \frac{n_2}{n_1}\dot{U}_c \tag{2-30}$$

将式(2-29)与式(2-30)代入式(2-25)，可得

$$\dot{A}_u = \frac{\dot{U}_o}{\dot{U}_i} = -\frac{n_1 n_2 y_{fe}}{n_1^2 y_{oe} + Y_L} \tag{2-31}$$

其中，$Y_L = n_1^2 Y'_L$ 是 Y'_L 等效到谐振回路两端的导纳，它包括回路本身元件 L、C、g_{eo} 和负载导纳总的等效值，即

$$Y_L = \left(g_{eo} + j\omega C + \frac{1}{j\omega L}\right) + n_2^2 y_{ie} \tag{2-32}$$

将式(2-32)代入式(2-31)中，则

$$\dot{A}_u = -\frac{n_1 n_2 y_{fe}}{g_\Sigma + j\omega C_\Sigma + \dfrac{1}{j\omega L}} \tag{2-33}$$

其中 g_Σ 与 C_Σ 分别为谐振回路总电导和总电容。

$$\begin{aligned} g_\Sigma &= n_1^2 Y_{oe} + n_2^2 Y_{ie} + g_{eo} \\ C_\Sigma &= n_1^2 C_{oe} + n_2^2 C_{ie} + C \end{aligned} \tag{2-34}$$

其中 C_{ie}、C_{oe} 分别为晶体管输入、输出电容。

谐振频率

$$f_0 = \frac{1}{2\pi\sqrt{LC_\Sigma}} \tag{2-35}$$

或

$$\omega_0 = \frac{1}{\sqrt{LC_\Sigma}}$$

回路有载 Q 值

$$Q_e = \frac{\omega_0 C_\Sigma}{g_\Sigma} = \frac{1}{\omega_0 L g_\Sigma} \tag{2-36}$$

以上几个公式说明，考虑了晶体管和负载的影响之后，放大器谐振频率和 Q 值均有所变化。

谐振频率处放大器的电压增益

$$\dot{A}_{u0} = \frac{\dot{U}_{00}}{\dot{U}_i} = -\frac{n_1 n_2 y_{fe}}{g_\Sigma} \tag{2-37}$$

其电压增益振幅

$$A_{u0}=\frac{U_{00}}{U_{\mathrm{i}}}=\frac{n_1n_2|y_{\mathrm{fe}}|}{g_{\Sigma}} \tag{2-38}$$

由于 y_{fe} 是复数,有一个相角 φ_{fe},所以一般来说,图 2-14 所示放大器输出电压与输入电压之间的相位并非正好相差 180°。

另外,由上述公式可知,电压增益振幅与晶体管参数、负载电导、回路谐振电导和接入系数有关,所以可得到以下结论:

(1)为了增大 A_{u0},应选取 $|y_{\mathrm{fe}}|$ 大,g_{oe} 小的晶体管。

(2)为了增大 A_{u0},要求负载电导小,如果负载是下一级放大器,则要求其 g_{ie} 小。

(3)回路谐振电导 g_{eo} 越小,A_{u0} 越大。而 g_{eo} 取决于回路空载 Q 值 Q_0,与 Q_0 成反比。

(4)A_{u0} 与接入系数 n_1、n_2 有关,但不是单调递增或单调递减关系。n_1 和 n_2 还会影响回路有载 Q 值 Q_{e},而 Q_{e} 将影响通频带。所以,n_1 和 n_2 的选择应全面考虑,选取最佳值。

实际放大器的设计应在满足通频带和选择性的前提下,尽可能提高电压增益。

在单级单调谐放大器中,选频功能由单个并联谐振回路完成,所以单级单调谐放大器的矩形系数与单个并联谐振回路的矩形系数相同,其通频带则由于受晶体管输出阻抗和负载的影响,比单个并联谐振回路的通频带要宽。

从对单级单调谐放大器的分析可知,其电压增益取决于晶体管参数、回路与负载特性及接入系数等,所以受到一定的限制。如果单级放大器的电压增益较小而不能满足要求,可采用多级放大器。另外,单级单调谐放大器的矩形系数不好,即选择性较差,可以采用和双调谐放大器加以改善。

二、多级单调谐放大器

单级单调谐放大器的增益往往满足不了工作需要,实际运用中采用多级放大器级联来取得较高增益。级联后,放大器的增益、通频带和选择性都会发生变化。如果多级放大器中的每一级都调谐在同一频率上,则称为多级单调谐放大器。

(一)电压增益

设放大器有 n 级,各级电压增益振幅分别为 $A_{u1},A_{u2},\cdots,A_{un}$,则总电压增益振幅是各级电压增益振幅的乘积,即

$$A_u = A_{u1}A_{u2}\cdots A_{un} \tag{2-39}$$

(二)通频带

n 级放大器通频带

$$BW_{n0.7} = 2\Delta f_{0.7} = \sqrt{2^{1/n}-1}\,\frac{f_0}{Q_0} = \sqrt{2^{1/n}-1}\,BW_{0.7} \tag{2-40}$$

通常我们称 $\sqrt{2^{1/n}-1}$ 为缩减因子,缩减因子与级数 n 的关系如表 2-1 所示。

表 2-1　缩减因子与级数 n 的关系

级数 n	1	2	3	4	5	6	7	8
$\sqrt{2^{1/n}-1}$	1.00	0.64	0.51	0.43	0.39	0.35	0.32	0.30

由上述公式可知,n 级相同的单调谐放大器的总增益比单级放大器的增益提高了,而通

频带比单级放大器的通频带缩小了，且级数越多，频带越窄。换句话说，如多级放大器的频带确定以后，级数越多，则要求其中每一级放大器的频带越宽。所以，增益和通频带的矛盾是一个严重的问题，特别是对要求高增益宽频带的放大器来说，这个问题更为突出。这一特性与低频多级放大器相同。

(三)选择性

n 级相同的单调谐放大器级联的矩形系数为

$$K_{n0.1} = \frac{BW_{n0.1}}{BW_{n0.7}} = \frac{\sqrt{100^{1/n} - 1}}{\sqrt{2^{1/n} - 1}}$$

表 2-2 列出了矩形系数 $K_{n0.1}$ 与 n 的关系。

表 2-2　单调谐放大器矩形系数与级数的关系

级数 n	1	2	3	4	5	6	7	8	9	10	∞
矩形系数 $K_{n0.1}$	9.95	4.90	3.74	3.40	3.20	3.10	3.00	2.93	2.89	2.85	2.56

从表中可以看出，当级数 n 增加时，放大器矩形系数有所改善，但这种改善是有一定限度的，最小不会低于 2.56。

三、双调谐回路谐振放大器

若需要通频带很宽，单用降低 Q 值的方法将使选择性变差，且谐振增益变低，这就要另外采取措施。有效改善选择性、解决增益与通频带间矛盾的方法之一是采用双调谐回路谐振放大器，简称双调谐放大器。其特点是集电极采用双调谐回路作为负载。双调谐放大器可分为互感耦合和电容耦合两种类型。现以互感耦合双调谐放大器为例进行分析。

图 2-15 是双调谐放大器电路图，它采用的负载是双调谐电感耦合回路。R_1、R_2 和 R_3 构成分压式偏置电路，C_3 为高频旁路电容，T_{r1}、T_{r2} 为高频变压器，其中 T_{r1} 的初级、次级线圈 L_1、L_2 分别与电容 C_1、C_2 构成并联谐振回路，作为三极管的集电极负载。这两个谐振回路都调谐于同一频率 f_0，但由于变压器的耦合作用，其频率特性不同于两个单独的单调谐回路，而是构成了双调谐回路。

双调谐回路由于其耦合的特点，原、副边谐振电压的比例关系不同于一般变压器耦合的情况，而与耦合系数 n 及 Q_L 值有关。通常设初级、次级的两个回路参数相同，即电感 $L_1 = L_2 = L$，回路总电容 $C_{\Sigma 1} = C_{\Sigma 2} = C_{\Sigma}$，有载品质因数 $Q_{L1} = Q_{L2} = Q$。电路耦合系数 $k = \dfrac{M}{\sqrt{L_1 L_2}}$，其中 M 为互感系数。

电感耦合系数 $\eta = kQ_L$。当 $\eta < 1$ 时，为弱耦合，谐振曲线是单峰曲线，峰点在 f_0 处；当 $\eta = 1$时，为临界耦合，谐振曲线仍是单峰曲线；当 $\eta > 1$ 时，为强耦合，频率特性在 f_0 的两边出现双峰，在 f_0 处出现谷点，并且 η 越大，两峰点距离越大，谷点下凹越严重，如图 2-16 所示。一般来说，临界耦合最常用。

可求出相应的通频带和矩形系数

$$BW_{0.7} = \sqrt{2}\,\frac{f_0}{Q_0} \tag{2-41}$$

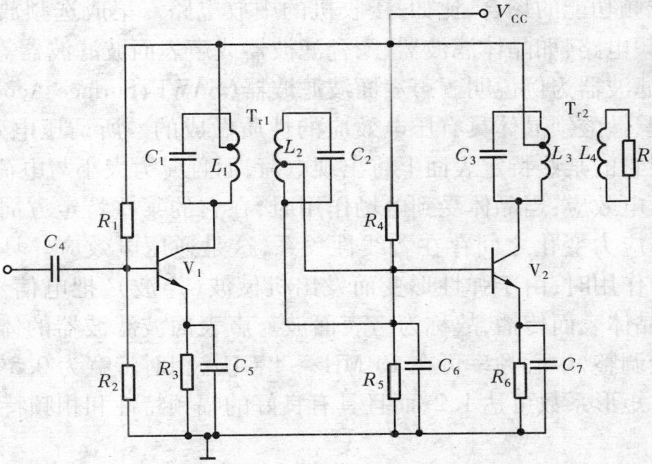

图 2-15　双调谐放大器电路图

$$K_{0.1}=\frac{BW_{0.1}}{BW_{0.7}}=\sqrt[4]{100-1}\approx 3.15 \tag{2-42}$$

这说明双调谐放大器和单调谐放大器相比，工作于临界耦合状态的双调谐放大器通频带是单调谐放大器的$\sqrt{2}$倍，矩形系数从 9.95 减小到 3.15。选择性也比单调谐放大器要好。

四、高频集成放大器

以上调谐放大器虽然应用广泛，但是也存在以下缺点：增益和稳定性有矛盾，多级放大器回路多，调谐不方便；回路直接与有源器件级联，频率特性经常会受到晶体管参数及工作点变化的影响。因此，在现代无线电设备中，越来越多地采用高频集成放大器。

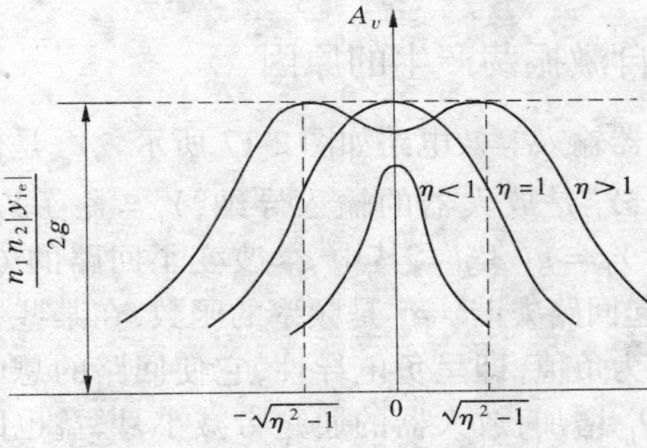

图 2-16　双调谐放大器的谐振曲线

(一) 高频集成放大器的优点

高频集成放大器与高频谐振放大器相比，主要具有如下优点：

(1) 采用集中放大与集中滤波，使高频放大器的两个主要功能分别由集成放大器与集中滤波器担任，这就使线路简单，性能稳定可靠，调整方便。

(2) 采用专门的滤波器，比调谐放大器有更好的频率特性，比如得到更小的矩形系数，还可以满足特殊频率特性的要求，如得到相对带宽为千分之几的窄带电路（晶体滤波器），和相对带宽大于百分之五十的宽带电路（声表面波滤波器）等。

(3) 高频集成电路和集中选频滤波器都是专门单位设计生产的，线路和设备设计人员主要是选用和正确使用它，这就大大简化了放大器的设计与调整，从而缩短了线路和设备的设计与制作周期。

(二) 高频集成放大器的分类

高频集成放大器有两类。一类是非选频的高频集成放大器，它用于某些不需要选频功能的设备中，如某些发射机和仪器中，通常用电阻或宽带高频变压器作负载。另一类是选频放大器,用于需要选频功能的场合,比如,接收机的中放电路。集成选频放大器通常都采用集中滤波器作为选频电路,如晶体滤波器、陶瓷滤波器或声表面波滤波器等。这里以应用较为广泛的声表面波滤波器为例说明。声表面波滤波器(SAWF,Surface Acoustic Wave Filter)是利用石英、铌酸锂、钛酸钡晶体具有压电效应的性质做成的。所谓压电效应,是指当晶体受到应力作用时,在它的某些特定表面上将出现电荷,而且应力大小与电荷密度之间存在着线性关系,这是正压电效应;当晶体受到电场作用时,在它的某些特定方向上将出现应力变化,而且电场强度与应力变化之间存在着线性关系,这是逆压电效应。具有压电效应的晶体,在受到电信号的作用时,由于弹性形变而发出机械波(声波),把电信号转换为声信号,并且这种声波只在晶体表面传播,故称为声表面波。声表面波滤波器的体积小,质量轻,性能可靠,不需要复杂调整,中心频率可在 10 MHz ~ 1 GHz,相对带宽为 0.5% ~50%,插入损耗最低仅几个分贝,矩形系数可达 1.2,而且具有良好的幅频特性和相频特性,选频效果好。

第五节　谐振放大器的稳定性

前面在讨论谐振放大器时,都假定了晶体管是单向工作的,即输入可以控制输出,而输出不影响输入。也就是假定反向传输导纳 $y_{re}=0$,这是理想情况。实际上 $y_{re}\neq 0$,晶体管存在内部反馈,放大器的输出可以反馈到输入端,引起输入电流的变化,因此造成了谐振放大器的稳定性问题。如果这个反馈足够大,且在相位上满足正反馈条件,则会出现自激振荡。

一、自激振荡产生的原因

放大器输入等效电路如图 2-17 所示。Y_s 是信号源导纳,Y_i 是放大器的输入导纳,$Y_i=y_{ie}+Y_F$。反馈导纳 $Y_F=g_F+jb_F$,其中 g_F 改变了回路的 Q_L 值,b_F 引起回路失谐。g_F 是频率的函数,在某些频率上可能为负值,即呈负电导性,它使回路的总电导减小,Q_L 增加,放大器的通频带减小,增益也因损耗的减小而增加,即负电导 g_F 供给回路能量,出现正反馈。当 $g_F=g_s+g_{ie}$,则回路总电导 $g=0$,Q_L 趋于无穷大,放大器失去放大性能,此时放大器的反馈能量抵消了回路损耗能量,且电纳部分也恰好抵消,处于自激振荡工作状态。

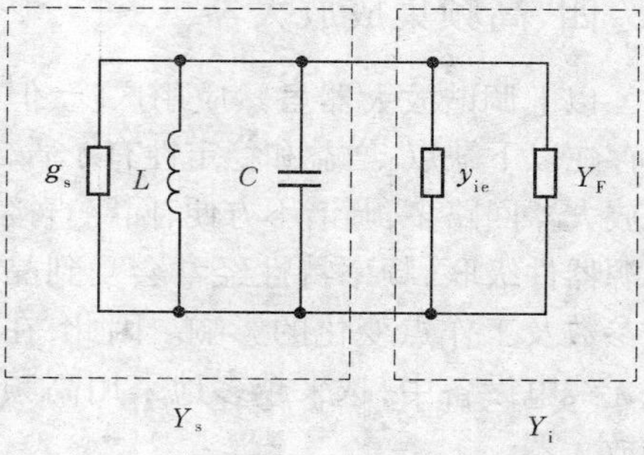

图 2-17　放大器输入等效电路

二、提高稳定性的方法

提高谐振放大器的稳定性有两个途径:一是从晶体管本身想办法,使反向传输导纳 y_{re} 减小。y_{re} 主要取决于集电极与基极间的结电容 $C_{b'c}$,设计制造晶体管时应使此电容值尽量减小。目前的晶体管制造工艺较好地解决了这个问题。另一种途径是从电路设计上设法抵消或减小 y_{re} 的作用,消除晶体管的反向作用,使它单向化。单向化的方法有两种,即中和法和失配法。

中和法通过在晶体管的输出端与输入端之间引入一个附加的外部反馈电路(中和电路),来抵消晶体管内部参数 y_{re} 的反馈作用。由于 y_{re} 的实部(反馈电导)通常很小,可以忽略,所以通常只用一个电容 C_N 来抵消 y_{re} 虚部(反馈电容)的影响,就可达到中和的目的。为

了使通过 C_N 的外部电流和通过 $C_{b'c}$ 的内部反馈电流相位相差 180°，从而能互相抵消，通常在晶体管输出端添加一个反相的耦合变压器。图 2-18(a)所示为收音机内常用的中和电路，图 2-18(b)是其交流等效电路。为了直观，将晶体管内部电容 $C_{b'c}$ 画在了晶体管外部。由于 y_{re} 是随频率而变化的，所以固定的中和电容 C_N 只能在某一个频率点起到完全中和的作用，对其他频率只能有部分中和作用。又因为 y_{re} 是一个复数，中和电路应该是一个由电阻和电容组成的电路，这给调试增加了困难。另外，如果再考虑到分布参数的作用和温度变化等因素的影响，中和电路的效果很有限。

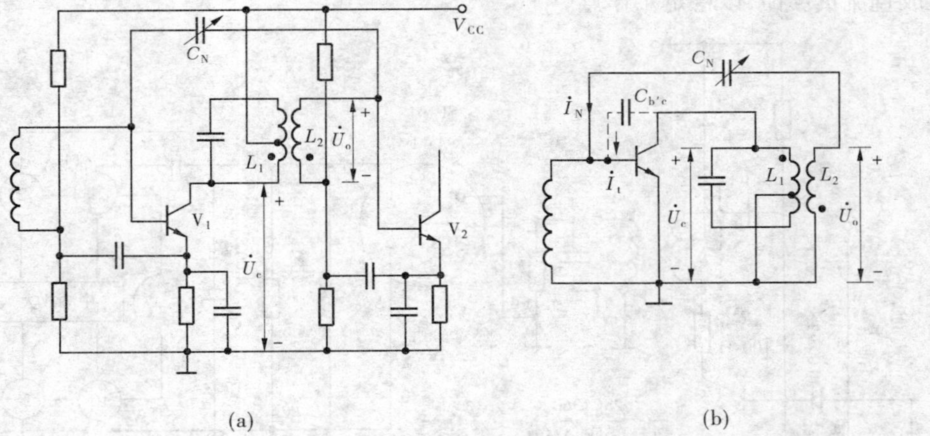

图 2-18　放大器的中和电路

失配法通过增大负载电导 Y_L，进而增大总回路电导，使输出电路严重失配，输出电压相应减小，从而使输出端反馈到输入端的电流减小，对输入端的影响也就减小。可见，失配法是用牺牲增益来换取电路的稳定。

把两只晶体管按共射－共基方式连接成一个复合管是经常采用的一种失配法。图 2-19 是其结构原理图。

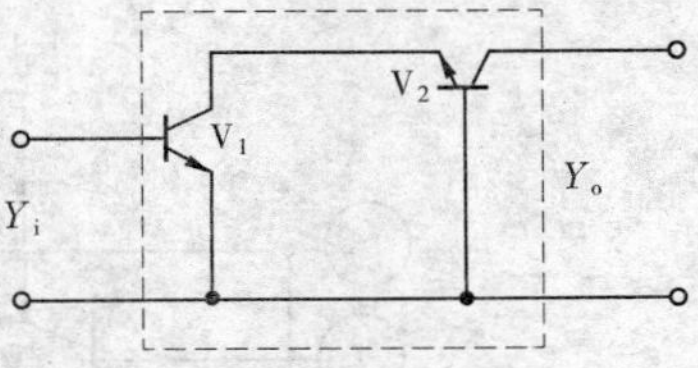

图 2-19　共射－共基电路结构原理图

由于共基电路的输入导纳较大，当它和输出导纳较小的共射电路连接时，相当于增大共射电路的负载导纳而使之失配，从而使共射晶体管内部反馈减弱，稳定性大大提高。共射电路在负载导纳很大的情况下，虽然电压增益减小，但电流增益仍较大，而共基电路虽然电流增益接近 1，但电压增益却较大。所以，二者级联后，互相补偿，电压增益和电流增益都比较大。

第六节　高频小信号放大器实例

本节以 37SYC－2 型彩色电视机图像中频通道为例，对实用高频小信号放大器作一简单介绍。当然，放大器的应用是离不开自动增益控制(AGC)电路的，由于 AGC 部分在后续章节讲述，所以在这里略去了有关 AGC 部分。

单片中规模图像中频集成电路 TA7607AP 包括中频放大、视频检波等部分。由电视机高频头送来的载频为 38 MHz 的图像中频信号，由分立的前置中频放大器放大 15 dB 左右(其作用是补偿 SAWF 的插入损耗)后，进入声表面波滤波器 SAWF(SAWF 实际上是一个带通滤波器)，然后由 TA7607AP 输入，经三级相同的具有 AGC 特性的高增益宽带放大器放大(在频率为 58 MHz 处的增益典型值为 50 dB)后进行视频检波。

图 2-20 给出了外接前置中放、SAWF(见图 2-20(a))和 TA7607AP 中第一级中放(见图 2-20(b))的电路图。图 2-20(a)中虚线框内是中频变压器。前置中放是一级宽带放大器。SAWF 的输出电容和 L_{103} 组成谐振回路，调谐于通频带的中心频率。TA7607AP 中第一级中放包括由 V_1、V_2 组成的差分形式的跟随器(起隔离缓冲作用)和由 V_3、V_4、V_5 组成的具有 AGC 特性的差分放大器。其他两级中放的结构相同。R_{42} 和 R_{43} 接到第三级中放的输出端，形成直流负反馈，以稳定工作点。

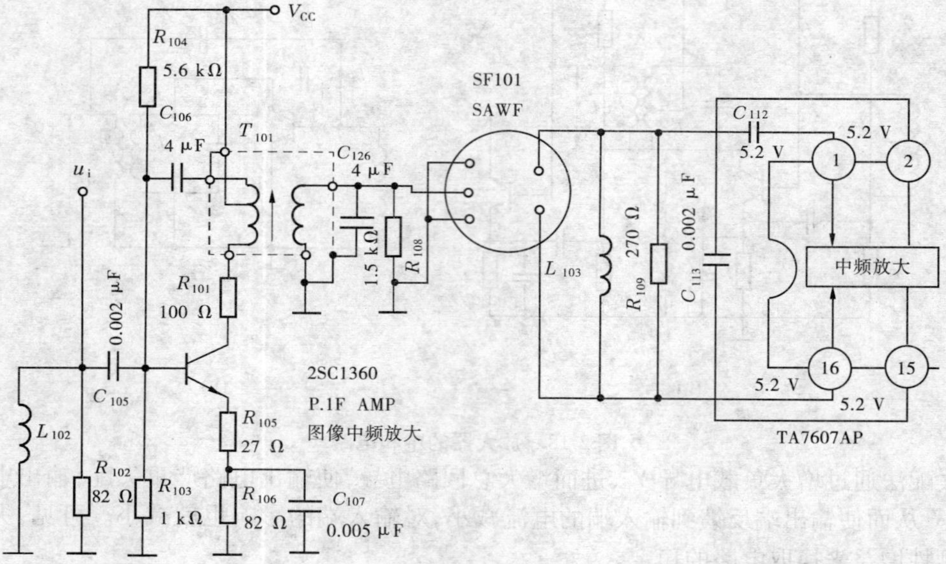

(a)前置中放与SAWF

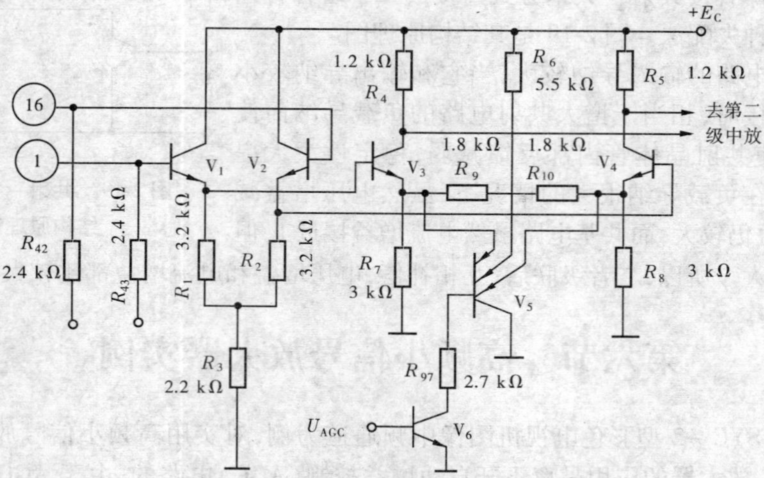

(b)TA7607AP中第一级中放

图 2-20　彩电图像中频放大电路

本章小结

本章要点如下：

(1)高频谐振放大器采用 LC 并联谐振回路作为选频网络，其选频性能好坏可由通频带和选择性(回路 Q 值)这两个相互矛盾的指标来衡量。矩形系数是综合说明这两个指标的一个参数，可以衡量实际幅频特性接近理想幅频特性的程度。矩形系数越小，谐振放大器的幅频特性越理想。

(2)在分析高频小信号谐振放大器时，Y 参数等效电路是描述晶体管工作状况的重要模型。使用时必须注意，Y 参数不仅与静态工作点有关，而且是工作频率的函数。在分析宽频带放大器时，混合 Π 型等效电路是描述晶体管工作状况的重要模型。

(3)单级单调谐放大器电路是高频谐振放大器的基本电路。为了增大回路的有载 Q 值，提高电压增益，减小对回路谐振频率特性的影响，谐振回路与信号源和负载的连接大都采用部分接入方式，即采用 LC 分压式阻抗变换电路。

(4)采用双调谐放大器可以改善单级单调谐放大器的矩形系数。采用多级单调谐放大器既可以提高单级单调谐放大器的增益，也可以改善其矩形系数，但通频带却变窄了。

实训：高频小信号谐振放大器仿真

(一)实训目的

(1)会熟练使用电路仿真软件对高频电子线路进行仿真；

(2)了解高频小信号谐振放大器的电路结构及工作原理；

(3)了解 LC 谐振元件的参数对放大器增益的影响；

(4)熟悉谐振放大器的幅频特性曲线。

(二)实训步骤

(1)在 Multisim 软件环境中绘制出电路图 2-21，注意元件标号和各个元件参数的设置。

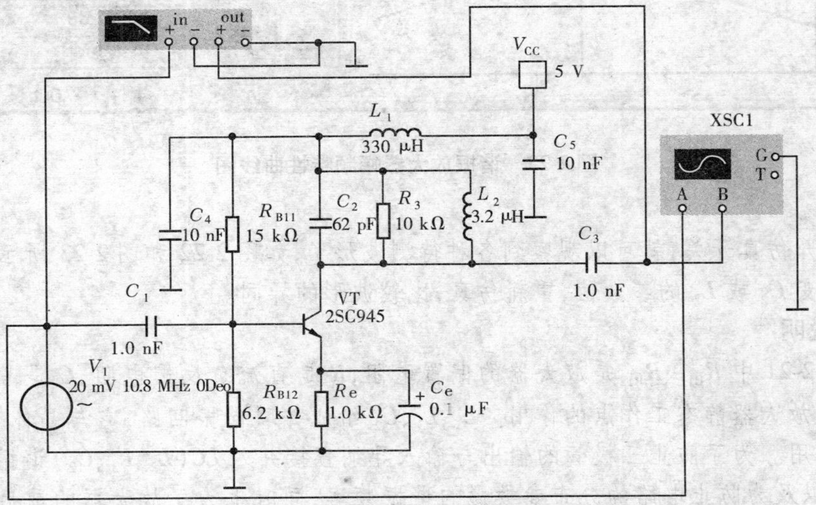

图 2-21　高频小信号谐振放大器

(2)双击图 2-21 中的示波器 XSC1，如图 2-22 所示进行参数设置。

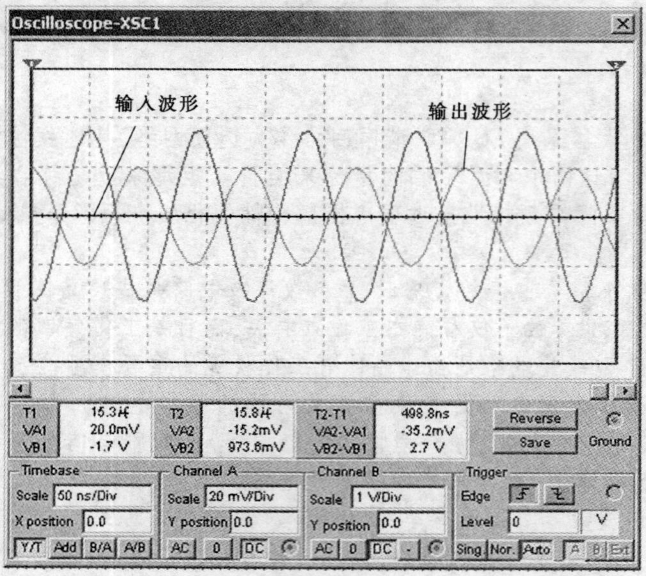

图 2-22　输入、输出波形

(3)双击图 2-21 中的波特图仪 XBP1，如图 2-23 所示进行参数设置。

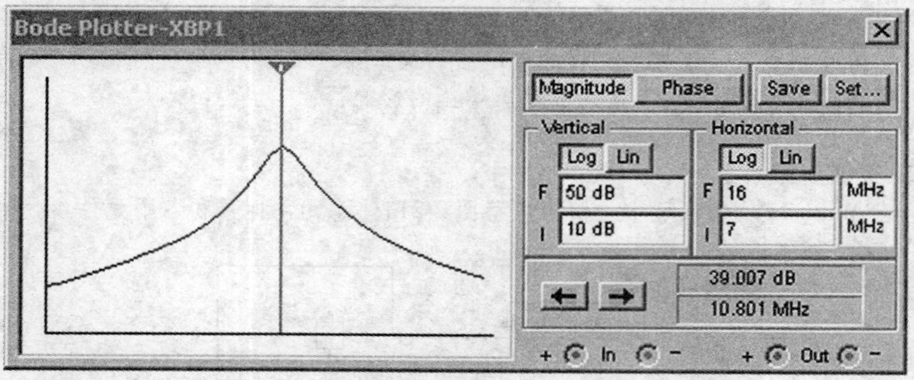

图 2-23　谐振放大器幅频特性曲线图

(4)打开仿真开关，就可以观察到各种待测波形了，如图 2-22 和图 2-23 所示。

(5)改变 C_2 或 L_2 的参数值，重新仿真，比较波形的异同。

(三)说明

(1)图 2-21 中 R_{B11}、R_{B12} 是放大器的偏置电阻，R 是直流负反馈电阻，C 是旁路电容，它们起到稳定放大器静态工作点的作用。L_2、L_3、C_2 组成并联谐振回路，它与晶体管共同起着选频放大作用。为了防止三极管的输出与输入导纳直接并入 LC(L_2、L_3、C_2)谐振回路，影响回路参数，以及为防止电路的分布参数影响谐振频率，同时也为了放大器的前后级匹配，本电路采用部分接入方式。R_3 的作用是降低放大器输出端调谐回路的品质因数 Q 值，以加宽放大器的通频带。

(2)如果改变图2-21中 C_2 或 L_2 的参数值，则并联谐振回路的谐振频率会偏离放大器的工作频率，放大器的增益会降低，输出波形的幅值会明显减小。

(四)实训要求

(1)按照以上步骤绘制电路图，并正确设置元件和仪器仪表的参数。

(2)仿真出正确的波形，并能够看明白波形的含义。

(3)在熟悉电路原理的基础上，改变部分元件的值，并设计表格，将结果填入其中，比较仿真结果的异同。

(4)保存仿真结果，并完成实训报告。

习　题

2-1　在图2-24所示电路中，信号源频率 $f_0=1$ MHz，回路空载 Q 值为100，r 是回路损耗电阻。将1—1端短路，电容 C 调至100 pF时回路谐振。如将1—1端开路后再串接一阻抗 Z_x(由电阻 r_x 与电容 C_x 串联)，则回路失谐，C 调至200 pF时重新谐振，这时回路有载 Q 值为50。试求电感 L、未知阻抗 Z_x。

2-2　在图2-25所示电路中，已知回路谐振频率 $f_0=465$ kHz，$Q_0=100$，$N=160$ 匝，$N_1=40$ 匝，$N_2=10$ 匝，$C=200$ pF，$R_s=16$ kΩ，$R_L=1$ kΩ。试求回路电感 L、有载 Q 值和通频带 $BW_{0.7}$。

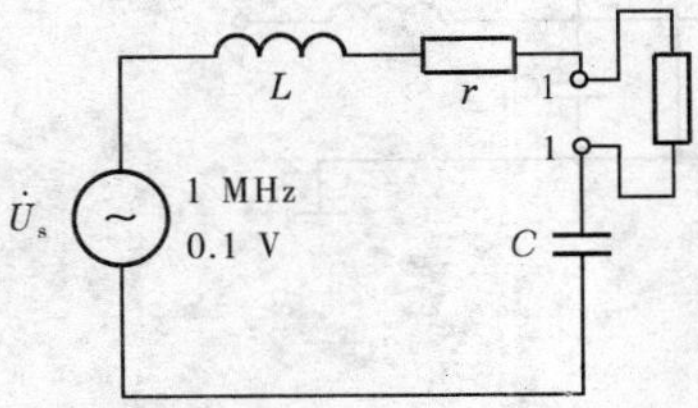

图2-24

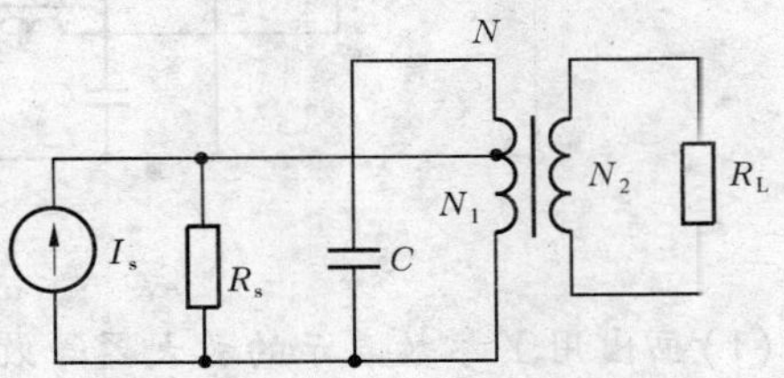

图2-25

2-3　在图2-26所示电路中，$L=0.8$ μH，$C_1=C_2=20$ pF，$C_s=5$ pF，$R_s=10$ kΩ，$C_L=20$ pF，$R_L=5$ kΩ，$Q_0=100$。试求回路在有载情况下的谐振频率 f_0、谐振电阻 R_Σ、Q_e 值和通频带 $BW_{0.7}$。

2-4　已知高频晶体管CG322A，当 $I_e=2$ mA，$f_0=30$ MHz时测得 Y 参数如下：

$$y_{ie}=(2.8+j3.5)\text{mS},\quad y_{re}=(-0.08-j3.5)\text{mS}$$
$$y_{fe}=(36-j27)\text{mS},\quad y_{oe}=(0.2+j2)\text{mS}$$

试求 g_{ie}、C_{ie}、g_{oe}、C_{oe}、$|y_{fe}|$、φ_{fe}、$|y_{re}|$、φ_{re} 的值。

2-5　在图2-27所示调谐放大器中，工作频率 $f_0=10.7$ MHz，$L_{1\sim3}=4$ μH，$Q_0=100$，$N_{1\sim3}=20$ 匝，$N_{2\sim3}=5$ 匝，$N_{4\sim5}=5$ 匝。晶体管3DG39在 $I_e=2$ mA，$f_0=10.7$ MHz时测得：$g_{ie}=2\,860$ μS，$C_{ie}=18$ pF，$g_{oe}=200$ μS，$C_{oe}=7$ pF，$|y_{fe}|=45$ mS，$|y_{re}|\approx0$。试求放大器电压增益 A_{u0} 和通频带 $BW_{0.7}$。

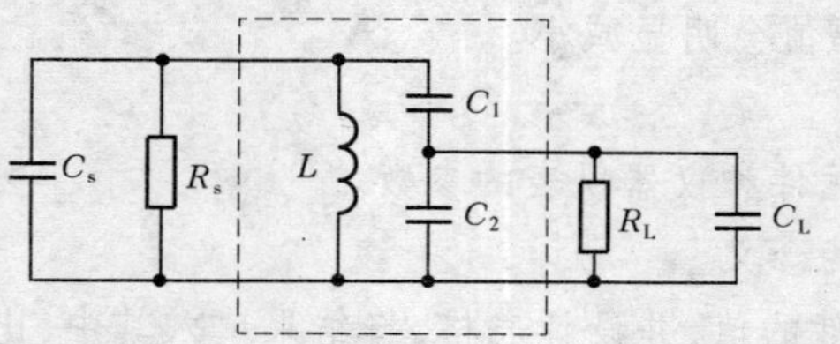

图 2-26

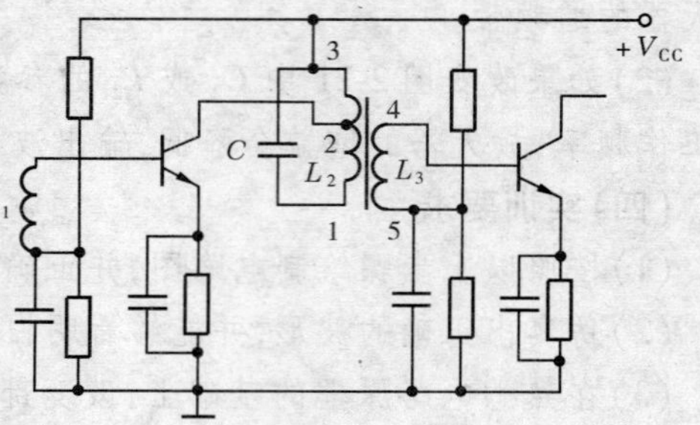

图 2-27

2-6　图 2-28 是中频放大器单级电路图。已知工作频率 $f_0=30$ MHz，回路电感 $L=1.5$ μH，$Q_0=100$，$N_1/N_2=4$，$C_1\sim C_4$ 均为耦合电容或旁路电容。晶体管采用 CG322A，在工作条件下测得 Y 参数与题 2-4 的相同。

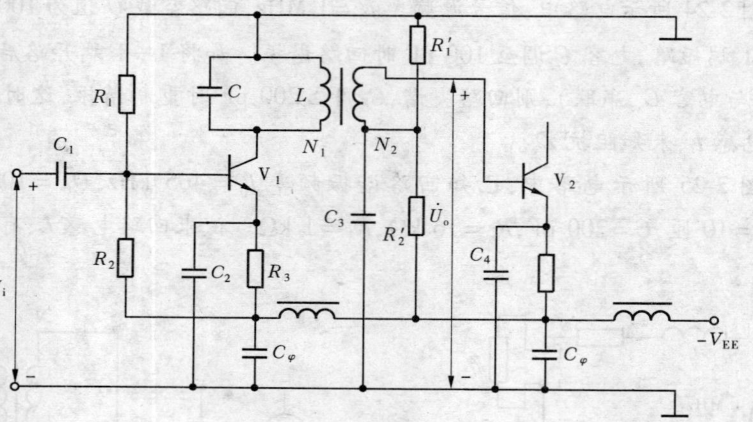

图 2-28

(1) 画出用 Y 参数表示的放大器等效电路。

(2) 求回路总电导 g_Σ。

(3) 求回路总电容 C_Σ 的表达式。

(4) 求放大器电压增益 A_{u0}。

(5) 当要求该放大器通频带为 10 MHz 时，应在回路两端并联多大的电阻？

2-7　在三级单调谐放大器中，工作频率为 465 kHz，每级 LC 回路的 $Q_e=40$，试问总的通频带是多少？如果要使总的通频带为 10 kHz，则允许最大 Q_e 为多少？

2-8　已知单调谐放大器谐振电压增益 $A_{u0}=10$，通频带 $BW_{0.7}=4$ MHz，如果再用一级完全相同的放大器与之级联，这时两级放大器总增益和通频带各为多少？若要求级联后总通频带仍为 4 MHz，则每级放大器应怎样改动？改动后总谐振电压增益是多少？

第三章　高频功率放大器

第一节　概　述

无论是广播通信，还是其他通信，发射机发射信号时都需要有一定的功率。传送信号的距离越远，需要的发送功率越大。在高频电路中，为使待发送的高频信号获得足够的功率，需要设置高频功率放大器。高频功率放大器有三个主要任务：①输出足够的功率；②具有高效率的功率转换；③减小非线性失真。

高频功率放大器的输出功率是从电源供给功率中转换而来的，所以在满足功率输出要求的同时，必须注意提高功率的转换效率。为了提高功率放大器的效率，通常选择放大元件工作在丙类状态。在这种状态下，晶体管处于非线性工作区域，晶体管集电极电流导通角小于90°。工作在丙类状态下的晶体管输出电流与输入信号之间存在着严重的非线性失真，在高频功率放大器中采用谐振选频负载方法来滤除非线性失真，以获得接近正弦波的输出波形，这一类高频功率放大器通常称为窄带功率放大器或谐振功率放大器。窄带信号是指带宽远小于中心频率的信号。例如，中波广播电台的带宽为10 kHz，如果中心频率为1 000 kHz，则它的相对频带宽度只相当于中心频率的1%。

在要求非线性失真很小的场合，高频功率放大器不宜采用丙类（或丁、戊类）工作状态。为了不产生波形失真，就要采用甲类（前级）或乙类推挽（后级）工作状态。当高频功率放大器侧重于获得不失真放大性能时，输出功率不足的缺陷可通过功率合成的办法来补偿。对已调幅波进行功率放大时，通常选择本级高频功率放大器为乙类工作状态。这时，既可避免波形出现失真，又能输出一定的功率电平。

根据采用的负载不同，高频功率放大器可分为窄带功率放大器和宽带功率放大器两类。窄带功率放大器是以选频网络作负载，功率放大器可工作在丙类状态。宽带功率放大器是以宽带传输线变压器作负载，它可解决窄带功率放大器难以迅速变换选频网络的中心频率的问题，宽带功率放大器的负载不具有滤除谐波能力。

功率放大器不论工作在哪一类状态，对谐波辐射这项指标来说，通常要求不论输出功率多大，在距离发射机1 km处的谐波辐射功率不得大于25 mW。

本章首先讨论工作在丙类状态的谐振功率放大器，然后讨论宽带功率放大器—传输线变压器的工作原理，最后讲述倍频器。

第二节　谐振功率放大器

一、谐振功率放大器的基本工作原理

（一）工作原理

谐振功率放大器的原理电路如图3-1所示。

图 3-1 中要求晶体管发射结为零偏置或负偏置。这时电路在输入余弦信号电压 $u_b = U_{bm}\cos\omega t$ 的激励下，晶体管基极和集电极电流为图 3-2(c)、(d) 所示的余弦脉冲波形，其中 θ 指一个信号周期内集电极电流导通角 2θ 的一半，称之为导通角，θ 出现范围为 $-2n\pi-\theta\leqslant\theta\leqslant\theta+2n\pi$。根据导通角大小的不同，电路晶体管工作状态可分为三类：$\theta=180°$，为甲类工作状态；$\theta=90°$，为乙类工作状态；$\theta<90°$，为丙类工作状态。

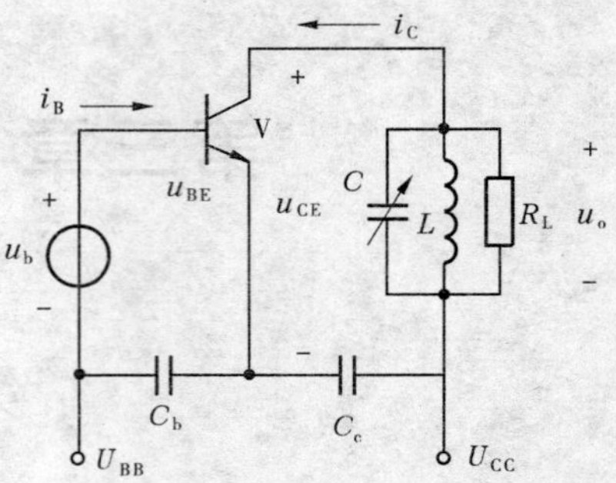

图 3-1 谐振功率放大器的原理电路

图 3-2 所示工作波形表示功率放大器工作在丙类状态。在丙类工作状态下，$u_{BE}=U_{BB}+U_{bm}\cos\omega t$，$u_{BE}$ 较小，且 $u_{BE}>U_{on}$ 时才有集电极电流流过，故集电极耗散功率小、效率高。图 3-1 中，输出回路用 LC 谐振电路作选频网络。这时，谐振功率放大器的输出电压接近余弦波电压，如图 3-2(e) 所示。由于晶体管工作在丙类状态，晶体管的集电极电流 i_C，是一个周期性的余弦脉冲，用傅里叶级数展开 i_C，则得

$$i_C = I_{c0} + I_{c1m}\cos\omega t + I_{c2m}\cos 2\omega t + \cdots + I_{cnm}\cos n\omega t \tag{3-1}$$

式中，I_{c0}、I_{c1m}、I_{c2m}、I_{cnm} 分别为集电极电流的直流分量、基波分量以及各高次谐波分量的振幅。当输出回路的选频网络谐振于基波频率时，输出回路只对集电极电流中的基波分量呈现很大的谐振电阻，而对其他各次谐波分量呈现很小的电抗并可看成短路。这时余弦脉冲形状的集电极电流流经选频网络时，只有基波电流才产生电压降，因而输出电压仍近似为余弦波形，并且与输入电压 u_b 同频、反相，如图 3-2(b)、(e) 所示。

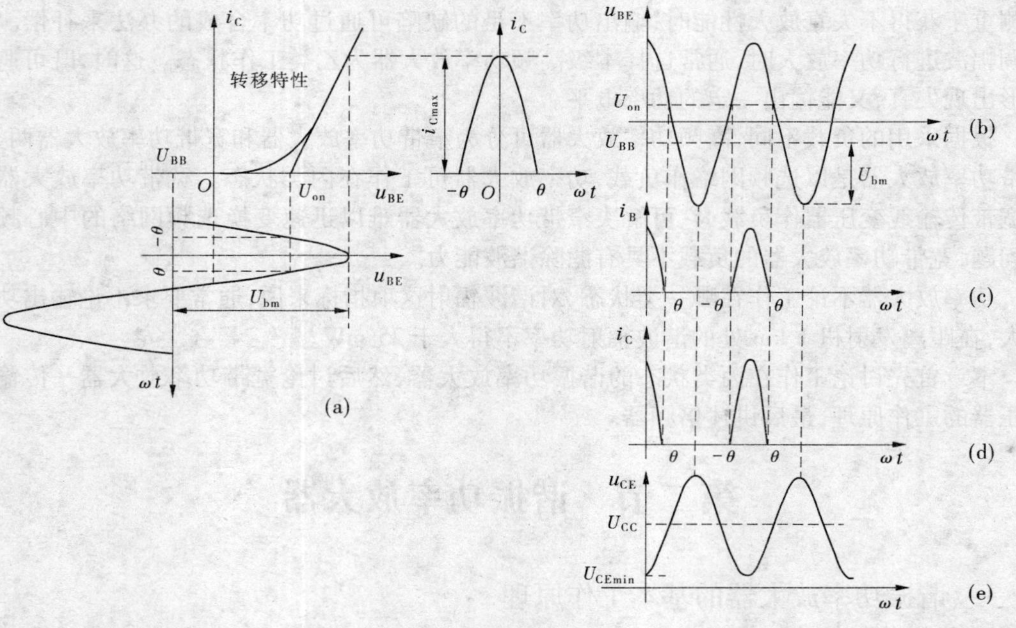

图 3-2 谐振功率放大器各极电压和电流波形

（二）电路的性能分析

在工程上，对于工作频率不是很高的谐振功率放大器的分析与计算，通常采用准线性折线分析法。准线性放大是指仅考虑集电极输出电流中的基波分量在负载两端产生输出电压的放大作用。所谓折线法，是指用几条直线段来代替晶体管的实际特性曲线，然后用简单的数学解析式写出它们的表示式，将元器件的参数代入表示式中，就可进行电路的计算。折线法在分析谐振功率放大器工作状态时，物理概念清楚，方法简便，但其准确度比较差，不过作为工程近似估算已满足要求。准线性折线分析法的条件如下：

（1）忽略晶体管的高频效应。在此条件下，可以认为功率晶体管在工作频率下只显示非线性电阻特性，而不显示电抗效应。因此，可以近似认为，功率晶体管的静态伏安特性就能代表它在工作频率下的特性。

（2）输入和输出回路具有理想滤波特性。在此条件下，在图 3-1 所示电路中，基极、发射极间电压和集电极、发射极之间电压仍是余弦波形且相位相反，可写为：

$$u_{BE} = U_{BB} + U_{bm}\cos\omega t \tag{3-2}$$

$$u_{CE} = U_{CC} - U_{cm}\cos\omega t \tag{3-3}$$

（3）晶体管的静态伏安特性可用折线近似表示。如图 3-3 所示的晶体管转移特性，采用了折线表示。图中 U_{on} 表示晶体管的导通电压。

（三）余弦脉冲分解

图 3-3 所示是用晶体管折线化后的转移特性曲线绘出的丙类工作状态下的集电极电流脉冲波形，折线的斜率用 G 表示。

设输入信号为 $u_b = U_{bm}\cos\omega t$，发射结电压为 $u_{BE} = U_{BB} + U_{bm}\cos\omega t$，晶体管折线化后转移特性为

$$i_C = \begin{cases} 0, & u_{BE} \leqslant U_{on} \\ G(u_{BE} - U_{on}), & u_{BE} > U_{on} \end{cases} \tag{3-4}$$

将 $u_{BE} = U_{BB} + U_{bm}\cos\omega t$ 代入上式，可得

$$i_C = G(U_{BB} + U_{bm}\cos\omega t - U_{on}) \tag{3-5}$$

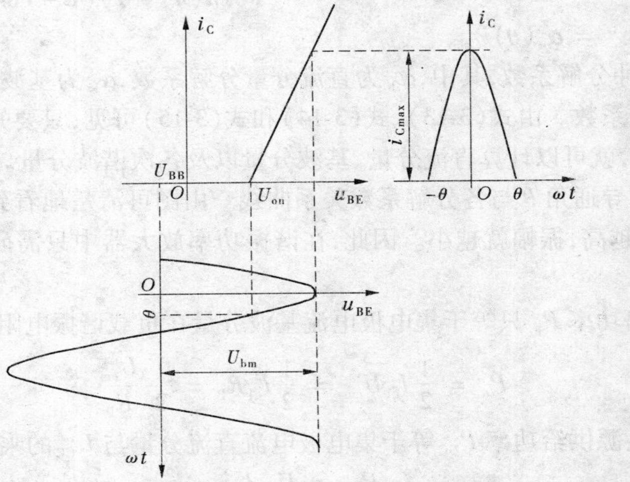

图 3-3　晶体管折线化后的转移特性曲线及电流脉冲波形

由图 3-3 可得，当 $\omega t=\theta$ 时，$i_C=0$，代入式(3-5)，可求得

$$0 = G(U_{BB} + U_{bm}\cos\theta - U_{on}) \tag{3-6}$$

$$\cos\theta = \frac{U_{on} - U_{BB}}{U_{bm}} \tag{3-7}$$

$$\theta = \arccos\frac{U_{on} - U_{BB}}{U_{bm}} \tag{3-8}$$

式(3-5)减式(3-6)，得

$$i_C = GU_{bm}(\cos\omega t - \cos\theta) \tag{3-9}$$

当 $\omega t=0$ 时，将 $i_C=i_{Cmax}$ 代入式(3-9)，可得

$$i_{Cmax} = GU_{bm}(1 - \cos\theta) \tag{3-10}$$

式(3-9)与式(3-10)相比，可得

$$i_C = i_{Cmax}\frac{\cos\omega t - \cos\theta}{1 - \cos\theta} \tag{3-11}$$

式(3-11)是集电极余弦脉冲电流的解析表达式，它取决于脉冲高度 i_{Cmax} 和导通角 θ。利用傅里叶级数将 i_C 展开

$$\begin{aligned} i_C &= I_{c0} + I_{c1m}\cos\omega t + I_{c2m}\cos2\omega t + \cdots + I_{cnm}\cos n\omega t \\ &= I_{c0} + \sum_{n=1}^{\infty} I_{cnm}\cos n\omega t \end{aligned} \tag{3-12}$$

求得上式中各次谐波分量

$$\begin{aligned} I_{c0} &= \frac{1}{2\pi}\int_{-\pi}^{\pi} i_C \mathrm{d}(\omega t) = i_{Cmax}\frac{1}{\pi}\frac{\sin\theta - \theta\cos\theta}{1 - \cos\theta} \\ &= \alpha_0(\theta)i_{Cmax} \end{aligned} \tag{3-13}$$

$$\begin{aligned} I_{c1} &= \frac{1}{\pi}\int_{-\pi}^{\pi} i_C\cos\omega t \mathrm{d}(\omega t) = \frac{i_{Cmax}}{\pi}\frac{\theta - \sin\theta\cos\theta}{1 - \cos\theta} \\ &= \alpha_1(\theta)i_{Cmax} \end{aligned} \tag{3-14}$$

$$\begin{aligned} I_{cn} &= \frac{1}{\pi}\int_{-\pi}^{\pi} i_C\cos n\omega t \mathrm{d}(\omega t) = \frac{2i_{Cmax}}{\pi}\frac{\sin\theta\cos\theta - n\sin\theta\cos\theta}{n(n^2 - 1)(1 - \cos\theta)} \\ &= \alpha_n(\theta)i_{Cmax} \end{aligned} \tag{3-15}$$

式中，α 为余弦脉冲分解系数，其中，α_0 为直流分量分解系数，α_1 为基波分量分解系数，α_n 为 n 次谐波分量分解系数。由式(3-13)、式(3-14)和式(3-15)可见，只要知道电流脉冲的最大值 i_{Cmax} 和导通角 θ，就可以计算直流分量、基波分量以及各次谐波分量。

图 3-4 给出了导通角 θ 与各分解系数关系曲线。由图可清楚地看到各次谐波分量变化的趋势，谐波次数越高，振幅就越小。因此，在谐振功率放大器中只需研究直流功率及基波功率。

放大器的输出功率 P_o 只等于集电极电流基波分量在负载谐振电阻 R_P 上的功率，即

$$P_o = \frac{1}{2}I_{c1}U_{cm} = \frac{1}{2}I_{c1}^2R_P = \frac{1}{2}\frac{U_{cm}^2}{R_P} \tag{3-16}$$

集电极直流电源供给功率 P_{DC} 等于集电极电流直流分量与 U_{CC} 的乘积

$$P_{DC} = U_{CC}I_{c0} \tag{3-17}$$

放大器集电极效率 η_c 等于输出功率 P_o 与直流电源供给功率 P_{DC} 之比，即

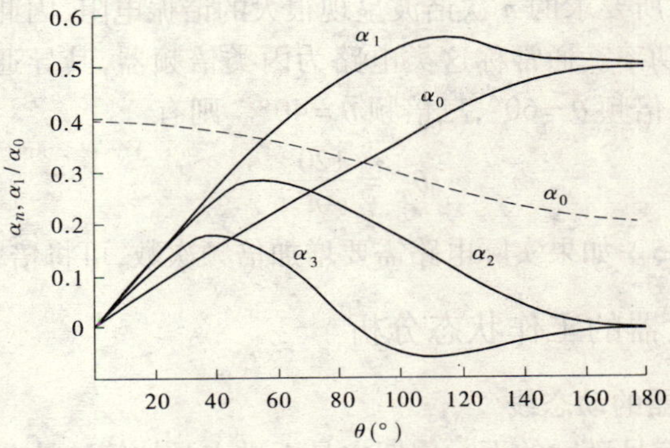

图 3-4　余弦脉冲分解系数

$$\eta_c = \frac{P_o}{P_{DC}} = \frac{1}{2}\frac{U_{cm}I_{c1}}{U_{CC}I_{c0}} = \frac{1}{2}\xi\frac{\alpha_1(\theta)}{\alpha_0(\theta)} = \frac{1}{2}\xi g_1(\theta) \tag{3-18}$$

式中，$g_1(\theta) = \dfrac{\alpha_1(\theta)}{\alpha_0(\theta)}$，$g_1(\theta)$是波形系数，它随 θ 的变化规律如图 3-4 中虚线所示；$\xi = \dfrac{U_{cm}}{U_{CC}}$，$\xi$ 是集电极电压利用系数。$g_1(\theta)$是导通角 θ 的函数，θ 越小，$g_1(\theta)$ 越大，放大器的效率也就越高。

在 $\xi = 1$ 的条件下，由式(3-18)可求得不同工作状态下放大器效率分别为：

甲类工作状态，$\theta = 180°$，$g_1(\theta) = 1$，$\eta_c = 50\%$；

乙类工作状态，$\theta = 90°$，$g_1(\theta) = 1.57$，$\eta_c = 78.5\%$；

丙类工作状态，$\theta = 60°$，$g_1(\theta) = 1.8$，$\eta_c = 90\%$。

可见，丙类工作状态的效率最高。

(四)导通角的选择

下面从等幅波功率放大、调幅波功率放大、n 次谐波倍频这三种场合来讨论导通角的选择。

1. 等幅波功率放大

谐振功率放大器最基本的运用是进行等幅波功率放大。为了兼顾输出信号功率和效率的要求，在放大等幅波时，通常选择最佳导通角为 $\theta = 60° \sim 70°$，当 $\xi = 1$ 时，η_c 可达 85% 左右。

2. 调幅波功率放大

当要对调幅波进行功率放大时，若将工作状态选为丙类的话，此时，集电极电流脉冲的基波分量幅度为

$$I_{c1} = i_{Cmax}\alpha_1(\theta) = GU_{bm}(1 - \cos\theta)\alpha_1(\theta)$$

为了满足放大器集电极效率具有较高效率的同时还要有足够大的输出功率，通常也选择导通角为 $\theta = 60° \sim 70°$。然而，调幅波的瞬时幅度是变化的，可导致 i_{Cmax} 和导通角 θ 随之变化。因此，通常选择调幅波的最大幅度时，放大器处于临界状态，即避免出现过压时的集电极电路 i_C 的凹陷，造成选频电路输出谐波分量增加而引起的失真。

3. n 次谐波倍频

当谐振功率放大器的集电极回路调谐于 n 次谐波时，输出回路就对基频和其他非 n 次

谐波呈现较小阻抗，而对所要求的 n 次谐波呈现很大的谐振电阻，因此在输出回路两端能够获得 n 次谐波输出信号功率。通常称这类电路为丙类倍频器，其导通角 $\theta<90°$，选择的最佳倍频导通角大致是：二倍频 $\theta=60°$，三倍频 $\theta=40°$。则有

$$\theta_n = \frac{120°}{n}$$

这里，n 一般不大于 5。如果实际电路需要增加倍频次数，可将倍频器级联使用。

二、谐振功率放大器的工作状态分析

（一）谐振功率放大器的动态线

可以按照晶体管在信号激励的下一周期内是否进入晶体管特性曲线的饱和区来划分谐振功率放大器的工作状态。分析谐振功率放大器在各工作状态下的性能，一般在谐振功率放大器的动态线上进行。这样做比较方便和直观。当 U_{BB}、U_{CC}、U_{bm} 和负载谐振电阻 R_P 确定后，在准线性折线条件下，u_{BE} 和 u_{CE} 变化时，谐振功率放大器工作点变化的轨迹称为动态线，也称为谐振功率放大器的交流负载线。动态线上的每一点都反映了基极、发射极间电压 u_{BE}、集电极、发射极间电压 u_{CE} 与集电极电流 i_C 之间的关系（即瞬时值关系）。下面以电路图 3-5 为例制作动态线。

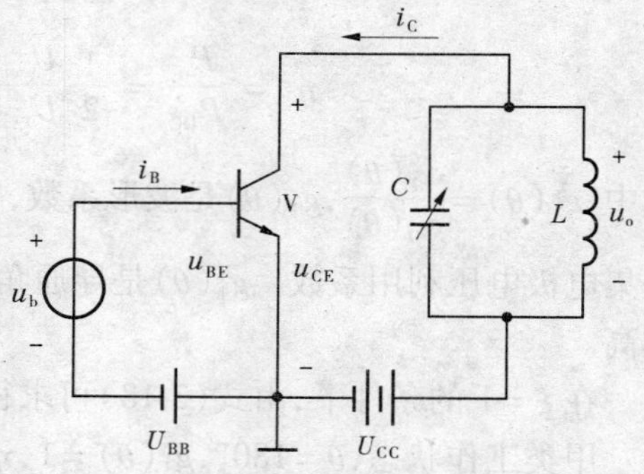

图 3-5 谐振功率放大器

当放大器工作在谐振状态时，由图 3-5 可得，电路的外部关系

$$u_{BE} = U_{BB} + U_{bm}\cos\omega t$$

$$u_{CE} = U_{CC} - U_{cm}\cos\omega t$$

由上两式可得

$$u_{BE} = U_{BB} + U_{bm}\frac{U_{CC}-u_{CE}}{U_{cm}} \tag{3-19}$$

将式(3-19)代入式(3-4)，得动态线方程式

$$i_C = G_C\left(U_{BB} + U_{bm}\frac{U_{CC}-u_{CE}}{U_{cm}} - U_{on}\right) \tag{3-20}$$

令 $u_{CE}=U_{CC}$，$i_C=G_C(U_{BB}-U_{on})$ 为图 3-6 中的点 Q；再令 $i_C=0$ 时，$u_{CE}=U_{CC}+\dfrac{U_{BB}-U_{on}}{U_{bm}}U_{cm}$ 为图 3-6 中的点 B。

注意，图 3-6 中 U_{BB} 本身是负值，所以点 Q 的 i_C 为负值。实际上不可能存在集电极电流的倒流，因此点 Q 是为了作图而虚设的一个电流点，即辅助点。

将点 Q 和点 B 连接，并向上延长与 $u_{BE}=U_{BEmax}=U_{BB}+U_{bm}$ 的输出特性曲线相交于 A 点，则直线 AB 便是谐振功率放大器的动态线，也可称为谐振功率放大器的交流负载线。

处在放大区部分的动态线与输出特性曲线的每一个交点，都是放大器的输入信号作用下的动态工作点，利用这些点可以求出不同 ωt 值的 i_C 值，从而可以画出 i_C 的脉冲波形，在这个区 i_C 是沿 AB 线移动的。而进入饱和区后，i_C 只受 u_{CE} 控制，而不再随 u_{BE} 变化，这时 i_C

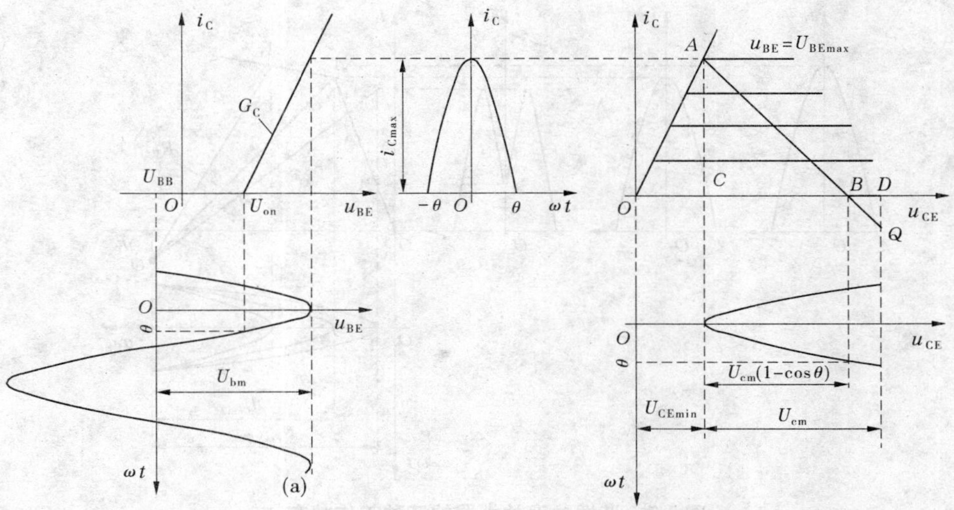

图 3-6　谐振动率放大器的动态线和集电极 i_C 电流波形

是沿饱和线 OA 移动的。在电压 u_{BE} 和 u_{CE} 同时变化时，集电极电流 i_C 的动态路径沿 OA、AB、BD 变化，这三条线段称为集电极电流动态特性。

谐振功率放大器的动态负载电阻可用动态线斜率的倒数求得

$$R_C = \frac{U_{cm}}{G_C U_{bm}} = \frac{I_{c1} R_P}{G_C U_{bm}} = \alpha_1(\theta) R_P (1 - \cos\theta) \tag{3-21}$$

从式(3-21)可以看出谐振功率放大器的动态电阻 R_C 与导通角 θ 有关，也与谐振电阻 R_P 有关。要注意 R_C 与 R_P 是不同的两个量，R_C 是在 R_P 内求得的，而 R_P 是 U_{cm} 与 I_{c1} 之比值。当放大器工作在甲类状态时，$\theta = 180°$，这时 R_C 与 R_P 相等。

(二)谐振功率放大器的三种工作状态

从上面可知，不同的 R_P 有不同的动态线的斜率，因此放大器的工作状态将随着 R_P 的不同而变化，图 3-7 作出了不同状态时的三条负载线(对应于三种工作状态)及相应的集电极电流脉冲波形。谐振功率放大器三种工作状态为：欠压状态、临界状态、过压状态，对应的动态线分别为 A_1Q、A_2Q、A_3Q。

1. 欠压状态

在图 3-7 所示动态线 A_1Q 下所画的集电极电流是余弦脉冲，余弦脉冲高度是比较大的，集电极交变电压 U_{cm1} 的幅度是比较小的，我们把这种工作状态称为欠压状态。当放大器工作在欠压状态时，R_P 较小，U_{cm1} 较小；在 $u_{CE} = U_{CEmin}$ 时，负载线与 $u_{BE} = U_{BEmax}$ 所在的那条特性曲线交于 A_1 点，动态工作点摆动的上端离饱和区还有一段距离，这时的动态工作点都处在晶体管特性曲线的放大区。

2. 临界状态

在如图 3-7 所示动态线 A_2Q 下所画的集电极电流波形仍是余弦脉冲波形。余弦脉冲高度由点 A_2 决定。在此状态下的脉冲高度比欠压状态下略小，这时的集电极交变电压 U_{cm2} 的幅度也是比较大的，我们把这种工作状态称为临界状态。当放大器工作在临界状态时，R_P 较大，U_{cm2} 较大；在 $u_{CE} = U_{CEmin}$ 时，负载线与 $u_{BE} = U_{BEmax}$ 所在的那条特性曲线交于临界点 A_2，

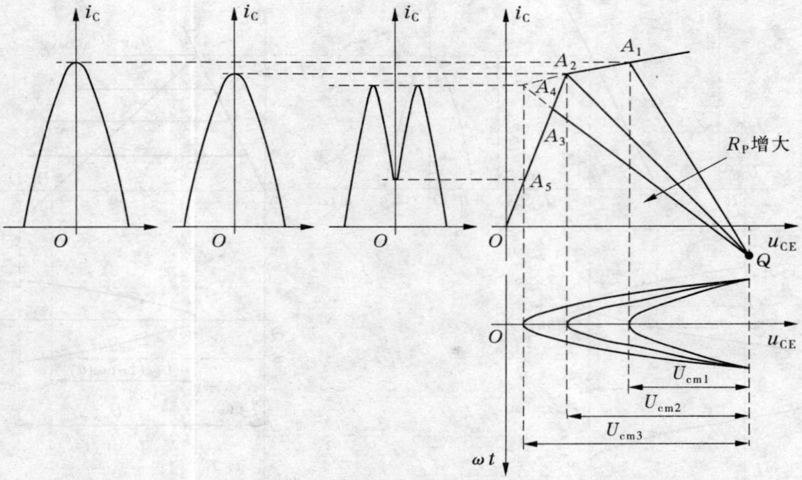

图 3-7　谐振功率放大器的三种工作状态

除点 A_2 外,其余动态工作点都处在晶体管特性曲线的放大区。

3. 过压状态

在图 3-7 所示动态线 A_3Q 下所画的集电极电流波形出现凹陷状态。把集电极电流脉冲出现凹顶形状的工作状态称为过压状态。当放大器工作在过压状态时,R_P 很大,U_{cm3} 也很大,在 $u_{CE}=U_{CEmin}$ 时,负载线与特性曲线交于临界点 A_3,此时动态线的上端进入饱和区。在过压状态下,为什么会出现凹陷?其原因是,当 R_P 增大到一定程度后,可使晶体管工作点摆动到饱和区内,在这个交变电压 U_{cm3} 幅度增大时,集电极、发射极间电压 u_{CE} 是减小的。当 u_{CE} 减小到超过临界点 A_3 时,集电极电流将沿饱和线 OA_3 变化,其幅度从点 A_3 起不断降低,随着 U_{cm3} 继续增大,u_{CE} 迅速减小;在点 A_5,集电极电流降到最低值。通常把电流 i_C 沿饱和线下降的那段线称为临界线。当 u_{CE} 从最小值回升时,集电极电流也随着增大,直至脱离饱和区后,集电极电流才随 u_{CE} 的增加而减小,结果导致集电极电流顶部出现凹陷的余弦脉冲,但是集电极输出交变电压 U_{cm3} 却是最大的(点 A_5 的确定:将动态线 A_3Q 向上延伸,与 $u_{BE}=U_{BEmax}$ 输出特性的延长线相交于点 A_4,然后由 A_4 点向下作垂线与临界线相交,则得点 A_5,交点 A_3 决定了脉冲的高度,而点 A_5 决定了脉冲下凹处的高度)。

在欠压状态时,基波电压幅度较小,电路的功放作用发挥得不充分;而在过压时,电流脉冲出现凹陷,集电极电流中的基波分量和平均分量都剧烈下降,并且其他谐波分量明显加大,这对于高频功率放大也很不利。通常高频功率放大持续选择在临界状态工作,可以获得的输出功率最大,效率也很高。

(三)R_P、U_{CC}、U_{bm} 和 U_{BB} 变化对工作状态的影响

1. R_P 变化对工作状态的影响

当 U_{BB}、U_{CC}、U_{bm} 一定时,放大器的性能将随 R_P 改变。在 R_P 由小增大时,放大器将由欠压状态进入过压状态,相应的集电极电流 i_C 波形的顶部发生凹陷,如图 3-8 所示。据此可画出 I_{c0}、I_{c1m}、U_{cm} 随 R_P 变化的曲线。通过计算,又可画出 P_o、P_{DC}、P_C 和 η_c 随 R_P 变化的曲线,它们如图 3-9 所示。

由图 3-9 可以得到以下结论:

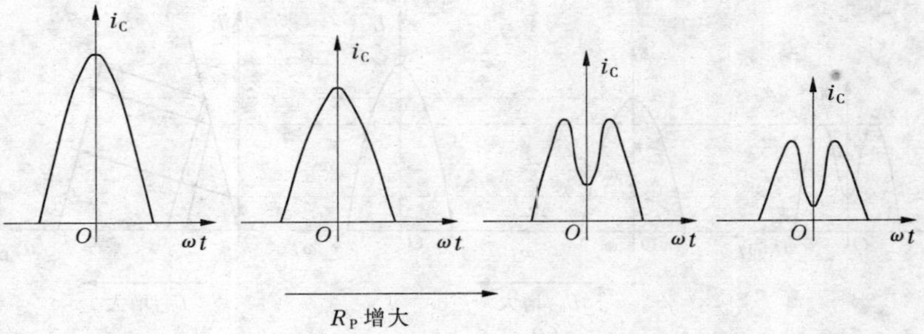

图 3-8　R_P 变化波形

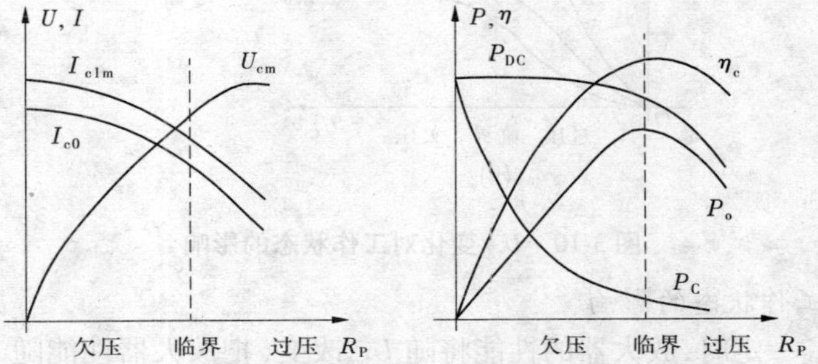

图 3-9　谐振功率放大器的负载特性

(1)在欠压工作状态下，R_P 较小，输出功率 P_o 和效率 η_c 都较低，集电极耗散功率 P_C 较大。当 R_P 由小增大时，相应地，I_{c0}、I_{c1m} 也将略有减小，U_{cm} 和 P_o 近似线性增大，P_{DC} 略有减小，结果 η_c 增大，P_C 减小。应当注意，当 $R_P=0$ 时，即负载短路时，集电极耗散功率达最大值，从而有使晶体管烧毁的可能。因此，在调整功率放大器的过程中，必须防止严重失谐而引起的负载短路。

(2)在临界工作状态下，谐振功率放大器输出功率 P_o 最大，效率 η_c 也比较高，集电极耗散功率 P_C 较小。一般发射机的末级多采用临界工作状态。这时的放大器接近最佳工作状态，在临界工作状态下的 R_P 可由下式求得

$$R_P=\frac{1}{2}\frac{U_{cm}^2}{P_o}\approx\frac{1}{2}\frac{(U_{CC}-U_{CEmin})^2}{P_o} \tag{3-22}$$

(3)在过压工作状态下，当负载 R_P 变化时，输出信号电压幅度 U_{cm} 变化不大，因此在需要维持输出电压比较平稳的场合(例如中间级)可采用过压状态。

2. U_{CC} 变化对工作状态的影响

当 U_{BB}、U_{bm}、R_P 一定时，放大器的性能将随 U_{CC} 改变。在 U_{CC} 由较小值增大时，动态线由左向右平移，动态线的上端沿着 $u_{BE}=U_{BEmax}$ 的输出特性曲线自左向右平移，即放大器的工作状态由过压状态进入欠压状态，脉冲由凹顶状向尖顶状变化(脉冲宽度近似不变)，如图 3-10(a)所示。在过压区时，i_C 脉冲高度将随 U_{CC} 的增大而增高、凹陷深度将随 U_{CC} 的增大而变浅，因而 I_{c0}、I_{c1m}、U_{cm} 将随 U_{CC} 的增大而增大。在欠压区时，i_C 脉冲高度随 U_{CC} 变化不大，因而 I_{c0}、I_{c1m}、U_{cm} 随 U_{CC} 的增大而变化不大，如图 3-10(b)所示。U_{cm} 随 U_{CC} 变化的特性称为集电极调制特性。

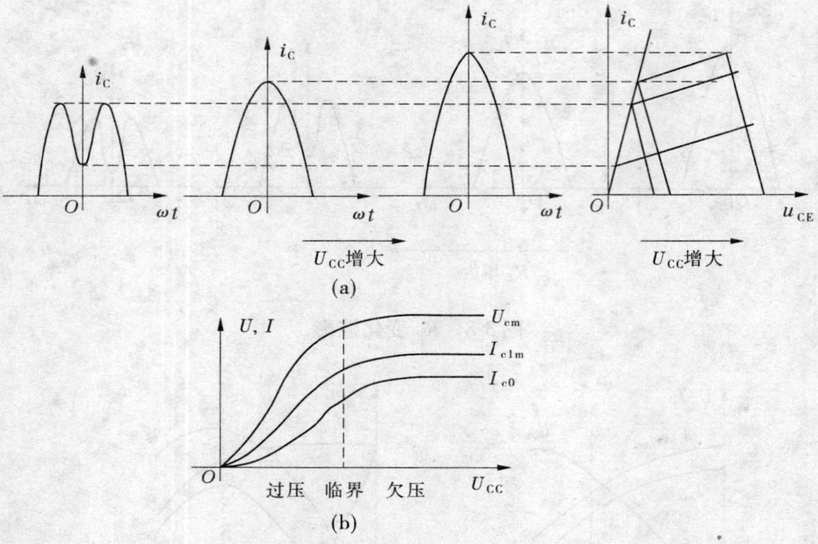

图 3-10 U_{CC}变化对工作状态的影响

3. U_{bm}变化对工作状态的影响

当 R_P、U_{CC}、U_{BB}一定时，放大器的性能将随 U_{bm}改变(把放大器性能随 U_{bm}变化的特性称为放大特性)。在 U_{bm}由较小值增大时，放大器的工作状态由欠压进入过压，如图 3-11(a)所示。进入过压状态后，随着 U_{bm}的增大，集电极电流脉冲出现中间凹陷，且高度和宽度增加，凹陷加深。在欠压状态时，U_{bm}增大，脉冲高度增加显著，所以 I_{c0}、I_{c1m}、U_{cm}随 U_{bm}的增大而迅速增大。在过压状态时，U_{bm}增大，i_C 脉冲高度虽略有增加，但凹陷也加深，所以 I_{c0}、I_{c1m}、U_{cm}随 U_{bm}增长缓慢，如图 3-11(b)所示。

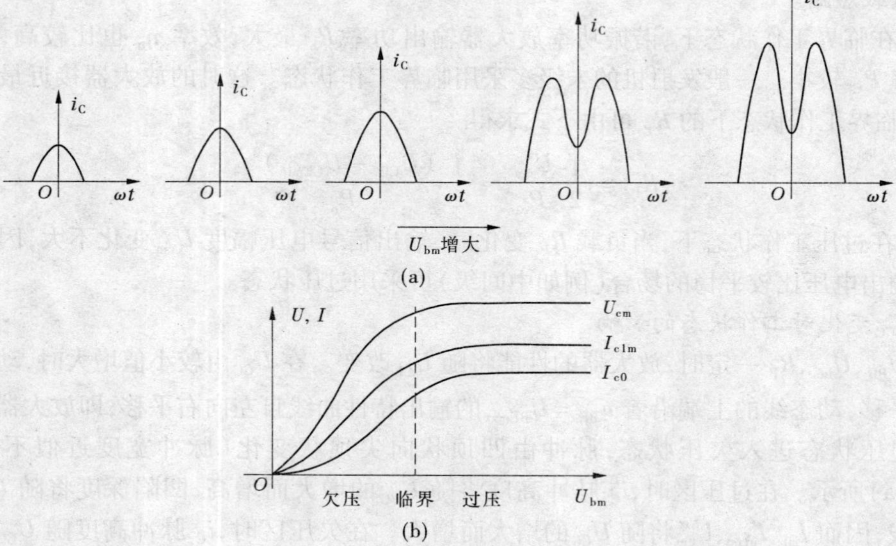

图 3-11 U_{bm}变化对工作状态的影响

4. U_{BB}变化对工作状态的影响

当 R_P、U_{CC}、U_{bm}一定时，放大器的性能将随 U_{BB}改变。放大器工作状态变化如图 3-12(a)所示。由于 $U_{BEmax}=U_{BB}+U_{bm}$，所以 U_{bm}不变时增大 U_{BB}，与 U_{BB}不变时增大 U_{bm}的情况是类似的。因此，U_{BB}由负变正增大时，集电极电流脉冲宽度和高度增大，并出现凹陷，放大器由欠压状态过渡到过压状态。I_{c0}、I_{c1m}、U_{cm}随 U_{BB}的变化曲线如图 3-12(b)所示。利用这一特性可实现基极调幅作用，所以图 3-12(b)所示特性曲线称为基极调制特性。

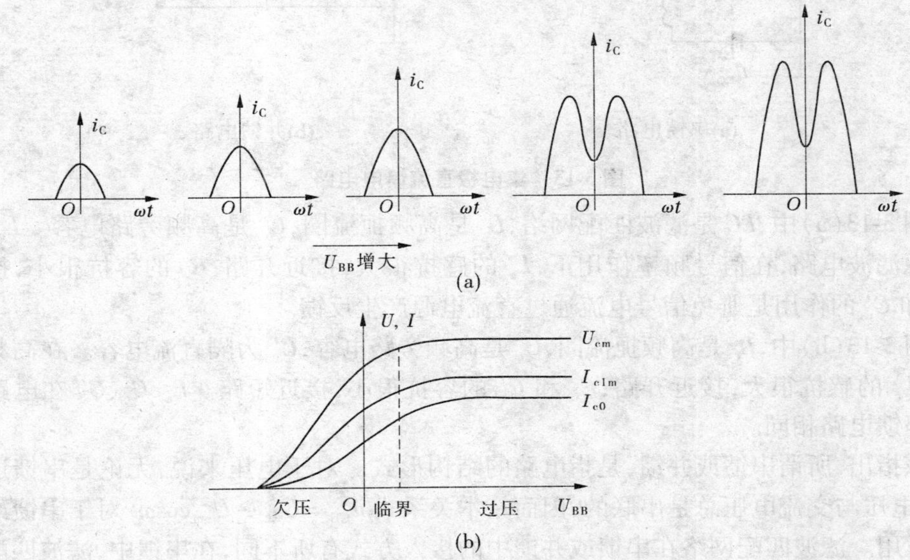

图 3-12　U_{BB}变化对工作状态的影响

以上的讨论是非常有实用价值的，它可以指导我们调试谐振功率放大器。例如：一个丙类谐振功率放大器，工作在临界状态。在调试中发现输出功率 P_o 和效率 η_c 均达不到设计要求，则应如何进行调整？P_o 不能达到设计要求，表明放大器没有进入临界状态，而是工作在欠压或过压状态。若增大 R_P 能使 P_o 增大，则根据负载特性可以断定放大器实际工作在欠压状态，在这种情况下，若分别增大或同时增大或两两增大 R_P、U_{BB}、U_{bm}，可使放大器由欠压进入临界状态，P_o 和 η_c 同时增长。如果增大 R_P 反而使之减小，则可断定放大器实际工作在过压状态，在这种情况下，增大 U_{CC}的同时适当增大 R_P 或 U_{BB}或 U_{bm}，可增大 P_o 和 η_c。注意，增大 U_{CC}时必须使放大器安全工作。

三、直流馈电电路与匹配网络

谐振功率放大器的管外电路由两部分组成：直流馈电电路部分和滤波匹配网络部分。

(一)直流馈电电路

馈电电路为功放管基极提供适当的偏压，为集电极提供电源电压。在谐振功率放大器中，直流馈电电路有两种不同的连接方式，分别为串馈和并馈。所谓串馈，是指直流电源 U_{CC}、滤波匹配网络和功放管这三部分在电路形式上是串联起来的。所谓并馈，就是这三部分在电路形式上是并联起来的。图 3-13 是集电极直流馈电电路，其中，图 3-13(a)是串馈电路，图 3-13(b)是并馈电路。

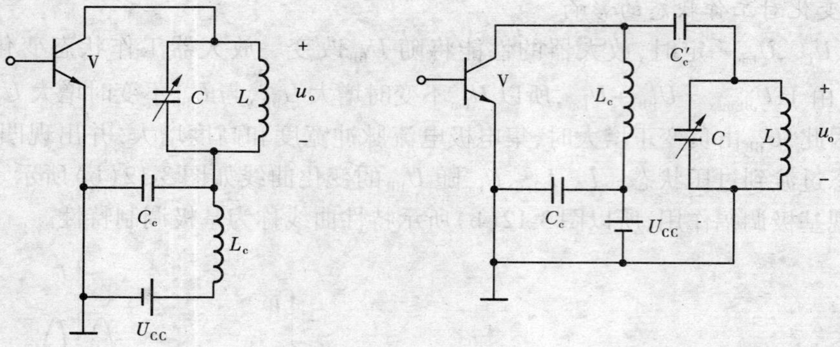

(a)串馈电路　　　　(b)并馈电路

图 3-13　集电极直流馈电电路

在图 3-13(a)中，LC 是滤波匹配网络，L_c 是高频扼流圈，C_c 是高频旁路电容。L_c 与 C_c 构成电源滤波电路，在信号频率作用下，L_c 的感抗很大，接近开路；C_c 的容抗很小，接近短路。L_c 和 C_c 的作用是避免信号电流通过直流电源产生反馈。

在图 3-13(b)中，L_c 是高频扼流圈，C_c 是高频旁路电容，C'_c 为隔直流电容。在高频信号作用下，L_c 的感抗很大，接近开路；C_c 和 C'_c 的容抗很小，接近短路。L_c、C_c、C'_c 在电路中的作用与串馈电路相同。

应该指出，所谓串馈或并馈，是指电路的结构形式。对于电压来说，无论是串馈还是并馈，直流电压与交流电压总是串联的，因而基本关系式 $u_{CE} = U_{CC} - U_{cm}\cos\omega t$ 对于串馈或并馈电路都适用。滤波匹配网络在串馈或并馈中的接入方式有所不同，在串馈中，滤波匹配网络处于直流高电位上，网络元件不能直接接地；而在并馈中，滤波匹配网络处于直流低电位上，因而网络元件可以直接接地。

对于基极电路来说，同样也有串馈与并馈两种形式，如图 3-14 所示。其中，图 3-14(a)是串馈电路，图 3-14(b)是并馈电路。在实际应用中，一般不用 U_{BB} 电池供电，而是采用自给偏置电路，如图 3-15 所示。其中，图 3-15(a)是利用基极电流脉冲 i_C 中的直流分量 I_{c0} 在电阻 R_b 上的压降产生自给偏压；图 3-15(b)是利用发射极电流脉冲 i_E 中的直流分量 I_{e0} 在电阻 R_e 上的压降产生自给偏压。

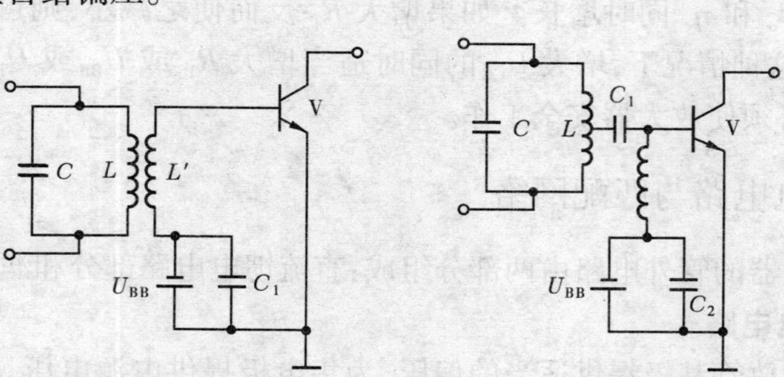

(a)串馈电路　　　　(b)并馈电路

图 3-14　基极馈电电路

(二)滤波匹配网络

功率放大器通过耦合电路与前后级连接，这种耦合电路称为匹配网络，如图 3-16 所示，

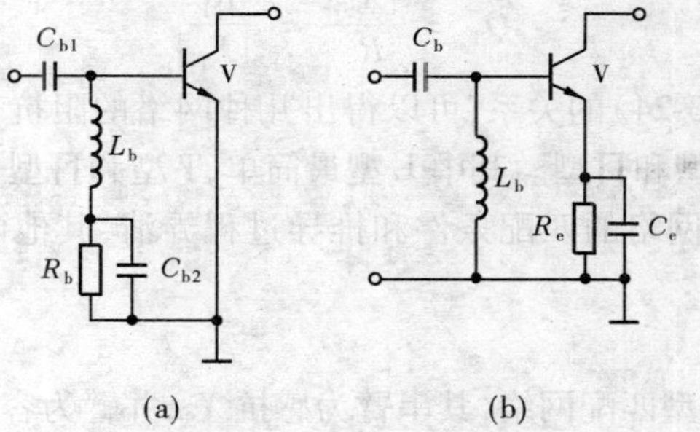

图 3-15　自给偏置电路

对它提出如下要求：

(1)匹配。使外接负载阻抗与放大器所需的最佳负载电阻相匹配，以保证放大器输出功率最大。

(2)滤波。滤除不需要的各次谐波分量，选出所需的基波成分。

(3)效率。要求匹配网络本身的损耗尽可能小，即匹配网络的传输效率要高。

匹配网络的形式有并联谐振回路型和滤波型两种。并联谐振回路型网络与小信号谐振放大器的谐振回路基本相同，这里不再讨论。实际高频功率放大器的设计主要是器件的工作点选择和常用的滤波匹配网络的设计。

为了分析方便，首先对串联、并联阻抗变换公式予以介绍。

根据等效原理，图 3-17(a)、(b)的端导纳相等，即

$$\frac{1}{R_P} + \frac{1}{jX_P} = \frac{1}{R_S + jX_S}$$

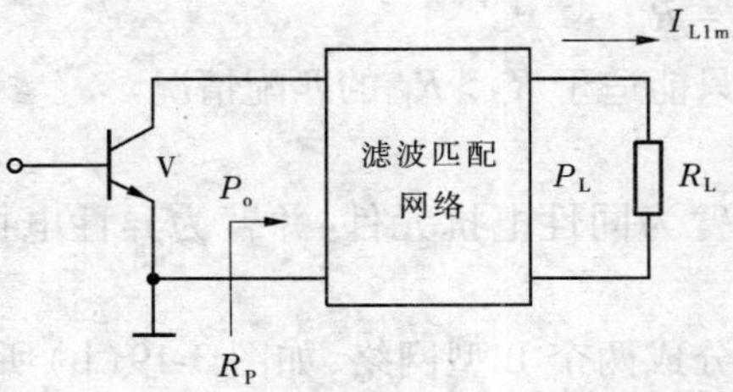

图 3-16　滤波匹配网络在电路中的位置

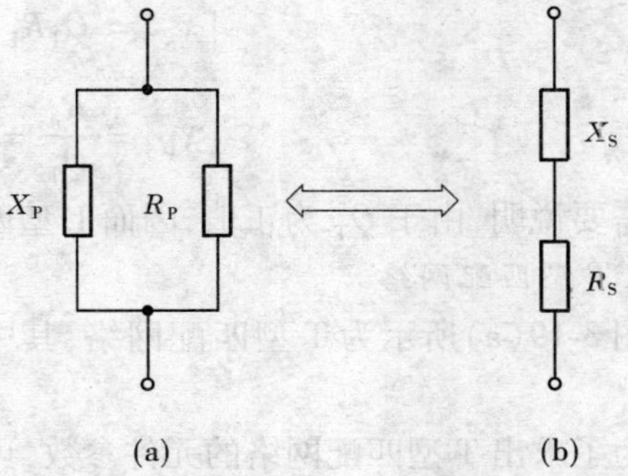

图 3-17　串联、并联阻抗变换

串联、并联阻抗变换

$$\left.\begin{aligned} R_P &= \frac{R_S^2 + X_S^2}{R_S} = R_S(1 + Q_T^2) \\ X_P &= \frac{R_S^2 + X_S^2}{X_S} = X_S\left(1 + \frac{1}{Q_T^2}\right) \end{aligned}\right\} \tag{3-23}$$

式中 Q_T 为两个网络的品质因数，其值为

$$Q_T = \frac{|X_S|}{R_S} = \frac{R_P}{|X_P|} \tag{3-24}$$

利用式(3-23)与式(3-24)的关系,可以得出几种网络的阻抗变换特性。常用的匹配网络的基本形式有L型、T型和∏型。其中L型最简单,T型和∏型可以看成是由L型组合而成的。因此,只要把L型网络的匹配条件和推导过程弄清,其他两种网络便可以很容易地从L型网络演变出来。

1. L型匹配网络

图3-18(a)所示为L型匹配网络,其串臂为感抗 X_S,并臂为容抗 X_P,R_L 是负载电阻。X_S 和 R_L 是串联支路,根据串并联阻抗变换原理,可以将 X_S 和 R_L 变为并联元件 X'_P 和 R_P,如图3-18(b)所示。

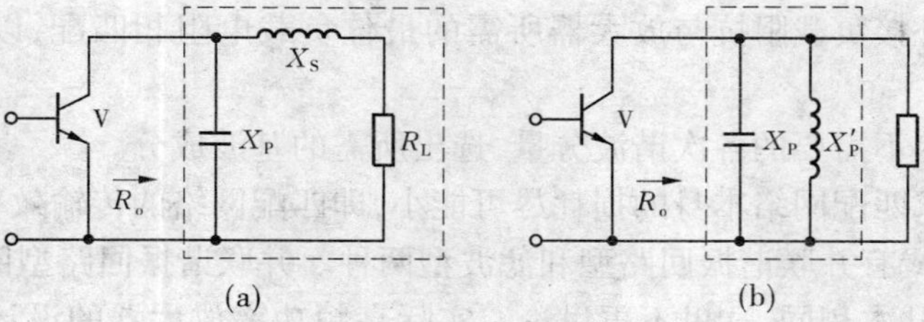

图3-18　L型网络的阻抗变换

令 $X_P + X'_P = 0$,即电抗部分抵消,回路两端呈现纯电阻 R_o。其值由式(3-23)求得

$$R_o = R_L(1 + Q_T^2) \tag{3-25}$$

由式(3-25)求出 Q_T,再代入式(3-23),便可求出L型网络各元件参数的计算公式(图3-18中的 R_L 相当于式(3-23)中的 R_S)

$$\left.\begin{aligned} |X_S| &= Q_T R_L = \sqrt{R_L(R_o - R_L)} \\ |X_P| &= \frac{R_o}{Q_T} = R_o\sqrt{\frac{R_L}{R_o - R_L}} \end{aligned}\right\} \tag{3-26}$$

需要说明,由于 Q_T 为正值,因而L型匹配网络只能适于 $R_o > R_L$ 的匹配情况。

2. T型匹配网络

图3-19(a)所示为T型匹配网络,其中两个串臂为同性电抗元件,并臂为异性电抗元件。

为了求出T型匹配网络的元件参数,可以将它分成两个L型网络,如图3-19(b)所示。然后利用L型网络的计算公式,经整理便可最终得到计算公式。

图3-19(b)中的第二个L型网络与图3-18(a)所示网络完全相同,因此可以直接得到计算公式

$$R_P = R_L(1 + Q_{T2}^2) \tag{3-27}$$

$$\left.\begin{aligned} |X_{S2}| &= Q_{T2} R_L = \sqrt{R_L(R_P - R_L)} \\ |X_{P2}| &= \frac{R_P}{Q_{T2}} = R_P\sqrt{\frac{R_L}{R_P - R_L}} \end{aligned}\right\} \tag{3-28}$$

图3-19(b)中的第一个L型网络与图3-18(a)所示的网络是相反的,因此可以将 R_o 视为 R_L,即

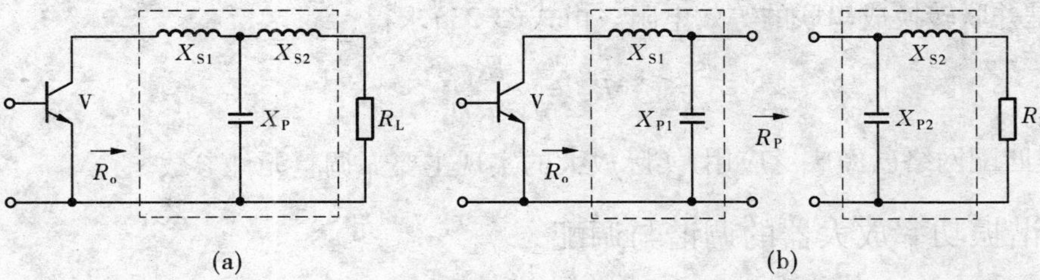

图 3-19　T 型网络的阻抗变换

$$R_P = R_o(1 + Q_{T1}^2) \tag{3-29}$$

$$\left.\begin{aligned} |X_{S1}| &= Q_{T1}R_o = \sqrt{R_o(R_P - R_o)} \\ |X_{P1}| &= \frac{R_P}{Q_{T1}} = R_P\sqrt{\frac{R_o}{R_P - R_o}} \end{aligned}\right\} \tag{3-30}$$

假定两个串臂为同性电抗元件的情况下，X_{P1} 和 X_{P2} 亦为同性电抗元件，总的 X_P 可由 X_{P1} 与 X_{P2} 并联求出。

3. ∏型匹配网络

∏型匹配网络如图 3-20 所示，分析过程也是将∏型网络分成两个基本的 L 型网络，如图 3-20(b)所示，然后按 L 型网络进行求解。

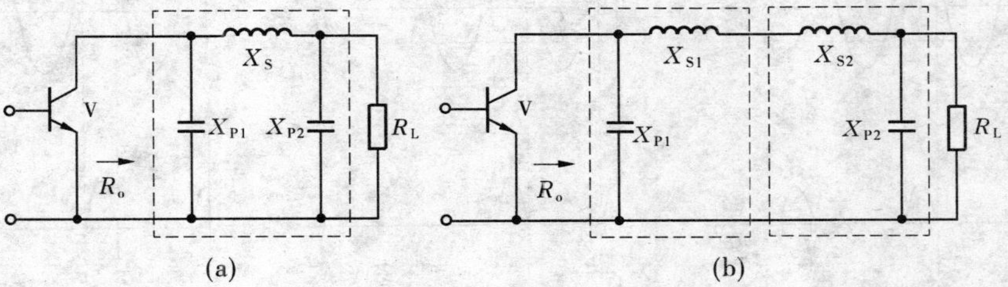

图 3-20　∏型匹配网络

∏型网络的分析过程可仿照 T 型网络进行，这里不再重复。最后结果为

$$\begin{aligned} |X_{P1}| &= \frac{R_o}{Q_{T1}} \\ |X_{P2}| &= \frac{R_L}{Q_{T2}} = \frac{R_L}{\sqrt{\frac{R_L}{R_o}(1 + Q_{T1}^2) - 1}} \\ |X_S| &= |X_{S1}| + |X_{S2}| = \frac{Q_{T1} + \sqrt{\frac{R_L}{R_o}(1 + Q_{T1}^2) - 1}}{1 + Q_{T1}^2} \end{aligned} \tag{3-31}$$

式中

$$\begin{aligned} Q_{T1} &= \frac{R_o}{|X_{P1}|} = \frac{|X_{S1}|}{R_P} \\ Q_{T2} &= \frac{R_L}{|X_{P2}|} = \sqrt{\frac{R_L}{R_o}(1 + Q_{T1}^2) - 1} \end{aligned} \tag{3-32}$$

R_S 是并联转换成串联的等效电阻。由式(3-23)求得

$$R_S = \frac{R_L}{1 + Q_{T2}^2}$$

滤波匹配网络已经广泛应用,实际放大的实现主要靠调整元件参数。

四、谐振功率放大器的调谐与调配

谐振功率放大器在设计组装之后,还需要进行调整,以达到预期的输出功率和效率。谐振功率放大器的调整包括调谐与调配,下面分别进行讨论。

(一)调谐

调谐是将谐振功率放大器的负载回路调到谐振状态。前面已经分析过,谐振功率放大器工作在谐振状态时,输出电压的最大值与激励电压的最小值同时出现,即二者间相位差为180°。集电极电流脉冲的最大值 I_{cm} 与集电极、发射极间电压最小值 U_{CEmin} 出现在同一时刻。因此,功放管的损耗最小,输出功率和效率达到最大。放大器工作在谐振状态下的电压和电流波形以及其相位关系,如图 3-21(a)所示。

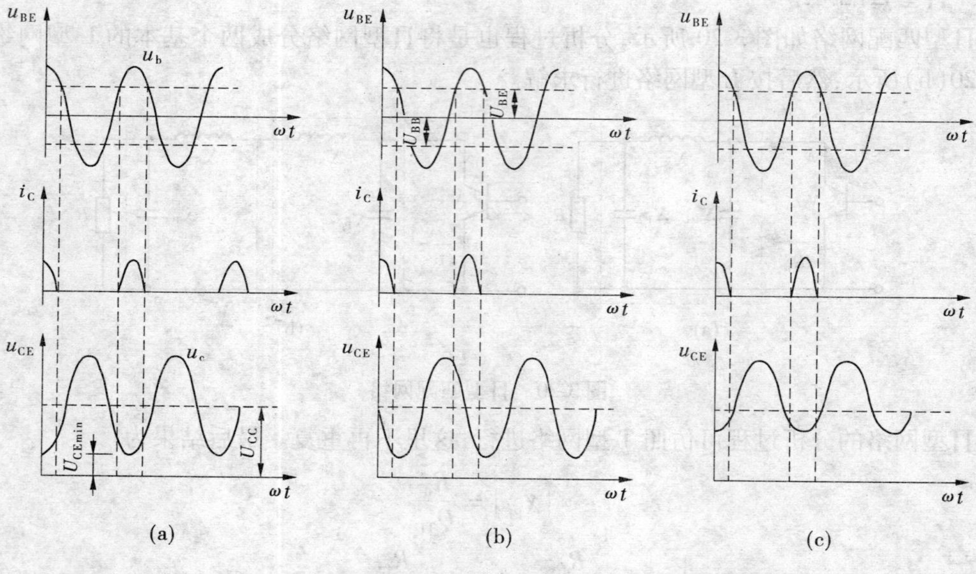

图 3-21　谐振功率放大器在不同负载状态下的电压、电流波形

当功率放大器工作在失谐状态时,回路阻抗下降,输出电压 u_c 与激励电压 u_b 相位差不到 180°,集电极电流脉冲的最大值 I_{cm} 与集电极、发射极间电压最小值 U_{CEmin} 不是发生在同一时刻,其间的关系如图 3-21(b)所示。由于 U_{CEmin} 增加,集电极耗散功率增大。在严重失谐情况下,耗散功率过大,甚至有烧坏功放管的危险,相应地,输出功率和效率也降低。

(二)调配

所谓功率放大器的调配,就是指放大器已经工作在谐振的状态下,再来调整负载,使回路的谐振电阻等于放大器所需的最佳负载电阻,以获得所需的输出功率和效率。谐振电阻不等于匹配电阻,会产生严重后果。例如,当负载过重,即 R_L 太小,反射到回路的等效电阻

$\frac{(\omega M)^2}{R_L}$过大时，会使谐振电阻过小，输出电压降低，集电极、发射极间电压最小值 $U_{CEmin}=U_{CC}-U_{cm}$升高，导致集电极耗散功率 P_C 剧增，如图 3-21(c)所示。反之，当负载太轻时，如负载开路使谐振电阻过大，相应的 u_c 增大，使放大器由原来的欠压或临界状态进入过压状态，功放管的反向峰值电压 $U_{CEmin}=U_{CC}-U_{cm}$过大，当 $U_{CEmin}>U_{CE0}$时，功放管有可能被击穿。因此，放大器的调配对谐振功率放大器的正常工作是十分重要和必要的。

(三)调谐与调配的方法

对放大器工作状态进行调整时，需要在电路内装入各种仪表进行监测。为了突出主要问题，我们只考虑直接监测调谐和调配的仪表，如图 3-22 所示。

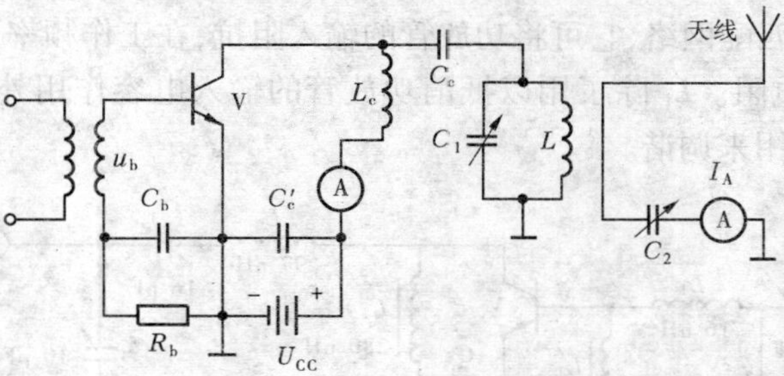

图 3-22 调谐放大器调整电路

为了保证功放管的安全，在调整之前应当减小激励电压 u_b 和电源电压 U_{CC}。因为在未调谐前，回路阻抗很小，放大器工作在欠压状态。功放管的耗散功率 P_C 很大，威胁着功放管的安全。减小 u_b 和 U_{CC}都是为了减小 I_{c0}的初始值，使开始的 P_C 不至于过大。接通电源后，要迅速调可变电容 C_1。同时观察电流表中 I_{c0}的量值，直至 I_{c0}读数最小，说明回路已调到谐振状态。因为回路谐振时其电阻值最大，放大器可能进入过压状态，集电极电流 i_C 的脉冲凹陷加深，所以 I_{c0}呈现最小值。由于功放管工作在深饱和的过压状态，基极电流 i_b 达到最大，基极直流分量 I_{b0} 亦最大(这可由基极回路加电流表观测)。I_{c0} 和 I_{b0} 的变化如图 3-23(a)所示。当回路调到谐振以后，再逐渐增大 U_{CC}值，直至达到额定的 U_{CC}为止。

在调谐时，为了使 I_{c0}和 I_{b0}变化明显，可尽量减小负载回路与集电极调谐回路间的耦合，即减小 M，或将负载断开。这时回路的谐振电阻很高，放大器进入强过压状态(即深度饱合)，I_{c0}最小，I_{b0}最大。回路谐振后，即可开始调配。调配是调负载回路的可调电容 C_2，使负载回路达到串联谐振，这时高频电流表 I_A 值达到最大。串联谐振回路的电阻最小，则反射到并联回路的等效电阻最大，使回路的谐振电阻降低，结果使 I_{c0}上升。调配仍需在弱耦合情况下进行，一旦达到匹配，再逐渐加强耦合即增大 M，直至 I_{c0}上升不明显为止。

I_A 和 I_{c0}随 C_2 的变化如图 3-23(b)所示。调整结束时，应使放大器工作在临界状态，输出功率和效率都达到较高值。

必须注意，图 3-23(a)和图 3-23(b)中都有谐振点，但 I_{c0}一个是最小值，另一个是最大值。图 3-23(a)中最小值的谐振点是集电极回路的谐振(并联谐振)，图 3-23(b)中的谐振点是负载回路的谐振(串联谐振)，千万不要混淆。

五、谐振功率放大电路

图 3-24 所示是一个工作频率为 160 MHz 的谐振功率放大电路。该电路输入端用 C_1、

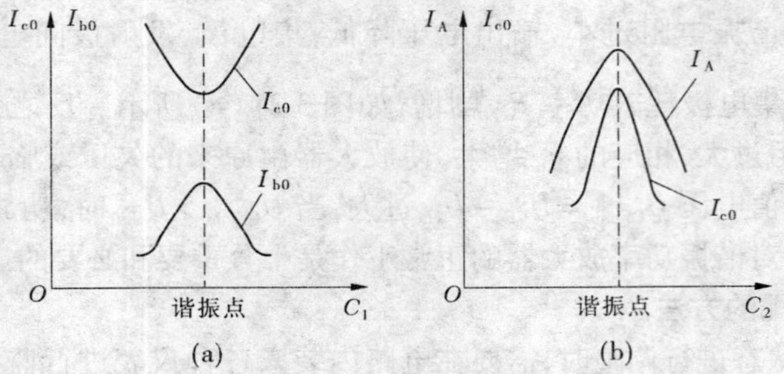

图 3-23　谐振功率放大器的调谐与调配特性

C_2、L_1，构成 T 型输入匹配网络，它可将功放管的输入阻抗，在工作频率上变换为前级放大器所要求的 50 Ω 匹配电阻。L_1 除了用以抵消功放管的输入电容作用外，还与 C_1、C_2 产生谐振。C_1 用来调配，C_2 用来调谐。

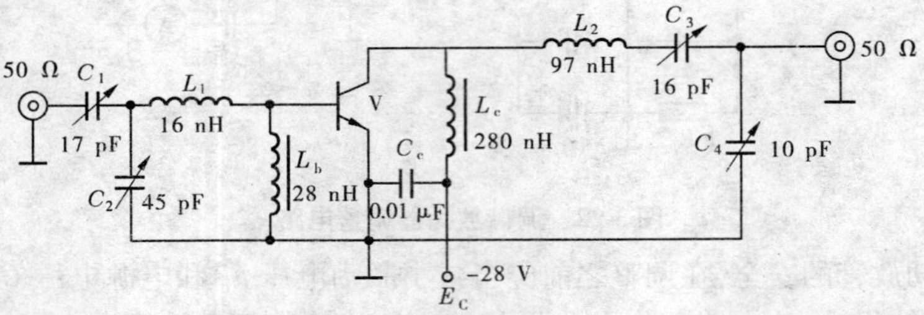

图 3-24　工作频率为 160 MHz 的谐振功率放大电路

该电路输出端可向 50 Ω 外接负载提供 13 W 功率，功率增益达 9 dB。集电极采用并馈电路，L_c 为高频扼流圈，C_c 为旁路电容。L_2、C_3 和 C_4 构成 L 型输出匹配网络，调节 C_3 和 C_4，使得外接 50 Ω 负载电阻在工作频率上变换为放大器所要求的匹配电阻。基极采用自给偏压电路，由高频扼流圈 L_c 中的直流电阻及晶体管基极体电阻产生很小的负偏压。

图 3-25 所示是一个工作频率为 150 MHz 的谐振功率放大电路。其 50 Ω 外接负载提供 3 W 功率，功率增益达 10 dB。图中，基极采用由 R_b 产生负值偏置电压的自给偏压电路，L_b 为高频扼流圈，C_b 为滤波电容。集电极采用串馈电路，高频扼流圈 L_c 和 R_c、C_{c1}、C_{c2}、C_{c3} 组成电源滤波网络，放大器的输入端采用由 C_1 ~ C_3 和 L_1 构成的 T 型滤波匹配网络，输出端采用由 C_4 ~ C_8 和 L_2 ~ L_5 构成的三级Π型混合滤波匹配网络。

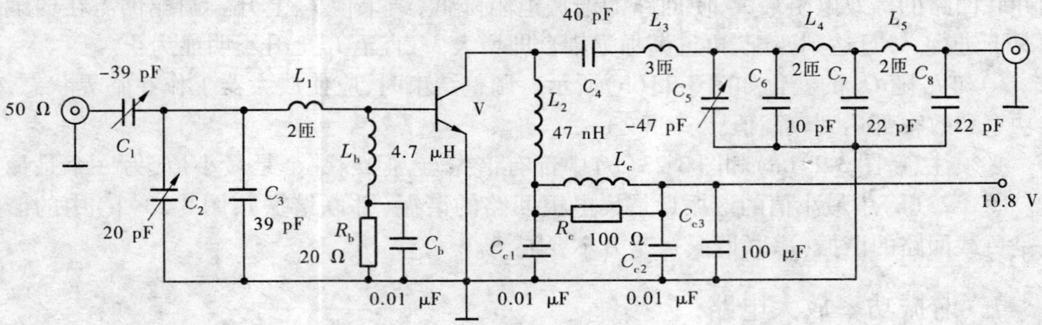

图 3-25　工作频率为 150 MHz 的谐振功率放大电路

第三节　宽频带功率放大器与功率合成电路

匹配网络由非谐振网络构成的放大器，称为非谐振功率放大器。非谐振匹配网络，通常有普通变压器和传输线变压器两种。所谓普通变压器，是指利用耦合原理，通过铁芯中的公共磁通的作用，将初级线圈的能量传输给次级线圈的变压器。它的相对通频带很宽，高低端频率之比达几百倍至几千倍。但是，由于变压器线圈的漏电感和分布电容的存在，其最高工作频率受到了限制。即使采用高磁导率的磁芯制作的普通变压器，最高工作频率也只能达到几百千赫至几十兆赫。这就是说，利用普通变压器的工作原理，是无法提高上限工作频率的。用传输线变压器作为匹配网络的功率放大器，上限工作频率可以扩展到几百兆赫乃至上千兆赫。因此，这种非谐振功率放大器，也称为宽带高频功率放大器。由于这种放大器不需要调谐，在整个通频带内都能获得线性放大，因此它特别适合于要求频率相对变化范围较大和要求迅速更换频率的发射机。因为改变工作频率，仅仅是改变放大器输入信号的频率，不再需要对放大器进行调谐。本节重点分析传输线变压器的工作原理，并介绍其主要应用。

一、传输线变压器

（一）传输线变压器的工作模式及主要参数

1. 传输线变压器的结构

将两根等长的导线（传输线）绕在铁氧体的磁环上就构成了传输线变压器。所用导线可以是扭绞双线、平行双线或同轴线等。磁环的直径根据传输功率大小而定，传输功率愈大，磁环的直径愈大。一般 15 W 的功率放大器，磁环直径为 10 ~ 15 mm 即可。图 3-26 是 1:1传输线变压器结构的示意图。图 3-27 是传输线变压器的两种工作模式，其中（a）图为传输线模式，信号电压从 1、3 端加入，经传输线变压器的传输，在 2、4 端把能量传到负载电阻 R_L 上。图 3-27（b）是普通变压器模式的电路，但与普通变压器又有区别。普通变压器负载电阻 2、4 两端可以与地隔离，也可以任意一端接地。作为传输线变压器，必须 2、3（或 1、4）两端接地，使输出电压与输入电压极性相反，因而是一个倒相变压器。

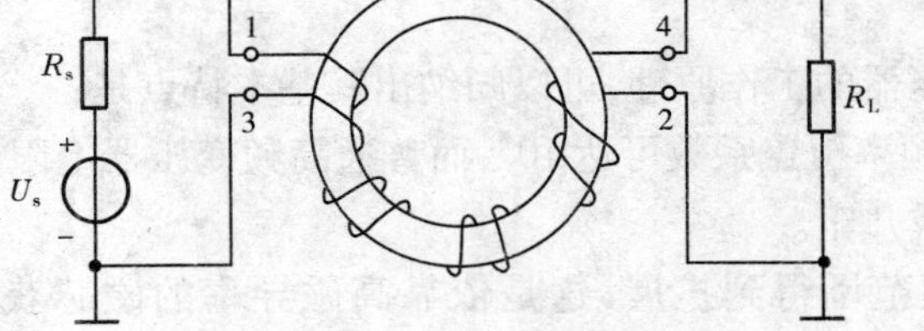

图 3-26　1:1传输线变压器

2. 传输线变压器传输能量的特点

传输线变压器是将传输线的工作原理应用于变压器上，因此它既有传输线的特点，又有变压器的特点。传输线变压器的传输线模式，是指由两根导线传输能量。在低频时，两根传输线就是普通导线连接线。而在所传输信号是波长可以和导线的长度相比拟的高频时，两根导线分布参数的影响不容忽视。由于两根导线紧靠在一起，又同时绕在一个磁芯上，所以导线间的分布电容和导线上的电感都是很大的。它们分别称为分布电容和分布电感，如

图 3-28 所示。

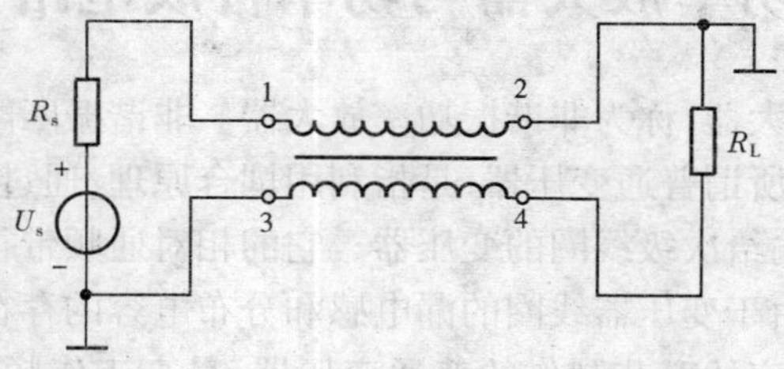

(a)传输线模式

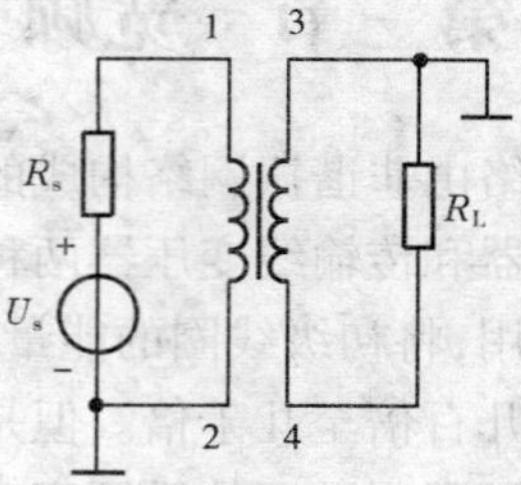

(b)变压器模式

图 3-27　1:1传输线变压器的两种工作模式

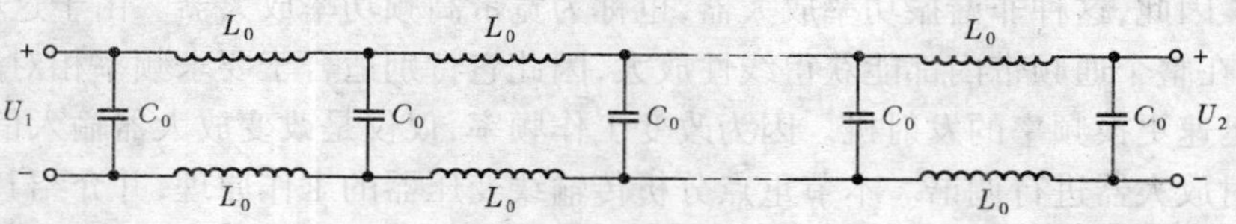

图 3-28　传输线在高频情况下的等效电路

对于传输线模式，在具有分布参数的电路中，能量的传播是靠电能和磁能互相转换实现的。如果认为 C_0 和 L_0 是理想分布参数，即忽略导线的欧姆损耗和导线间的介质损耗，则信号加入后，信号源的能量将全部被负载吸收。这就是说，传输线间的分布电容不会影响高频特性，反而是传播能量的条件，从而使传输线变压器的上限工作频率提高。

对于宽带信号的低频端，由于信号的波长远大于导线的长度，单位长度上的分布电阻和分布电容都很小，这就很难像高频那样利用电能和磁能相互转换的方法传输能量，传输线模式失效，变压器模式发挥作用。当信号加入后，变压器模式是靠磁耦合方式传递能量的。我们知道，变压器低频响应之所以下降，是由初级电感量不够大造成的，传输线变压器的磁环具有增大初级电感量的作用，因此它的低频响应也有很大的改善。

总之，传输线变压器对不同频率信号是以不同的方式传输能量的，对输入信号的高频频率分量，以传输线模式为主；对输入信号的低频频率分量，以变压器模式为主，频率愈低，变压器模式愈突出。

从上述传输线变压器的工作原理，可以归纳出其基本特点是：

(1)工作频带宽，频率覆盖系数可达 10^4，而普通高频变压器上限频率只有几十兆赫，频率覆盖系数只有几百或几千。

(2)通频带的低频范围得到扩展，这是依靠高磁导率的磁芯获得很大的初级电感的结果。

(3)通频带的上限频率不受磁芯上限频率的限制，因为在高频时，它以传输线的原理传输能量。

(4)大功率运用时，可以采用较小的磁环，不致使磁芯饱和和发热，因而减小了放大器的体积。

3. 传输线变压器的主要参数

传输线变压器的主要参数有特性阻抗和插入损耗。传输线变压器的参数用来表征传输线变压器的固有特性,它与导线长度、介质材料、线径和磁芯形式等有关,而与其传输的信号电平无关。

由传输线的理论可知,传输线的特性阻抗 Z_c 为

$$Z_c = \sqrt{\frac{r + j\omega L}{G + j\omega C}} \tag{3-33}$$

式中,r 为传输线上单位长度的损耗电阻;L 为传输线上单位长度的分布电感;G 为传输线上单位长度的线间电导;C 为传输线上单位长度的分布电容。

对于理想无耗或工作频率很高时的传输线,有 $r \ll \omega L$,$G \ll \omega C$,则传输线的特性阻抗为

$$Z_c = \sqrt{\frac{L}{C}} \tag{3-34}$$

由于传输线变压器是在负载与放大器之间起匹配作用的网络,因此该系统达到匹配时,传输线始端的电阻恒等于传输线的特性阻抗,且负载电阻与特性阻抗相等。由传输线的分析可知,当信号源内阻为 R_s,负载电阻为 R_L,满足最佳功率传输条件的传输线特性阻抗,称为最佳特性阻抗,其值为

$$Z_{copt} = \sqrt{R_s R_L} \tag{3-35}$$

当 R_s 和 R_L 已知时,可根据上式求出传输线的最佳特性阻抗 Z_{copt}。

传输线变压器的另一个参数是插入损耗 L_P。实际工作中,传输线变压器不可能做到理想匹配,因此传到终端的能量不能全部被负载吸收。其中一部分被负载吸收,另一部分经终端反射又回到信号源,信号在往返途中,被传输线介质和信号源内阻损耗掉,这种损耗就称为插入损耗。

产生插入损耗的主要原因是传输线终端电压和电流对于始端产生相移。我们知道,电磁波自始端传到终端,是需要一定时间的。终端电压、电流总要滞后于始端相应电压、电流一个相位 φ,这个相位与传输信号波长 λ 及传输线距离 l 的关系为

$$\varphi = \frac{2\pi}{\lambda} l = \beta l \tag{3-36}$$

式中,β 称为相移常数,$\beta = \frac{2\pi}{\lambda}$。

从式(3-36)可见,工作频率愈高和传输线愈长,相位差愈大。当 $l = \frac{\lambda}{2}$ 时,$\varphi = \pi$,这说明终端电流与始端电流相位相反,产生全反射,负载上完全得不到功率,插入损耗为无穷大。随着 l 的减小,插入损耗减小。

当 $\beta l = 0$ 时,$\varphi = 0$,表明终端电流相位与始端电流相位相同,传输能量完全被负载所吸收,插入损耗趋于零,这是理想的匹配情况。实际不可能是这样。因此,要求传输线距离尽可能短,一般规定传输线长度取工作波段最短波长的1/8或更短些。l 也不能取得过短,因为 l 过短,将使初级绕组的电感量降低,低频的频率特性变坏。

(二)传输线变压器的应用

上面我们对1∶1倒相传输线变压器的工作原理做了分析和讨论,在此基础上再来介绍几种常用的传输线变压器。根据变压器工作方式的不同,传输线变压器常用做极性变换、平衡与不平衡变换和阻抗变换等。

1. 极性变换

传输线变压器作极性变换电路，就是1∶1倒相传输线变压器。1∶1倒相传输线变压器电路如图3-29所示，其中图3-29(a)是等效为变压器的原理电路，图3-29(b)是等效为传输线的原理电路。下面说明1∶1倒相传输线变压器的极性变换作用。

对于图3-29(a)，在信号源的作用下，初级绕组1、2端有电压U，其极性为1端正、2端负；在U的作用下，通过电磁感应，在变压器次级3、4端产生等值的电压U，极性为3端正、4端负。由于3端接地，所以负载电阻上的电压与3、4端电压的极性相反，从而实现了倒相作用。

在各种放大器中，负载电阻R_L正好等于信号源内阻的情况是很少的。因此，1∶1传输线变压器很少用做阻抗匹配元件，大多数都是用做倒相器。

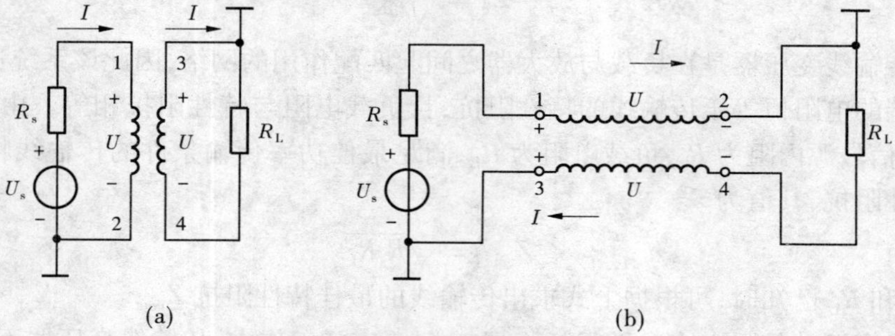

图3-29　1∶1倒相传输线变压器

2. 平衡与不平衡变换

如图3-30所示是传输线变压器用做平衡与不平衡电路的互相变换。图3-30(a)是将平衡电路变换为不平衡输出的电路，输入端两个信号源的电压和内阻均相等，分别接在地的两旁，这种接法称为平衡。输出负载只有单端接地，称为不平衡。图3-30(b)是将不平衡电路变换为平衡输出的电路。

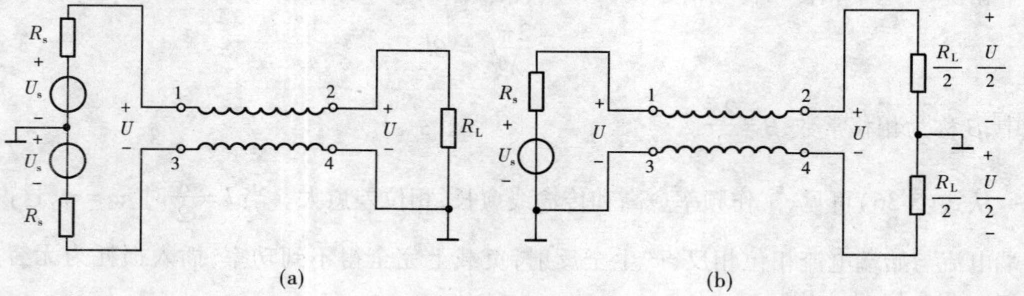

图3-30　平衡与不平衡的互相变换

3. 阻抗变换

传输线变压器的第三个用途，是在输入端和输出端之间实现阻抗变换。由于传输线变压器结构的限制，它不能像普通变压器那样，借助匝数比的改变来实现任何阻抗比的变换，而只能完成某些特定阻抗比的变换，如4∶1、9∶1、16∶1，或者1∶4、1∶9、1∶16，等等。所谓4∶1，是指传输线变压器的输入电阻R_i是负载电阻R_L的4倍，即$R_i=4R_L$；而$R_i=R_L/4$，则称为1∶4的阻抗变换。图3-31(a)、(b)分别表示4∶1和1∶4的传输线变压器阻抗变换电路，图3-31(c)、(d)是与其相应的一般变压器形式的等效电路。

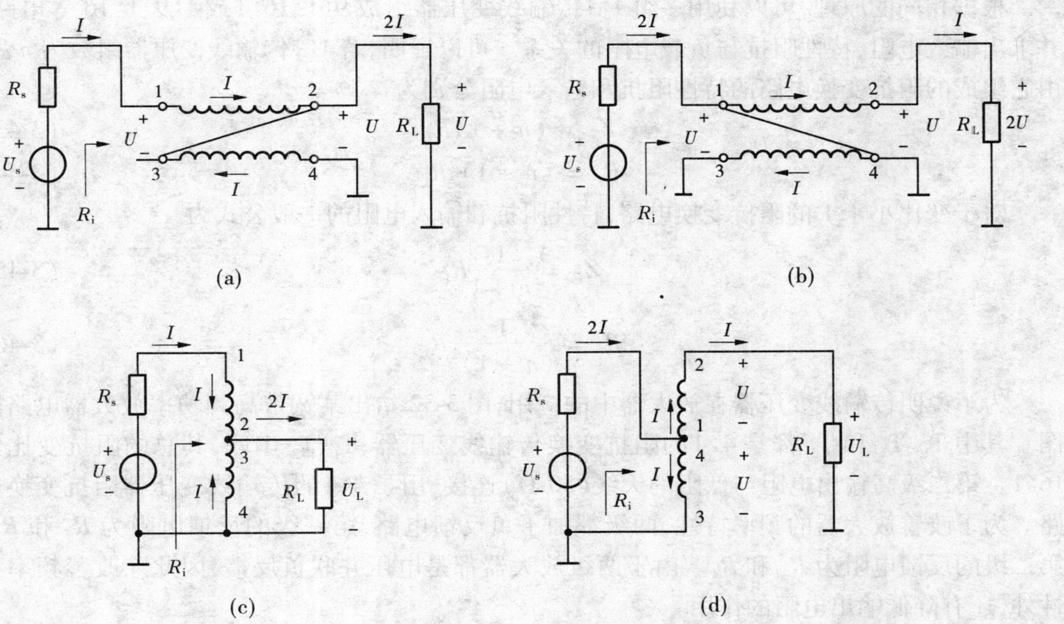

图 3-31　4∶1和 1∶4传输线变压器阻抗变换电路

对于 4∶1的阻抗变换电路而言，如果设负载电阻 R_L 上的电压为 U，则传输线终端和始端的电压均为 U，因此信号源端的电压为 $2U$。当信号源提供的电流为 I 时，则通过 R_L 的电流为 $2I$，于是负载电阻为

$$R_L = \frac{U}{2I} \tag{3-37}$$

从信号源向传输线变压器看去的输入电阻为

$$R_i = \frac{2U}{I} = 4\frac{U}{2I} = 4R_L \tag{3-38}$$

传输线的特性阻抗为

$$Z_c = \frac{U}{I} = 2\frac{U}{2I} = 2R_L \tag{3-39}$$

图 3-31(b)、(d)分别表示 1∶4传输线变压器的传输线形式和变压器形式。设流过电阻 R_L 的电流为 I，信号源提供的电流为 $2I$，由图 3-31(d)可见，负载电阻 R_L 上的电压为 $2U$，即 $U_L = 2U$。负载电阻为

$$R_L = \frac{U_L}{I} = \frac{2U}{I} \tag{3-40}$$

从信号源向传输线变压器看去的输入电阻为

$$R_i = \frac{U}{2I} = \frac{1}{4}\frac{2U}{I} = \frac{1}{4}R_L \tag{3-41}$$

从而实现 1∶4的阻抗变换。传输线变压器的特性阻抗为

$$Z_c = \frac{U}{I} = \frac{1}{2}\frac{2U}{I} = \frac{1}{2}R_L \tag{3-42}$$

根据相同的原理，可以利用多组 1∶1传输线变压器组成 9∶1、16∶1或 1∶9、1∶16 等电路，并求出输入电阻、特性阻抗与负载电阻的关系。可以证明，若 1∶1传输线变压器组数为 n，则由它组成的阻抗变换电路的特性阻抗和输入电阻分别为

$$Z_c = (n+1)R_L \tag{3-43}$$

$$R_i = (n+1)^2 R_L \tag{3-44}$$

对于变比小于 1 的阻抗变换电路，特性阻抗和输入电阻的一般公式为

$$Z_c = \frac{1}{n+1}R_L \tag{3-45}$$

$$R_i = \frac{1}{(n+1)^2}R_L \tag{3-46}$$

为了说明传输线变压器在放大器中的应用，图 3-32 给出某宽带高频功率放大器电路简图。其中 T_1、T_2 和 T_3 都是 4∶1的阻抗变换传输线变压器，T_1、T_2 串联，其总的阻抗变比为 16∶1。第二级高输出电阻与低阻的天线(50 Ω)连接，用了 4∶1的传输线变压器阻抗变换电路。为了改善放大器的频率特性，两级都加了负反馈电路，第一级的反馈电阻为 R_1 和 R_2，第二级的反馈电阻为 R_3 和 R_4。由于两级放大器都是电压并联负反馈，因此除改善频率特性外，还有降低输出电阻的作用。

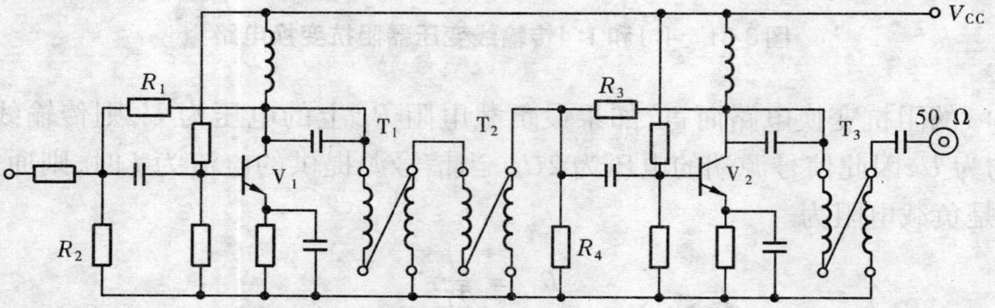

图 3-32　宽带高频功率放大电路

这种放大器在整个工作波段内不需要调谐，这是用降低放大器的效率换取的。宽带功率放大器的效率是很低的，一般只有 20% 左右。

二、宽频带功率合成技术

利用传输线变压器构成一种混合网络，可以实现宽频带功率合成和功率分配。

(一)传输线变压器在功率合成中的应用

1. 反相功率合成电路

利用传输线变压器组成的反相功率合成原理电路如图 3-33 所示。图中，T_1 为混合网络，T_2 为平衡 - 不平衡变换器；两个功率放大器 A 和 B 输出反相等值功率，提供等值反相电流 I_a 和 I_b；通过电阻 R_c 的电流为 I_c，通过电阻 R_d 的电流为 I_d。

由图 3-33 可知，通过 T_1 两绕组的电流为 I，因有

A 端　　$I = I_a - I_d$

B 端　　$I = I_d - I_b$

所以　　$I_a - I_d = I_d - I_b$

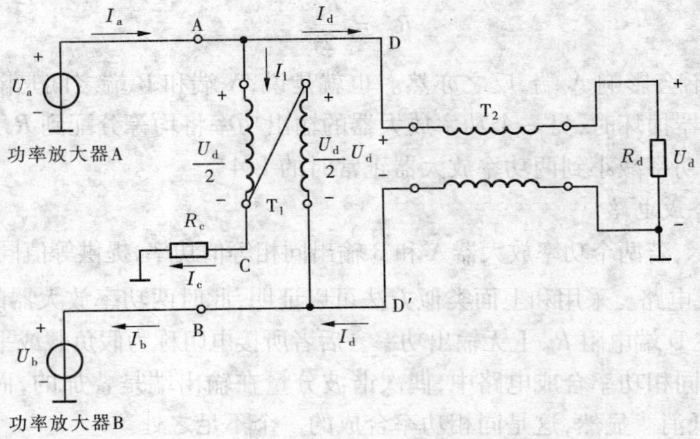

图 3-33　反相功率合成原理电路

可得
$$I_d = \frac{1}{2}(I_a + I_b) \tag{3-47}$$

及
$$I = \frac{1}{2}(I_a - I_b) \tag{3-48}$$

则应写出 C 端电流 I_c，由图 3-33 可知

$$I_c = 2I$$

根据式(3-48)，还有

$$I_c = I_a - I_b$$

如果满足 $I_a = I_b$，就会有 $I_c = 0$，则在 C 端无输出功率。这时参照式(3-47)，可得

$$I_d = I_a = I_b$$

在电阻 R_d 上的电压为

$$U_d = I_d R_d$$

传输线变压器 T_2 为 1∶1平衡－不平衡变换器，因此 DD′之间的电压亦为 U_d，由电压环路 ADD′B 可得

$$U_a = U_b = \frac{U_d}{2}$$

则两个功率放大器输入的功率为

$$U_a I_a + U_b I_b = U_d I_d$$

上述结果表明已在 R_d 上获得合成功率，或者说，两个功率放大器输出的反相等值功率在 R_d 上叠加起来。

每一个功率放大器的等效负载 R_L 为

$$R_L = \frac{U_a}{I_a} = \frac{U_b}{I_b} = \frac{U_d}{2I_d} = \frac{R_d}{2}$$

如果取 $R_d = 4R_c$，则当某一功率放大器（例如 B）出现故障或者 $I_a \neq I_b$ 时，A 端电压为

$$U_a = \frac{U_d}{2} + 2IR_c = \frac{I_d}{2}R_d + (I_a - I_b)R_c = \frac{I_a}{2}R_d$$

因此，功率放大器 A 的等效负载仍等于

$$R_L = \frac{R_d}{2}$$

表示 B 端出故障不会影响 A 端,反之亦然。也就是说,A 端和 B 端之间是隔离的。但要注意,一个功率放大器损坏时,另一个功率放大器的输出功率将均等分配到 R_d 和 R_c 上,这时,在电阻 R_d 上所获功率减小到两功率放大器正常时的 1/4。

2. 同相功率合成电路

如图 3-33 所示,若两个功率放大器 A 和 B 输出同相等值功率,提供等值同相 I_a 和 I_b,则可称为同相功率合成电路。采用和上面类似方法可以证明,此时两功率放大器的输入功率在 C 端 R_c 上合成,而在 D 端电阻 R_d 上无输出功率。后者所接电阻称为假负载或平衡电阻。

通过分析,在同相功率合成电路中,偶次谐波分量在输出端是叠加的,而在反相功率合成电路中则互相抵消。显然,这是同相功率合成的一个不足之处。

实际设计中,利用传输线变压器组成功率合成电路,能较好地解决宽频带、大功率、低损耗等一系列技术指标要求。目前,实用功率合成技术已经成熟,可获得上百上千瓦高频输出功率。由于功率合成网络结构简单,又很容易配合各种固态射频功放电路的运用,因此已在无线通信电台等诸多地方成为主要发射设备。

(二)传输线变压器在功率分配中的应用

下面举例说明传输线变压器在共用天线系统中的应用。图 3-34 所示是电视接收机的共用天线系统,简称 CATV 系统。最简单的共用天线系统,包括接收天线、混合器、放大器、分支器和分配器等。天线接收各频道的电视信号,然后送入混合器,混合器的作用是将各频道的电视信号进行混合,变为一路频分制电视信号。放大器采用宽带放大器,用来补偿传输电缆和各分支系统的衰减。分支器和分配器是一些简单的无源网络,它们的主要功能是阻抗匹配和分配功率。

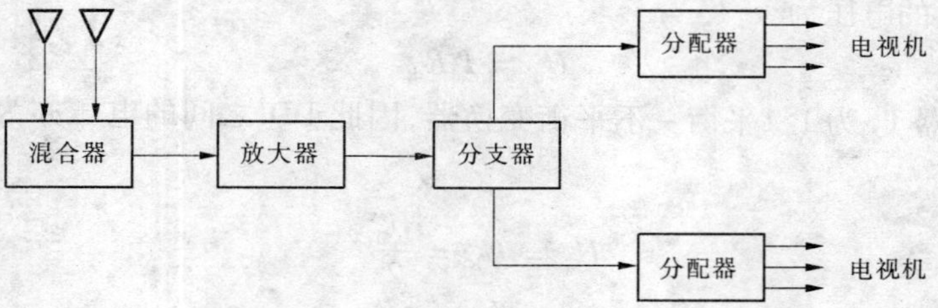

图 3-34　电视接收机在共用天线系统

图 3-35(a)所示是二分配器电路。它有一个输入端和两个输出端,使一路信号分为两路信号输出,故称为二分配器。分配器由传输线变压器 T_2 和负载电阻 R_1、R_2 以及平衡电阻 R_d 组成。T_1 是阻抗变换器,使分配器的输入阻抗与信号源的阻抗匹配。

图 3-35(b)所示是四分配器电路,它有一个输入端和四个输出端。工作原理与二分配器相同,只是多了一重组合。理想情况下,每一个输出端的功率应该是输入功率的 1/4。四分配器除了均等地分配功率和各路之间相互隔离外,还有阻抗匹配功能,即负载阻抗为 75 Ω,输入阻抗也为 75 Ω。各变压器变比除 T_1 为 2∶1外,都是 1∶2。

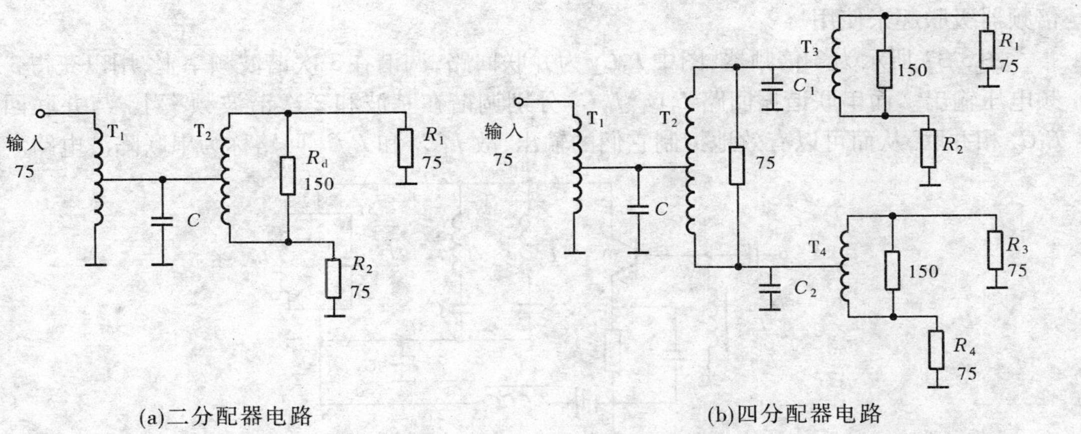

图 3-35　功率二分配器和功率四分配器电路　（单位：Ω）

第四节　倍频器

倍频器是能将输入信号频率成整数倍增加的电路，如图 3-36(a)所示。倍频器用在通信电路中，采用倍频器的主要优点是：①降低主振器的频率，这样可稳定频率。②扩展发射机的波段。如果倍频器用在中间级，借助波段开关既可实现倍频又可完成放大。如图 3-36(b)所示，主振器为 2 ~4 MHz，则倍频器对 2 ~4 MHz 频率相当于放大，对 4 ~8 MHz 频率相当于倍频。③提高调制度。对调频或调相发射机，利用倍频器可以加深调制度，从而获得大的相移或频偏。

常用的倍频器有两类：一类是利用丙类放大器集电极电流脉冲的谐波来获得倍频，称为丙类倍频器；另一类是利用 PN 结结电容的非线性变化来实现倍频作用，称为参量倍频器。不论哪一种倍频器，它们都是利用器件的非线性对输入信号进行非线性变换，再从谐振系统中取出 n 次谐波分量而实现倍频作用。当倍频次数较高时，一般都采用参量倍频器。

一、丙类倍频器

工作在丙类状态的放大器，晶体管集电极电流脉冲中含有丰富的谐波分量，如果把集电极谐振回路调谐在 2 次或 3 次谐波频率上，那么放大器只有 2 次谐波电压或 3 次谐波电压输出，这样丙类放大器就成了 2 倍频器或 3 倍频器。通常，丙类倍频器工作在欠压或临界状态。

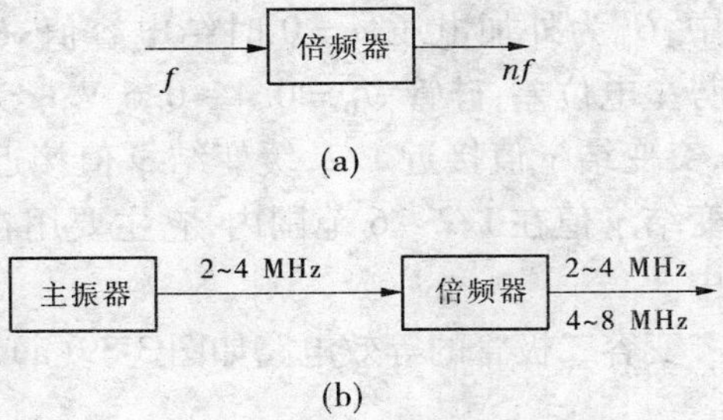

图 3-36　倍频器

在这里需要指出的是：

(1)集电极电流脉冲中包含的谐波分量幅度总是随着 n 的增大而迅速减小。因此，倍频次数过高，倍频器的输出功率和效率就会过低。

(2)倍频器的输出谐振回路需要滤除高于 n 和低于 n 的各次分量。低于 n 的分量幅度比有用分量大，要将它们滤除较为困难。因此，倍频次数过高，对输出谐振回路提出的滤波要求就会过高而难于实现。所以，一般单级丙类倍频器取 $n=2$、3，若要提高倍频次数，可将倍频器级联起来使用。

图 3-37 所示为 3 倍频器，图中 L_3C_3 为并联回路，调谐在 3 次谐波频率上，用以获得 3 倍频电压输出。而串联谐振回路 L_1C_1、L_2C_2 分别调谐在基波和 2 次谐波频率上，与并联回路 L_3C_3 相并联，从而可以有效地抑制它们的输出，故 L_1C_1 和 L_2C_2 回路称为串联陷波电路。

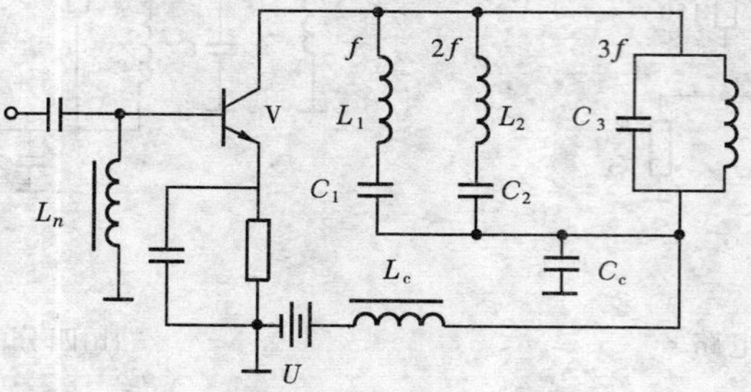

图 3-37　带有陷波电路的 3 倍频器

二、参量倍频器

目前广泛采用变容二极管电路作参量倍频器。这是由于变容二极管具有结构简单、工作频率高的特点。它的倍频次数可高达 40 倍以上。

（一）变容二极管的特性及原理

PN 结结电容的大小可随外加在 PN 结上的电压的大小而变，利用这一特点制成的二极管称为变容二极管。变容二极管的特性曲线如图 3-38（a）所示，图 3-38（a）反映变容二极管的结电容 C_j 与外加反向偏置电压的关系，图 3-38（b）是变容二极管的电路符号。

变容二极管结电容 C_j 与反向偏置电压绝对值之间的关系为

$$C_j = \frac{C_{j0}}{(1+\frac{u}{U_D})^{\gamma}}$$

式中，C_{j0} 为外加电压 $u=0$ 时结电容值；U_D 为 PN 结势垒电位差，硅管 $U_D = 0.4 \sim 0.6$ V；γ 为变容指数，突变结 γ 值接近 1/2，缓变结 γ 值接近 1/3，超突变结 γ 值在 1/2 ~ 6 范围内，它主要用在调频电路中。

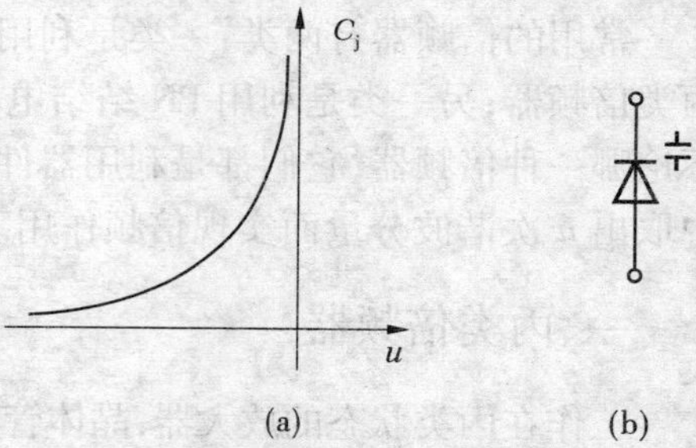

图 3-38　变容二极管的特性及符号

变容二极管的等效电路如图 3-39（a）所示。

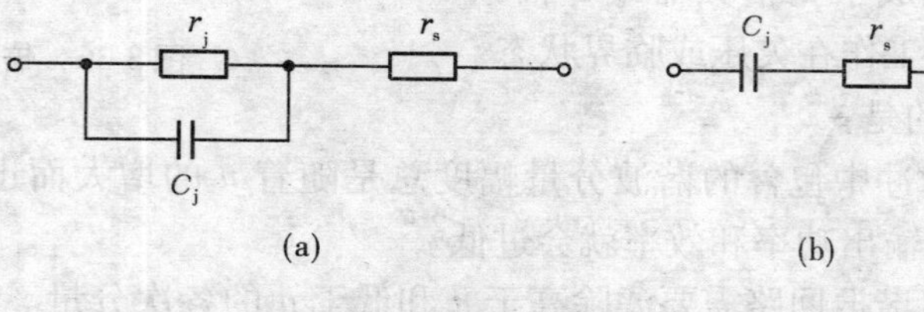

图 3-39　变容二极管的等效电路

图 3-39 中 C_j 是结电容，r_j 是 PN 结的反向电阻，r_s 是串联电阻。r_j 通常很大可以忽略，这时变容二极管的等效电路可简化为图 3-39(b)。变容二极管的品质因数定义为

$$Q = \frac{1}{2\pi f C_j r_s} \tag{3-49}$$

一般变容二极管的品质因数定义在零偏压条件下。变容二极管的截止频率 f_{c0} 定义为 Q 值为 1 时的频率

$$f_{c0} = \frac{1}{2\pi C_j r_s} \tag{3-50}$$

如图 3-40(b)所示，若在变容二极管两端加上反向偏压 U_Q 及正弦波电压 $U_m \sin\omega t$ 后，变容二极管结电容 C_j 随交流电压变化的波形如图 3-40(c)所示。由图可见，它们之间不是线性关系。流过变容二极管结电容 C_j 的电流与电容量、电压的关系为

$$i = C_j \frac{du}{dt}$$

$$\frac{du}{dt} = \frac{d(U_Q + U_m \sin\omega t)}{dt} = U_m \omega \cos\omega t \tag{3-51}$$

式(3-51)的曲线如图 3-40(d)所示。将图 3-40(c)、(d)所示曲线相乘，可得变容波形如图 3-40(e)所示。可见，图 3-40(e)所示不再是正弦波形而是呈歪斜形状的非正弦波形，它含有许多谐波分量，可达到倍频的目的。

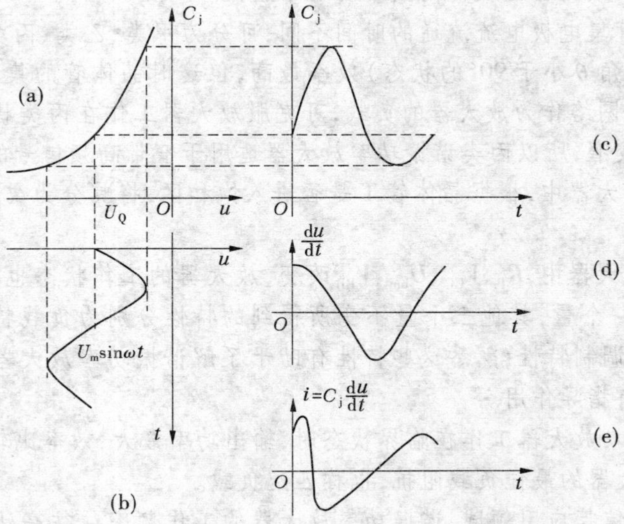

图 3-40　变容二极管在正弦波电压作用下的电流波形

(二)变容二极管倍频器

变容二极管倍频器可分为并联型和串联型两种基本形式，如图 3-41 所示。其中，图 3-41(a)是并联型电路(变容二极管、信号源和负载三者相并联)，图 3-41(b)是串联型电路(变容二极管、信号源和负载三者相串联)。图 3-41 中 F_1 和 F_n 分别为调谐于基波和 n 次谐波的理想带通滤波器。

图 3-41(a)的工作原理是：由信号源产生频率为 f_1 的正弦波电流 i_1，通过 F_1 和变容二极管，由于变容二极管的非线性作用，其两端电压中的 nf 分量经 F_n 谐振回路选取后，在负

载上得到 n 倍频信号输出。

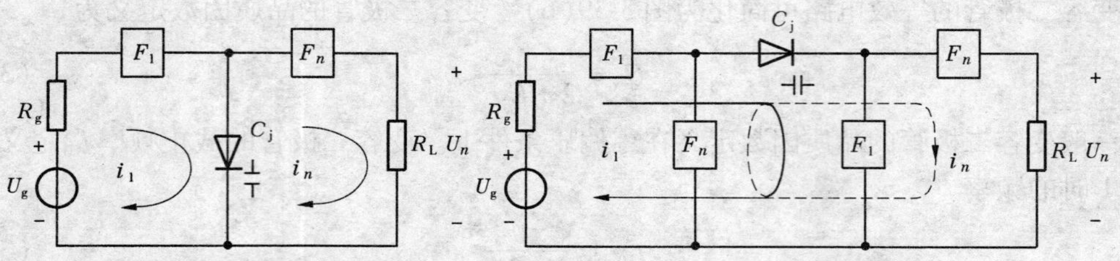

(a)并联型变容管倍频器　　　　(b)串联型变容管倍频器

图 3-41　变容管倍频器原理图

图 3-41(b)的工作原理是:信号源产生的基波激励电流 i_1 通过变容二极管,在 C_j 上产生各次谐波的电压,其中 n 次谐波电压产生的 n 次谐波电流 i_n 通过负载 R_L,因此倍频器输出端有 n 次谐波信号输出。串联倍频器适用于 $n>3$ 的高次倍频。

本章小结

本章主要介绍了以下内容:

(1)功率放大器的任务是供给负载足够大的信号功率,其主要性能指标是输出功率和效率。丙类谐振功率放大器可获得高效率的功率放大。

放大器按晶体管集电极电流流通的时间不同,可分为甲类、乙类、丙类等工作状态,其中丙类工作状态(导通角 θ 小于 90°的状态)效率最高,但这时晶体管的集电极电流波形失真严重。采用 LC 谐振网络作为放大器的负载,可克服放大器工作在丙类状态所产生的失真,但谐振网络通频带较窄,所以丙类谐振功率放大器适用于窄带高频信号的功率放大。

(2)谐振功率放大器中,根据晶体管 T 是否进入饱和区,将其分为欠压、临界、过压 3 种工作状态。

(3)谐振功率放大器中,R_P、V_{CC}、U_{bm}、V_{BB} 改变,放大器的工作状态也随之变化。四个量中分别只改变其中一个量,其他三个量不变所得到的特性分别为负载特性、集电极调制特性、放大特性和基极调制特性,熟悉这些特性有助于了解谐振功率放大器性能变化的特点,对谐振功放的调试有指导作用。

由负载特性可知,放大器工作在临界状态时,输出功率最大,效率比较高,通常将相应的值称为谐振功率放大器的最佳负载阻抗,也称匹配负载。

必须指出,在通信等应用领域,谐振功率放大器的工作频率往往高达几百兆赫,在高频工作时,晶体管非线性电容特性、引线电感等分布参数的影响,会使放大器最大输出功率下降,效率和增益降低。

(4)谐振功率放大器集电极直流馈电电路有串馈和并馈两种形式。基极偏置常采用自给偏压电路。自给偏压电路只能产生反向偏压,自给偏压形成的必要条件是电路中存在非线性导电现象。

滤波匹配网络的主要作用是将实际负载阻抗变换为放大器所要求的最佳负载,有效滤除不需要的高次谐波,并把有用信号功率高效率地传给负载。

(5)宽带高频功率放大器中,级间用传输线变压器作为宽带匹配网络,同时采用功率合成技术，实现多个功率放大器的联合工作，从而获得大功率输出。

传输线变压器不同于普通变压器，它是将传输线绕在高导磁率、低损耗的磁环上构成的，其能量根据激励信号频率的不同，以传输线方式或以变压器方式传输。在高频时以传输线方式为主，在低频时以传输线和变压器方式进行，在频率很低时将以变压器方式传输，所以传输线变压器具有很宽的工作频带，它主要用于平衡和不平衡电路的转换、阻抗变换、功率合成与分配等。

将丙类谐振功放集电极谐振回路调谐在2次或3次谐波频率上，就可以构成2倍频器或3倍频器。通常丙类倍频器工作在欠压或临界状态，但它的输出功率和效率均低于基波放大器。

实训：高频谐振功率放大器的仿真

（一）实训目的

（1）了解高频谐振功率放大器的电路构成；

（2）会利用 Multisim 软件对高频谐振功率放大器进行电路仿真；

（3）加深对高频谐振功率放大器工作原理的理解；

（4）通过实训仿真理解高频谐振功率放大器的负载特性、放大特性以及调制特性等；

（5）会借助 Multisim 仿真软件进行电路设计和元件选取。

（二）实训步骤

（1）在 Multisim 软件环境中绘制出高频谐振功率放大器电路的电路图，如图3-42所示。注意元件标号和各个元件参数的设置。

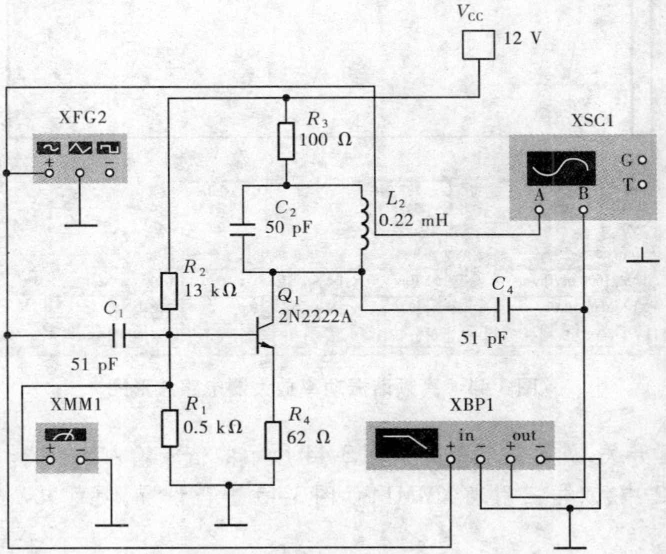

图3-42　高频谐振功率放大器电路

（2）双击图3-42中的信号源 XFG2，如图3-43进行参数设置：频率设置为1.5 MHz，幅值设置为1.0 V，波形设置为正弦波。

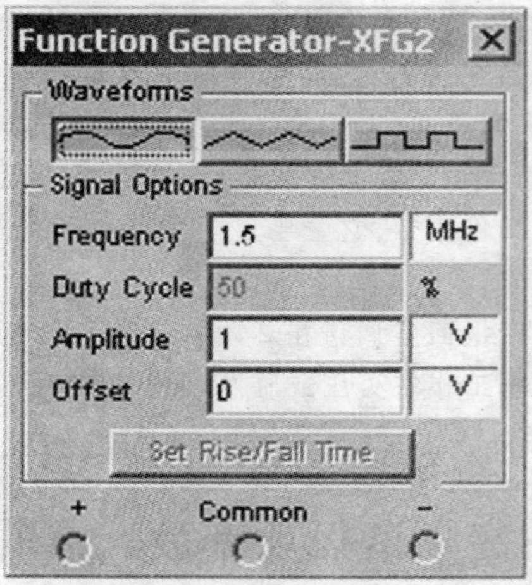

图 3-43　信号源的设置

(3)双击图 3-42 中的示波器 XSC1,如图 3-44 进行参数设置:时标设置为 500 ns/格,A、B 两个通道均设置为 5 V/格。

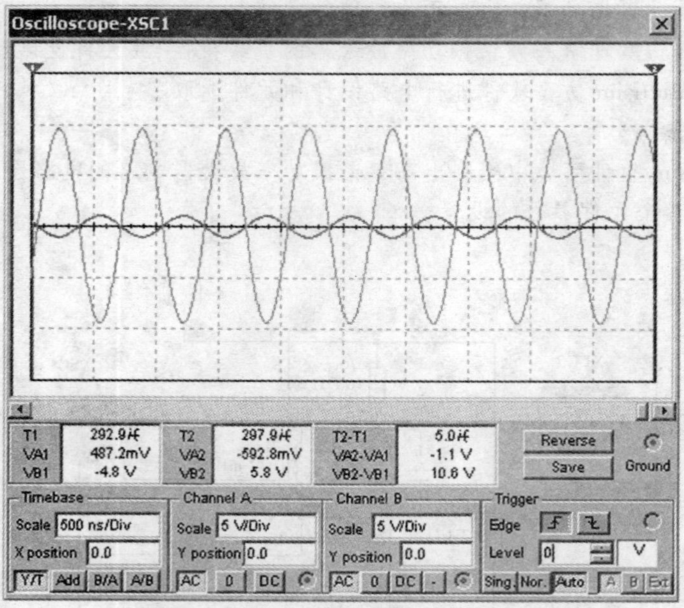

图 3-44　高频谐振功率放大器电路波形图

(4)打开仿真开关,就可以观察到如图 3-44 所示的信号输入、输出波形了。

(5)在图 3-42 中,双击三用表 XMM1,如图 3-45 进行设置,便可以从中读出被测试点的直流电压值。

(6)图 3-42 中的 XBP1 为波特图仪,双击打开如图 3-46 所示,适当调整各处的参数设置值,可以得到一个便于观察的高频谐振功率放大器电路的幅频特性曲线图。

(三)说明

(1)为了使电流导通角有合适的数值,图 3-42 中的 R_1 和 R_2 采用分压式偏置电路,提供

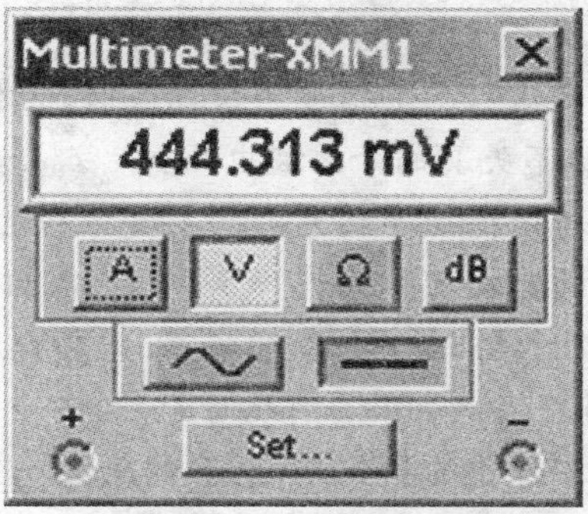

图 3-45　三用表的设置

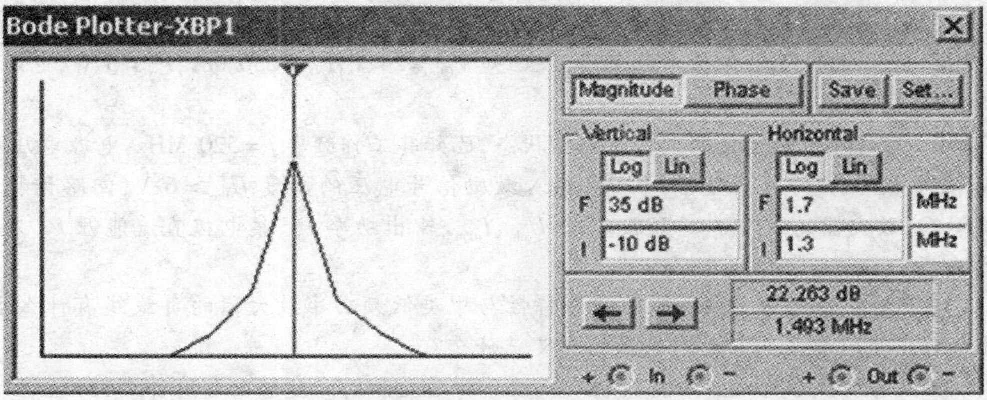

图 3-46　高频谐振功率放大器的幅频特性曲线图

一个很小的正向偏置电压。

(2)利用波特图仪(图 3-42 中的 XBP1),可以观察到高频谐振功率放大器电路的幅频特性曲线图,如图 3-46 所示。借助它可以调整电路中的各参数值,保证整个电路设计工作在合适的中心频率上。

(四)实训要求

(1)按照以上步骤绘制电路图,并正确设置元件和仪器仪表的参数。

(2)仿真出正确的波形,并能够看明白波形的含义。

(3)在熟悉电路原理的基础上,改变部分元件的值,并设计表格,将结果填入其中,比较仿真结果的异同。

(4)保存仿真结果,并完成实训报告。

习　题

3-1　为什么高频功率放大器一般要工作于乙类或丙类状态？为什么采用谐振回路作负载？谐振回路为什么要调谐在工作频率？

3-2　为什么低频功率放大器不能工作于丙类状态？而高频功率放大器可以工作于丙类状态？

3-3　简述丙类高频功率放大器电路中各元件的作用。

3-4　当谐振功率放大器的输入激励信号为余弦波时，为什么集电极电流为余弦脉冲波形？但放大器为什么又能输出不失真的余弦波电压？

3-5　小信号谐振放大器与谐振功率放大器的主要区别是什么？

3-6　一谐振功率放大器的输出功率为 $P_o=5$ W，$V_{CC}=24$ V。

(1) 当集电极效率为60%时，求其集电极功耗 P_C 和集电极电流直流分量 I_{c0}；

(2) 若保持 P_o 不变，将 η 提高到80%，则此时 P_C 为多少？

3-7　一谐振功率放大器工作于临界状态，电源电压 $E_C=24$ V，输出电压 $U_{cm}=22$ V，输出功率 $P_o=5$ W，集电极效率为 $\eta_c=55\%$，求：

(1) 集电极功耗 P_C，电流 I_{c0}、I_{c1m}，回路谐振电阻 R_P。

(2) 若 R_P 增大1倍，估算 P_o；若 R_P 减小1倍，估算 P_o。

3-8　某一晶体管谐振功率放大器，设已知 $V_{CC}=24$ V，$I_{c0}=250$ mA，$P_o=5$ W，电压利用系数 $\xi=0.95$。试求 P_C、η_c、I_{c1m}。

3-9　某高频功率放大器工作在临界状态，已知其工作频率 $f=520$ MHz，电源电压 $E_C=25$ V，集电极电压利用系数 $\xi=0.95$，输入激励信号电压的幅度 $U_{bm}=6$ V，回路谐振阻抗 $R_P=50\ \Omega$，放大器的效率 $\eta_c=75\%$。求：U_{cm}、I_{c1m}、输出功率 P_o、集电极直流能源 P_D 及集电极功耗 P_C。

3-10　丙类高频功率放大器的动态特性与甲类低频功率放大器的负载线有什么区别？为什么会产生这些区别？动态特性的含义是什么？

3-11　高频功率放大器的欠压、临界、过压状态是如何区分的？各有什么特点？当 V_{CC}、U_{bm}、V_{BB} 和 R_P 这四个外界因素只变化其中一个因素时，功率放大器的工作状态如何变化？

3-12　谐振功率放大器工作于欠压状态，为了提高输出功率，将放大器调整到临界状态，可分别改变哪些参量来实现？当改变不同的量时，放大器输出功率是否一样大？

3-13　高频功率放大器当 $u_B=U_{bm}\cos\omega_c t$ 时，$u_C=U_{cm}\cos5\omega_c t$，试回答下列问题：

(1) 若放大器工作在欠压状态，为了使输出功率最大，应调整哪一个参数？如何调整？

(2) 若放大器工作在欠压状态，在保持 P_o 不变的前提下为进一步提高效率，应如何改变电路参数？

(3) 若放大器工作在过压状态，分别调整哪些参数可退出过压状态？如何调整？

(4) 为实现对输入信号的线性放大，应如何调整电路参数和工作状态？

3-14　一谐振功率放大器，原来工作在临界状态，后来发现该放大器性能变化：P_o 明显下降，而 η_c 反而增加，但 E_C、U_{cm}、U_{BEmax} 不变。试问此时放大器工作在什么状态？导通时间是增大还是减小？分析其性能变化的原因。

3-15　一谐振功率放大器原工作于临界状态，$\theta_c=75°$，若保持激励信号的幅度不变，但频率降低一半，问：此时将工作于何种状态？并求两者输出功率之比，即 $P_{o倍}:P_{o放}$ 的值。

3-16　谐振功率放大器的 V_{CC}、U_{cm} 和谐振电阻 R_P 保持不变，当集电极电流的导通角由100°减少为60°时，效率将怎样变化？变化了多少？相应的集电极电流脉冲的振幅怎样变化？变化了多少？

3-17　谐振功率放大器原来工作于临界状态，它的导通角 θ_c 为70°，输出功率为3 W，效率为60%。后来由于某种原因，性能发生变化。经实测发现效率增加到68%，而输出功率明显下降，但V_{CC}、U_{cm}、U_{BEmax}不变，试分析原因，并计算这时的实际输出功率和导通角。

3-18　晶体管谐振功率放大器工作于临界状态，$R_P = 200\ \Omega$，$I_{c0} = 90\ mA$，$V_{CC} = 30\ V$，$\theta_c = 90°$，试求P_o和η_c。

3-19　有一谐振功率放大器，设计时希望其工作于临界状态，然而实测时发现其输出功率P_o仅达设计值的20%，集电极交流电压振幅$U_{cm} = 0.3E_C$，而集电极直流电流则略大于设计值，试问该功率放大器实际工作于什么状态？其原因可能是什么？

3-20　在谐振功率放大电路中，若U_{BB}、U_{bm}及U_{cm}不变，而当U_{CC}改变时，I_{c1}有明显的变化，问放大器此时工作在何种状态？为什么？

3-21　在谐振功率放大电路中，若U_{bm}、U_{cm}及U_{CC}不变，而当U_{BB}改变时，I_{c1}有明显的变化，问放大器此时工作在何种状态？为什么？

第四章　正弦波振荡器

第一节　概　述

振荡电路是一种能量转换装置，它无需外加信号，就能自动地将直流电能转换成具有一定频率、一定幅度和一定波形的交流信号。振荡器有非常广泛的应用，尤其是正弦波振荡器，其输出波形是正弦波。正弦波振荡电路广泛应用于各种信号发生器（电子琴、音乐合成器）、无线电接收机（电视机、收音机等）的本振电路、无线电发射机的载波发生器等。

在实际应用中，正弦波振荡器的振荡频率的准确性和振荡幅度的稳定性是其主要参数，尤其是振荡频率的稳定性特别重要。晶体振荡器具有较高的频率稳定性，因而应用广泛。

第二节　反馈式振荡器的工作原理

一、反馈式振荡器的工作原理

正弦波振荡器按工作原理可分为反馈式振荡器和负阻式振荡器两大类。反馈式振荡器是在放大电路中加入了正反馈，当正反馈足够大时，放大电路产生振荡而变成了振荡器。负阻式振荡器则是将一个呈现负阻特性的有源器件直接与谐振电路相连接产生振荡的。我们只讲正反馈式振荡器。

利用正反馈的方法获取等幅正弦波信号原理如图 4-1 所示，其中 $\dot{A}$ 是基本放大电路，$\dot{F}$ 是反馈网络。$\dot{U}_{id}$是维持放大器输出 $\dot{U}_o$ 所需的净输入信号。当开关 S 拨至点 2 时，放大电路没有反馈，输入信号 $\dot{U}_i$（设为正弦波信号）加在输入端，经 $\dot{A}$ 放大，输出电压为 $\dot{U}_o$，此时如果没有输入信号 $\dot{U}_i$，就不会有输出信号 $\dot{U}_o$。当开关 S 拨至点 1 时，虽然断开外来信号 $\dot{U}_i$，只要保证从反馈网络过来的反馈信号 $\dot{U}_f$ 与原输入信号 $\dot{U}_{id}$的幅度、相位分别相同，电路仍会维持稳定的输出 $\dot{U}_o$，电路即成为没有外加输入信号而产生输出信号的振荡电路。

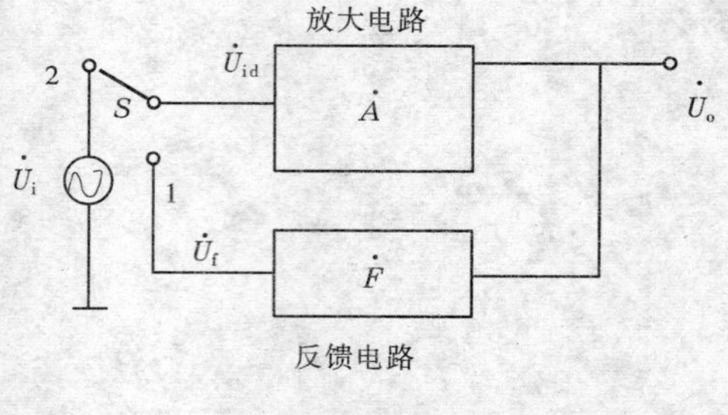

图 4-1　正弦波振荡电路框图

为了输出某一固定的单一频率正弦波信号，电路中应该有选频网络，选频网络既可以设置在放大器中，也可设置在反馈网络中。同时还必须有稳幅电路，稳幅可利用三极管的非线性特性或者是专门的电路来进行。

从上述内容可以看出振荡器的组成如图 4-2 所示。

(一)放大电路

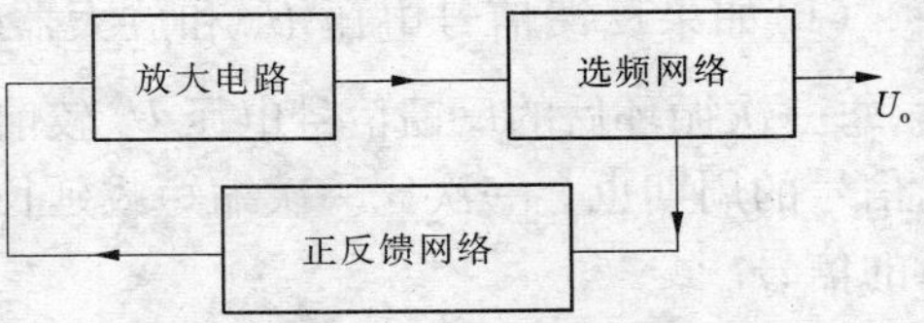

图 4-2　振荡器组成框图

放大电路是振荡器的核心,具有放大信号的作用,是将电源的直流电能转换成振荡信号的交流能量的部分。具有足够增益的放大器,无论是采用共发射极、共基极,还是共集电极电路,都可以充当振荡器的放大部分。一般而言,共发射极电路的振荡器容易起振。

(二)正反馈网络

将输出信号引回到放大器的输入端,形成正反馈,才能产生自激振荡。电路中一般通过电感器或电容器将交流信号反馈回输入端。

(三)选频网络

正弦波振荡电路仅对某一个频率的信号进行反馈,保证了振荡器产生单一的频率f_0。只要改变相应的 LC、RC、石英晶体选频网络,就能得到不同频率的信号。

二、振荡器的平衡条件

由上述可知,电路产生振荡的基本条件是反馈信号与原输入信号大小相等、相位相同。这里 $\dot{U}_{id}$ 和 $\dot{U}_f$ 都是复数,所以两者相等指大小相等而且相位相同。注意,这里的 $\dot{U}_{id}$ 是指放大器的净输入信号。

按图 4-1 所示,放大器的开环放大倍数 $\dot{A}$ 和反馈网络的反馈系数 $\dot{F}$ 分别为

$$\dot{A} = \frac{\dot{U}_o}{\dot{U}_{id}},\ \dot{F} = \frac{\dot{U}_f}{\dot{U}_o}$$

所以

$$\dot{U}_f = \dot{F}\dot{U}_o = \dot{F}\dot{A}\dot{U}_{id} \tag{4-1}$$

由此可以得出振荡的平衡条件

$$\dot{F}\dot{A} = |\dot{F}\dot{A}|\ e^{j(\varphi_a+\varphi_f)} = 1 \tag{4-2}$$

其中,$|\dot{A}|$、φ_a 为放大器倍数的模和相位角;$|\dot{F}|$、φ_f 为反馈系数 $\dot{F}$ 的模和相位角。从上式可以看出,振荡器的平衡条件应包括幅度平衡条件和相位平衡条件两方面。

(一)幅度平衡条件

$$|\dot{F}\dot{A}| = 1 \tag{4-3}$$

幅度平衡条件要求放大器的放大倍数 $\dot{A}$ 与反馈网络的反馈系数 $\dot{F}$ 乘积的模为 1,这是放大器和反馈网络在振荡电路信号中幅度方面的要求。就是说信号要有足够的反馈量和放大倍数,才能不断增大,从而实现振荡。

(二)相位平衡条件

$$\varphi_a + \varphi_f = 2n\pi(n = 0,1,2,3,\cdots) \tag{4-4}$$

相位平衡条件要求放大器和反馈网络对信号的总相移为 $2n\pi$,即电路必须引入正反馈。

以上就是振荡电路工作的两个基本条件,缺一不可。这也是我们判断电路是能否振荡的条件。为了强调振荡器的两个平衡条件,在此讨论以下问题:

(1)如果反馈信号电压 $\dot{U}_f$ 和放大器输入电压 $\dot{U}_{id}$ 幅度相等而相位不同，那么，经放大后，每一次循环后的反馈信号电压 $\dot{U}_f$ 较前一次的输入电压 $\dot{U}_{id}$ 相位提前或推迟一些，致使输出信号的周期也会一次比一次缩短或延长，那样始终得不到固定的振荡频率，只能是杂乱无章的信号。

(2)如果反馈信号电压 $\dot{U}_f$ 和输入电压 $\dot{U}_{id}$ 的相位相同，而振幅不等，就会出现以下两种情况。

如果 $|\dot{U}_f| < |\dot{U}_{id}|$，即使产生了振荡，但每经过一轮的放大反馈循环，$|\dot{U}_o|$ 的振幅就会减小一些，最终振荡消失，即形成阻尼振荡信号。

如果 $|\dot{U}_f| > |\dot{U}_{id}|$，每经一个循环，$|\dot{U}_o|$ 的振幅就会增大一些，电路中产生增幅振荡，最终由于器件进入非线性区域而出现失真。

三、振荡器的起振条件

(一)振荡器的起振过程

反馈式振荡电路是将反馈网络的反馈信号作为放大器的输入信号，从而有了稳定的信号输出，但在通电之前，并没有信号输入，振荡器是如何开始振荡的呢？

由高等数学傅里叶级数的知识可知，当周期性的信号 $f(t)$ 满足一定的条件(这个条件大部分情况下都满足)时，该信号可以用基频及其无限多的谐波弦信号的叠加形式表示。例如，一个周期性的矩形波信号可以看成由一系列的弦信号的谐波叠加而成(如图 4-3 所示为正弦信号的基波、三次谐波、五次谐波的合成波形，直观上看已经很像矩形波了。而且还可以看出，基波主要形成波的大致形状，高次谐波主要形成突变部分，见图中的 $f(t)$ 曲线)，也就是说，周期性的矩形波信号含有很丰富的弦信号的频率。类似的道理，在电路刚接通电源时，电流从零开始突然增大，这是一个非周期信号，但是，它里面同样含有特别丰富的弦信号。这其中肯定有与选频网络的固有频率相等的弦信号，这个弦信号经过振荡电路的正反馈系统，被反馈到输入端，其他频率的信号则被选频网络抑制掉。经过一次循环后的输入信号与最初的输入信号相比，不仅相位相同，而且幅度增大了。紧接着第二次循环开始，如此反复一直继续下去，经过上述一次次的放大—选频—正反馈—再放大的循环过程，与选频网络固有频率相等的正弦信号 f_0 的电压迅速增加，自激振荡就迅速建立起来了。

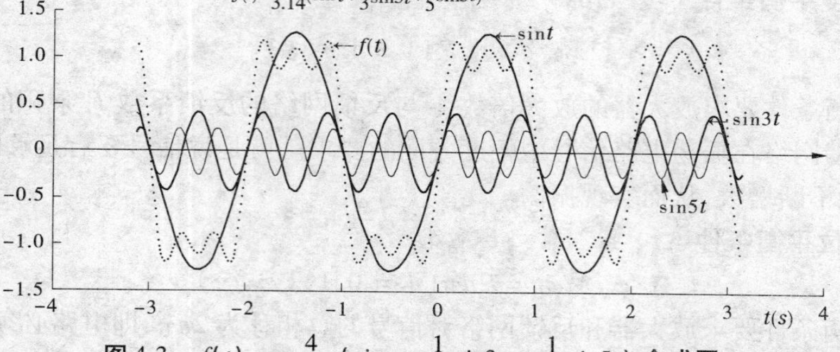

图 4-3 $f(t)=\frac{4}{3.14}(\sin t+\frac{1}{3}\sin 3t+\frac{1}{5}\sin 5t)$ 合成图

（二）振荡器的起振条件

从上述过程可以看出来，振荡开始时要求放大器的放大倍数必须满足$|\dot{F}\dot{A}|>1$，这是电路能够起振的幅度条件。输出信号在很短时间内就由小变大，由弱变强，使电路有稳定的输出。一旦信号大幅度增加后，晶体管的工作范围进入了截止区和饱和区，电路的放大倍数自动地逐渐减小，从而限制了振荡幅度的无限度增大，或者在电路中采用负反馈等措施也可限制振荡幅度。当$|\dot{F}\dot{A}|=1$时，电路就形成稳定的信号输出，这是维持振荡的幅度条件。从电路的起振到形成稳幅振荡所需的时间是极短的（大约经历几个振荡周期的时间）。从整个起振过程看，产生的弦信号从小变大，而放大器的放大倍数却是从大变小的过程；最终使$|\dot{F}\dot{A}|=1$后，弦信号的输出趋于稳定，不再变化。振荡器振荡幅度的建立和平衡过程如图4-4所示。

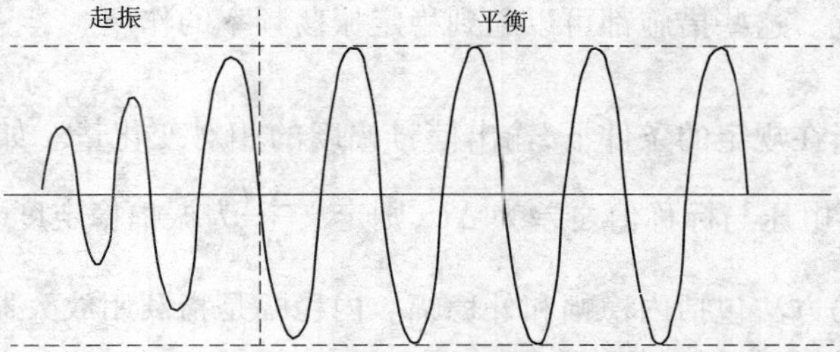

图4-4　振荡幅度的建立和平衡过程

四、振荡器的稳定条件

振荡器的稳定条件包括相位稳定和幅度稳定两部分。

（一）相位稳定

相位稳定是指外界因素的变化破坏了电路的相位平衡条件时，电路能够重新建立起相位平衡。相位稳定与频率稳定是一回事，从波形上可以看出，相位超前，则频率升高，相位滞后，则频率降低。

为了保持相位稳定，放大器必须有自我恢复相位平衡能力的相频特性曲线，即振荡电路应能产生一个新的变化抵消外界因素引起的变化，就像选频网络采用并联谐振回路所具有的特性曲线一样，如图4-5所示。

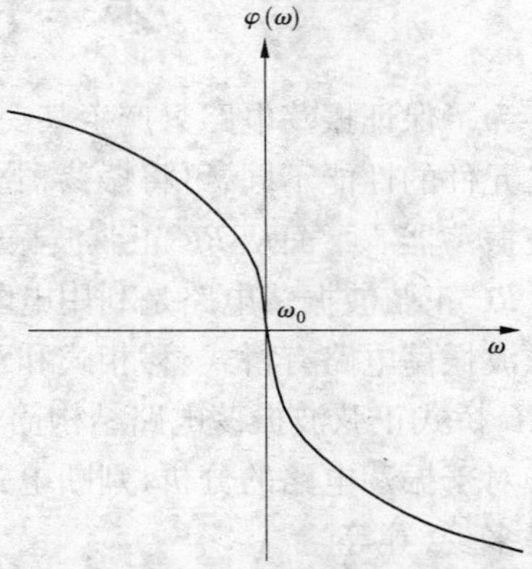

图4-5　相位稳定所需要的相频特性曲线

从图4-5可以看出，当$\omega>\omega_0$时，即频率增大，而相位朝负值方向偏移，表示相位滞后，使得频率降低；当$\omega<\omega_0$时，即频率减小，而相位朝正值方向偏移，表示相位超前，使得频率升高。也就是说，在ω_0附近具有负斜率变化的特性曲线比较稳定，并且在ω_0附近曲线越陡，相位就越稳定。

相位稳定的措施一是减少外界因素的变化。例如，将振荡器或电路主要元件置于恒温槽内来减少温度的变化，采用密封工艺来减小湿度的变化，采用高稳定的稳压电源来减小电源电压变化，采用减振装置来减小机械振动，采用屏蔽罩来减小周围磁场的影响，在振荡器与负载之间插入跟随器来减小负载变化等。二是合理选择元器件。选用标称频率 f_T 高且性能稳定可靠的振荡管，不但利于起振，而且由于极间电容小，相移小，使振荡更接近回路的网络固有谐振频率，有利于提高频率稳定性；选择温度系数小、Q 值高的回路电感 L 和电容 C，一方面使电感和电容在温度改变时变化很小，振荡频率的变化也很小，另一方面由于 Q 值高，其频率稳定性也高；采用贴片元器件，可减小分布参数的影响，有利于振荡频率的稳定；电感一般具有正温度系数，若选用适当负温度系数的电容（如陶瓷电容器）进行温度补偿，就可以使温度改变时振荡频率的变化大大减小；为了防止元器件老化带来的振荡频率变化，在组装电路前应对元器件进行防老化处理。三是合理设计振荡电路。例如减小三极管与回路之间的耦合，采用部分接入法，可有效减小三极管参数和分布参数对回路的影响，使回路电感和电容变化小；适当增加回路总电容，可减小三极管的输入、输出电容在总电容中的比重，从而提高回路总电容的稳定性；采用稳定静态工作点的偏置电路，可减小振荡管参数和工作状态的变化。这些措施都可以起到稳定振荡频率的作用。

（二）幅度稳定

幅度稳定度是指在规定的条件下，输出信号幅度的相对变化量。如振荡器输出电压标称值为 $\dot{U}_o$，实际输出电压与标称值之差为 ΔU，则定义$\dfrac{\Delta U}{\dot{U}_o}$为振幅稳定度。

实现幅度稳定的方法包括内稳幅和外稳幅。内稳幅是指利用放大器工作于非线性区来实现的方法，与晶体管的静态初始工作状态、自给偏压以及起振时 $|\dot{F}\dot{A}|$ 的大小有关。静态时工作电流越小，起振时 $|\dot{F}\dot{A}|$ 越大，稳幅效果就越好，但波形失真也会越大。外稳幅是使放大器工作在线性工作状态，并接入适当的专门电路进行稳幅。

第三节　RC 正弦波振荡器

为了保证振荡电路只产生某一个频率的正弦波，电路中必须含有选频网络。根据选频网络元件的性能不同，可将振荡器分为 RC 正弦波振荡器、LC 正弦波振荡器和石英晶体正弦波振荡器。下面从 RC 正弦波振荡电路的分析开始介绍。

RC 正弦波振荡电路是利用电阻器 R 和电容器 C 组成选频电路的振荡电路，常见的 RC 正弦波振荡电路有桥式、移相式和双 T 式等几种。本节主要讨论桥式正弦波振荡电路。由于 RC 桥式正弦波振荡电路结构简单，易于调节，所以常被采用。

对于振荡电路的分析，判断电路能否产生振荡是问题的关键，还需计算振荡器的振荡频率是多少，等等。

一、振荡电路分析步骤

振荡电路分析步骤主要有以下五步。

（1）检查是否具有正弦波振荡电路的几个基本组成部分，即是否有放大电路、反馈网络和选频网络等。

（2）检查放大电路的静态工作点是否合适，是否满足放大条件。

（3）判断电路的相位平衡条件是否满足，即利用瞬时极性法判断是不是正反馈。在适当的地方将振荡电路断开，使之成为放大电路和反馈网络，如图 4-6 所示。其中 $\dot{U}_{id}$ 为输入信号，$\dot{U}_f$ 为输入信号经放大器和反馈网络后的开环输出信号，假设在环路 K 处断开，如果反馈的信号使得原输入信号增加便是正反馈，否则是负反馈。

(4) 检查电路幅度平衡条件是否满足。只要反馈信号电压大小合适，能保证 $|\dot{F}\dot{A}|$ 略大于 1，就能够振荡，它取决于电路元件参数，而参数主要通过试验来获得。

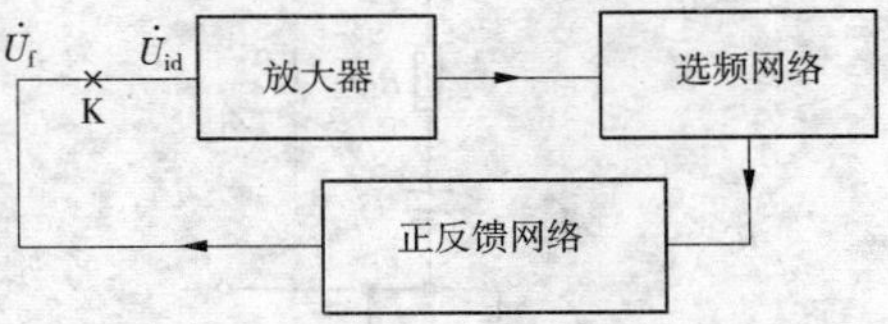

图 4-6　瞬时极性法判断相位平衡条件

(5) 根据交流通路计算出振荡频率。

通常只要选好了元件，振荡器的幅度平衡条件就容易满足，因而问题的关键在于检查电路的相位平衡条件是否得到满足，振荡的频率是多少。二者往往与选频网络紧密相关，故选频网络的特性成为分析振荡电路的重点。

如图 4-7 所示为 *RC* 正弦波振荡电路的一种，它的选频网络由 *RC* 串并联电路构成，很像电桥，又称为文氏桥振荡器。它一般产生 200 Hz 以下的低频正弦信号，目前的低频信号源大多采用这种振荡电路。要分析该电路能否振荡，我们必须先了解作为选频和反馈网络的 *RC* 串并联电路的特性。

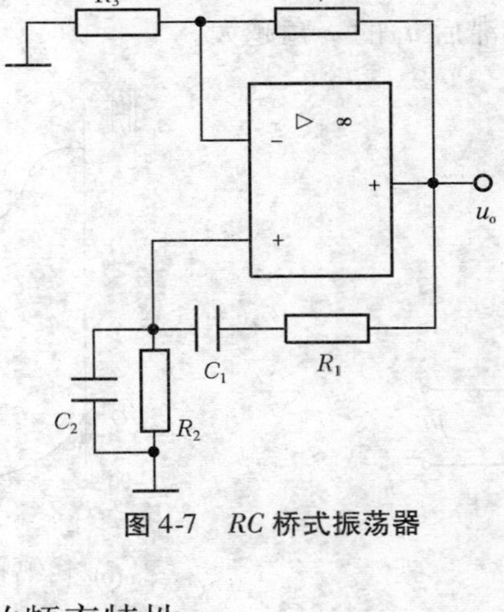

图 4-7　*RC* 桥式振荡器

二、*RC* 串并联网络的频率特性

RC 串并联网络具有选频特性，它可以让某一频率的信号通过，也可以阻止其通过，*RC* 正弦波振荡器就是利用这一选频特性工作的。在文氏桥正弦波振荡电路中，*RC* 串并联网络担任选频和正反馈的双重任务。

RC 串并联网络如图 4-8 所示。设输入信号为幅度恒定、频率可变的正弦波电压 u_i，分析 u_i 与输出信号 u_f 之间幅度、相位的变化。

当信号频率 f 较低时，在 *RC* 串联回路中，C_1 的容抗远大于 R_1，故 R_1 的阻抗可忽略不计；在 *RC* 并联回路中，C_2 的容抗远大于 R_2，所以 C_2 的容抗可以忽略不计，这样可得到如图 4-9(a) 所示的低频等效电路。设 $\left|\frac{u_f}{u_i}\right|$ 为反馈系数 F，它随信号频率的变化曲线（电路的

频率特性曲线）如图 4-9（b）所示，可见在一定的频率范围内，反馈系数 F 随信号频率的增加而增大，即电路的输出信号的幅度随频率的增加而增大。并且，输出信号 u_f 与输入信号 u_i 的相位之差 $\varphi=\varphi_f-\varphi_i$ 随频率的增加而减小，即频率越低，u_f 超前 u_i 的 φ 角越大。

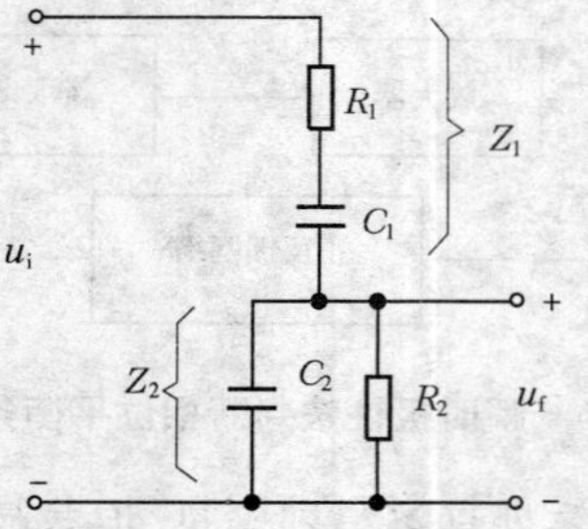

图 4-8　*RC* 串并联选频电路

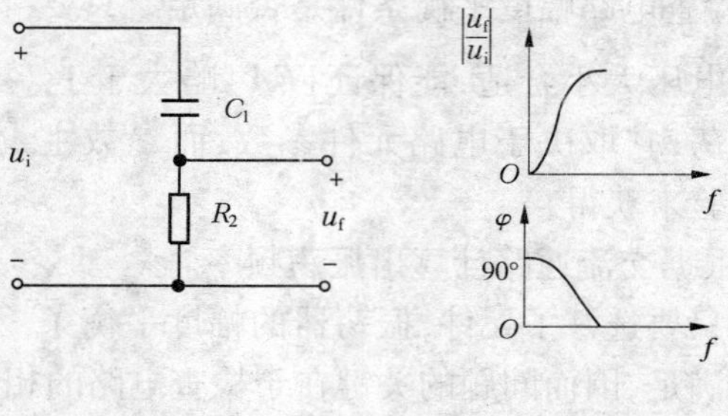

(a)等效电路　(b)频率特性

图 4-9　低频等效电路

当信号的频率 f 较高时，在 RC 串并联回路中，C_1 的容抗远小于 R_1，故 C_1 的容抗可以忽略不计；在 RC 并联回路中，C_2 的容抗也远小于 R_2，所以 R_2 的阻抗可以忽略不计，可得到如图 4-10（a）所示的高频等效电路。在高频段，如图 4-10（b）所示，反馈系数 F 随信号频率的增加而减小，并且频率越高，u_f 滞后 u_i 的 φ 角越大。

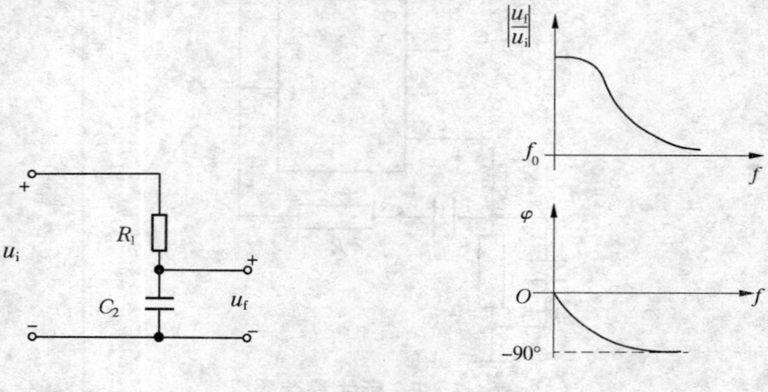

(a)等效电路　(b)频率特性曲线

图 4-10　高频等效电路

综上所述，当输入信号频率 f 从 0 Hz 逐渐升高时，反馈系数 F 会从零增加，最后又减到零；相移 φ 从 +90°变到 −90°，在频率为 f_0 时，反馈系数 F 可达最大值，此时信号的相移为零。如图 4-11 所示，图中的两条线分别是 RC 串并联选频网络的幅频特性曲线和相频特性曲线。

可以证明，图 4-8 所示的 RC 串并联网络在输入信号的频率 $f=f_0=\dfrac{1}{2\pi RC}$ 时（其中 $R_1=R_2=R, C_1=C_2=C$），网络的反馈系数最大，$|F|=\dfrac{1}{3}$，相移 $\varphi=0$。在其他频率时，$|F|$ 衰减很快，并且信号产生一定的相移。因此，RC 串并联网络具有选频特性。RC 串并联网络的

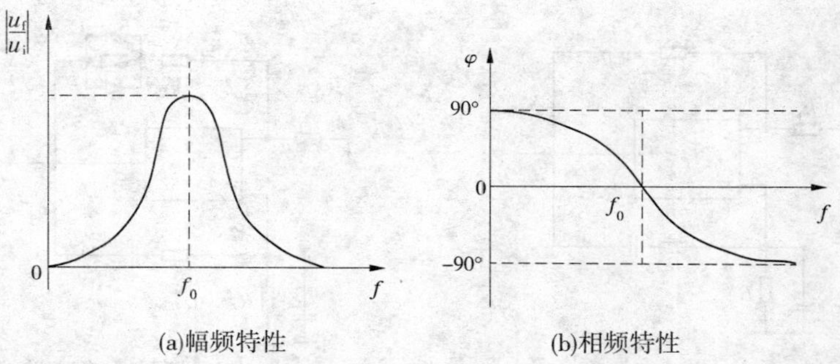

图 4-11　*RC* 串并联

频率稳定性主要取决于 R 和 C 的温度稳定性，若采用高精度和低温度系数的 R、C 元件，电路的频率稳定性可达 0.1%。

三、文氏桥正弦波振荡电路

（一）对放大器的要求

由于 RC 串并联选频网络在 $f=f_0$ 时，输出信号 u_f 最大，相移 $\varphi=0$，这就要求放大电路的相移 $\varphi_a = \pm 2n\pi$，即放大器必须是一个同相放大器。在图 4-7 中放大电路采用同相输入，这样就满足了振荡电路的相位平衡条件。

（二）文氏桥振荡电路的振荡频率

RC 串并联正弦波振荡电路的振荡频率为

$$f_0 = \frac{1}{2\pi RC} \tag{4-5}$$

可见，只要改变 R、C 的参数值，就可以调节电路的振荡频率。为了保证相移 $\varphi=0$，必须同时改变 R_1 和 R_2 或 C_1 和 C_2 的值，这个问题可采用双联电位器或双联可变电容器来解决。

（三）文氏桥振荡电路的起振条件

因为电路振荡时，反馈系数 $|F| = \frac{1}{3}$，根据起振条件 $|AF| > 1$，所以要求图 4-7 所示的电压串联负反馈放大电路的电压放大倍数 A_f 满足

$$A_f = 1 + \frac{R_f}{R_3} > 3$$

即

$$R_f > 2R_3 \tag{4-6}$$

若 $R_f \leqslant 2R_3$，则电路不能振荡；若 $A_f \gg 3$，则会造成电路输出的波形严重失真，正弦波近似于方波；稳定输出的振荡只需 R_f 略大于 $2R_3$ 即可。

（四）常用的稳幅措施

如图 4-12 所示是两种具有稳幅环节的文氏桥振荡电路。电路中分别利用二极管的非线性特性和热敏电阻的特性自动实现输出信号幅度的稳定。两种电路采用的元件不同，但都是利用改变负反馈深度来达到稳幅目的的。

文氏桥正弦波振荡器的特点是电路简单、容易起振，但调节频率不太方便，振荡频率不高，一般应用于振荡频率小于 1 MHz 的场合。图 4-13 是一种实用的正弦波音频信号发生器

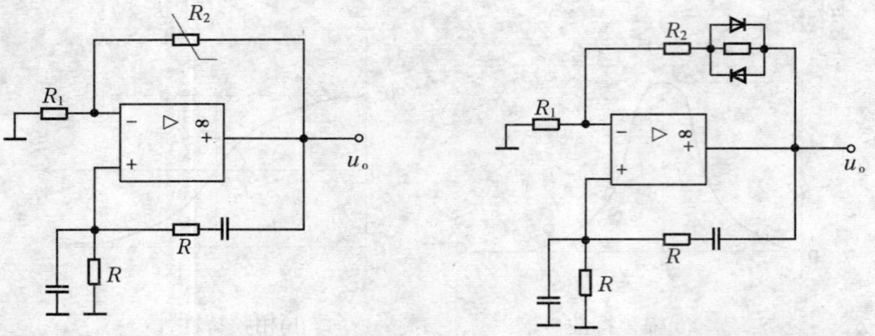

(a)热敏电阻稳幅电路　　　　(b)非线性元件稳幅电路

图 4-12　具有稳幅环节的文氏桥振荡器

的电路图。在电路中，采用双刀多波段开关，通过切换电容器来进行频率的粗调，采用双联同轴电位器来实现频率的细调，从而实现在音频范围内信号频率的连续可调。

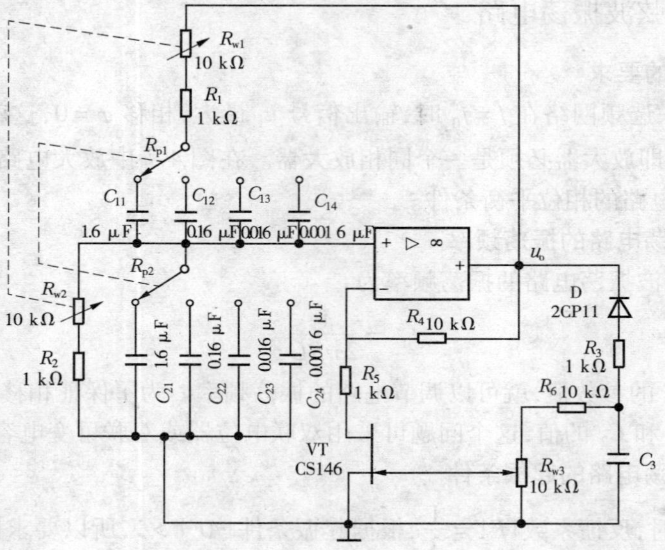

图 4-13　桥式振荡电路组成的正弦波音频信号发生器

第四节　*LC* 正弦波振荡器

LC 正弦波振荡电路采用 *LC* 并联回路作为选频网络。它主要用来产生高频正弦波信号，振荡频率常常在 0.5 MHz 以上。按电路中反馈网络的形式不同，*LC* 正弦波振荡器可分为变压器反馈式振荡器、电感三点式振荡器、电容三点式振荡器、石英晶体振荡器等。因为选频网络的重要性，先从 *LC* 并联网络的选频特性说起。

一、*LC* 并联网络的选频特性

LC 并联选频网络如图 4-14 如示。其中，*R* 表示电感和电容总的等效损耗电阻。因为选频网络一般都接在三极管放大电路的输出端，所以用恒流源 I_o 近似等效三极管的恒流。因为电感的特性是通低频阻高频，而电容的特性是通高频阻低频，也就是说，随着信号频率从

低频到高频变化，电感的感抗越来越大，而电容的容性阻抗越来越小，可以想象得出，二者并联时总阻抗 $\frac{X_L X_C}{X_L + X_C}$ 也一定有一个极值。即在某一个频率 $f = f_0$ 时，并联阻抗为纯阻性且等效阻抗接近最大值，频率 f_0 就是 LC 并联谐振频率。

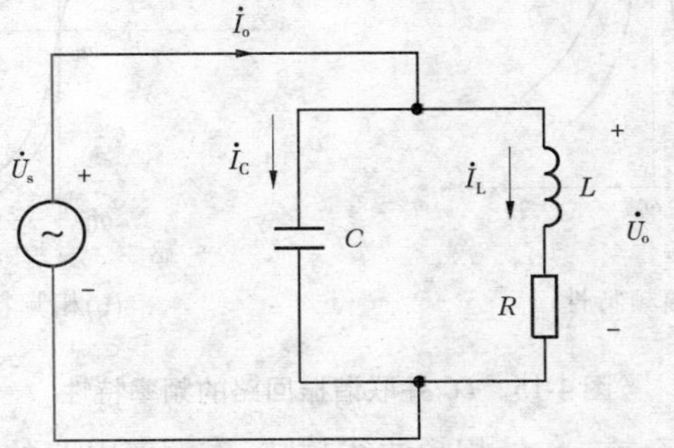

图 4-14　*LC* 并联谐振回路

LC 并联网络的导纳为

$$Y = j\omega C + \frac{1}{R + j\omega L}$$

即

$$Y = \frac{R}{R^2 + (\omega L)^2} + j\left[\omega C - \frac{\omega L}{R^2 + (\omega L)^2}\right] \tag{4-7}$$

可见，若忽略电阻 R 的影响，当并联导纳虚部为零，即 $\omega = \omega_0 (\omega_0 \approx \frac{1}{\sqrt{LC}})$ 时，LC 并联网络的谐振频率为

$$f_0 \approx \frac{1}{2\pi \sqrt{LC}} \tag{4-8}$$

谐振时电压 U_o 与电流 I_o 同相，电路呈纯阻性。此时阻抗最大为 $Z_o = \frac{R^2 + (\omega_0 L)^2}{R} = \frac{L}{RC}$，被称为谐振时的等效阻抗；$\frac{\omega_0 L}{R} = Q$ 称为谐振回路的品质因数；当 $\omega \approx \omega_0$，ω 局限于 ω_0 附近时，根据 $Z = \frac{Z_o}{1 + Q(1 - \frac{\omega_0^2}{\omega^2})}$，可以画出 LC 并联电路的幅频特性和相频特性曲线，如图 4-15 所示。

由图 4-15 可以看出：

(1)信号频率与阻抗、输出电压之间的关系。

当外加信号频率 $f = f_0$ 时，LC 并联网络发生谐振，此时的阻抗最大，输出电压 U_o 也达到最大值，且输出电压 U_o 与输出电流 I_o 同相。当外加信号的频率 f 偏离 f_0 时，LC 并联网络的阻抗下降很快，且相位差不为零，频率偏离得越大，LC 并联网络的阻抗越小，相位差也越大。

(2)品质因数与选择性的关系。

从图 4-15 中可以看出，谐振网络的品质因数 Q 值越大，幅频特性越尖锐，相频特性变化

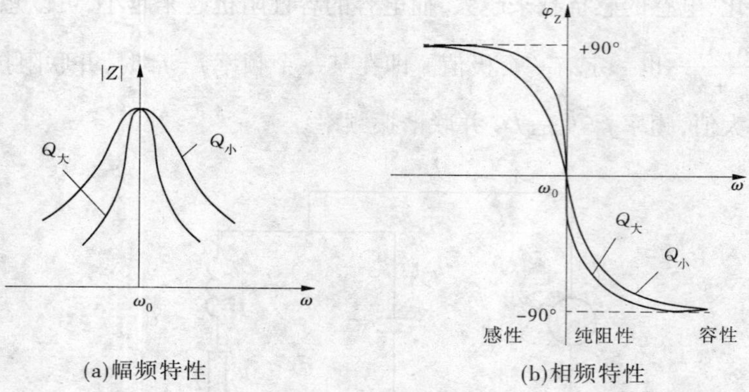

图 4-15　*LC* 并联谐振回路的频率特性

得越急剧，选频效果就越好，在 ω_0 处相频曲线越陡，作振荡电路的选频网络时越稳定。在 L 和 C 值不变的情况下，R 越小，谐振回路的 Q 值越大，一般 Q 值在几十至几百范围内。

二、变压器反馈式 *LC* 正弦波振荡器

图 4-16 所示为采用高频变压器的 *LC* 正弦波振荡电路。

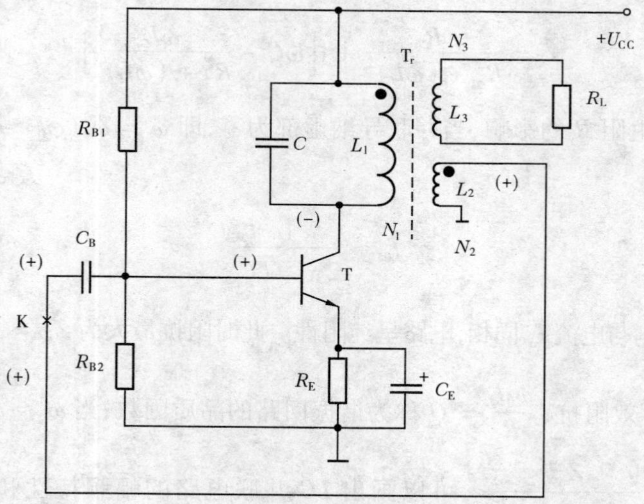

图 4-16　变压器反馈式 *LC* 正弦波振荡电路

(一) 电路组成

1. 放大电路

图中采用分压偏置式的共发射极电路，起放大和控制振荡幅度的作用。电容 C_E 和 C_B 的容量较大，对交流近似为短路，分别起到旁路的作用；R_{B1}、R_{B2} 是基极偏置电阻，二者分压能够稳定基极电位；R_E 是发射极偏置电阻，同时组成电流串联负反馈，以稳定静态工作点。

2. 选频网络

由 L_1、C 组成的并联网络接在三极管的集电极，起选频作用，并通过线圈 L_3 取出 L_1C 并联谐振频率的输出电压。

3. 反馈网络

变压器次级绕组 L_2 作为反馈绕组，将输出电压的一部分反馈回电路的输入端，因此该电路被称为变压器反馈式振荡电路。

（二）电路能否振荡的判断

1. 相位条件判断

判断电路是不是正反馈，可采用瞬时极性法。具体方法是：断开图 4-16 中的 K 处，假设在电路输入端的输入信号 $\dot{U}_i$ 为一正极性信号（图中用 + 号表示），其频率为 LC 回路的谐振频率，此时放大管集电极等效负载为一纯电阻，如果忽略其他分布参数的影响，$\dot{U}_o$（用"－"号表示）与 $\dot{U}_i$ 反相，由于变压器同名端的位置如图 4-16 所示，L_2 上的瞬时电压极性为上正下负，这样反馈信号 L_2 上的电压与基极的输入信号极性相同，故为正反馈，满足了相位平衡条件。

2. 幅度条件判断

L_2 和 L_1 同绕在一个铁芯上，L_2 上的电压即反馈信号 $\dot{U}_f$ 的大小由匝数比 $\frac{N_2}{N_1}$ 决定，当三极管电路的放大倍数和绕组的匝数比合适时，即可满足幅度平衡条件。

（三）振荡频率

由前所述，振荡电路的振荡频率与选频网络的谐振频率相等，即

$$f_0 \approx \frac{1}{2\pi\sqrt{LC}}$$

（四）电路特点

变压器反馈式 LC 振荡器不仅容易起振，而且采用可变电容器能在较宽的范围内调节频率，所以在需要经常改变频率的设备（例如收音机、信号发生器等）中得到广泛的应用。但是，由于它的反馈电压取自电感 L_2，电感对高次谐波的感抗较大，因此输出波形中含有丰富的高次谐波，波形较差。并且振荡频率不太高，通常为几兆赫至十几兆赫。要想得到波形好且高频的信号，最好使用电容三点式振荡器。

三、三点式振荡器的基本工作原理

三点式振荡器是指 LC 谐振回路的三个端点与三极管的三个电极分别相接构成的一种振荡电路，如图 4-17 所示是三点式振荡器原理图。当回路元件损耗电阻很小，可忽略不计时，图中的 Z_1、Z_2、Z_3 可换成纯电抗 X_1、X_2、X_3。显然要产生振荡，必须满足下列谐振条件

$$X_1 + X_2 + X_3 = 0 \tag{4-9}$$

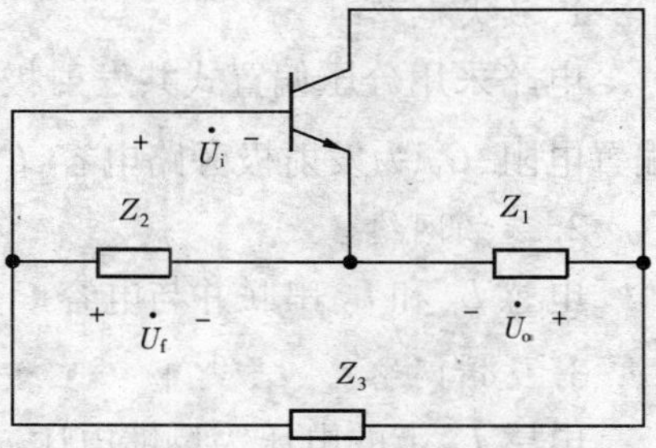

图 4-17　三点式振荡器原理图

回路等效为纯电阻，放大器的输入端信号与输出端信号反相，故为满足相位条件，$\dot{U}_f$ 和 $\dot{U}_o$ 应该反相，即要求 $\frac{\dot{U}_f}{\dot{U}_o} < 0$，而

$$\frac{\dot{U}_f}{\dot{U}_o}=\frac{X_2}{X_2+X_3}=-\frac{X_2}{X_1} \tag{4-10}$$

所以

$$-\frac{X_2}{X_1}<0 \tag{4-11}$$

由式(4-11)可以看出,X_1、X_2 必须为同性电抗。另外,为满足式(4-9),X_3 与 X_1、X_2 电抗性质应相反。由上述分析得出以下结论:对三点式振荡器,与发射极相连的两个电抗元件的电抗性质必须相同,而不与发射极相连的两个回路元件,其电抗性质应相反,这也是三点式振荡器的相位判断法则。

四、电感三点式振荡器

电感三点式振荡器又称为哈特莱振荡器,电路如图 4-18 所示。

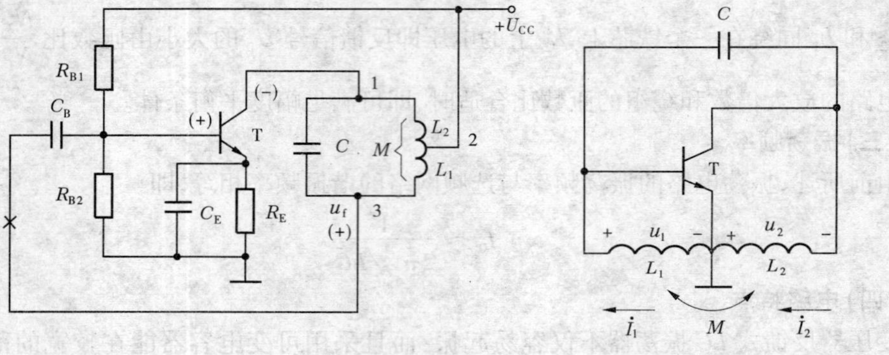

(a)电感三点式电路　　(b)简化交流通路

图 4-18　电感三点式振荡器

(一)电路组成

1. 放大电路

电路采用分压偏置式共发射极放大器。其中,R_{B1} 和 R_{B2} 为基极偏置电阻,R_E 为发射极偏置电阻,C_E 为发射极旁路电容,C_B 为耦合电容。

2. 选频网络

电感 L_1 和 L_2 串联并与电容 C 并联,接在三极管的集电极,构成选频网络。

3. 反馈网络

电感 L_1 上的电压为反馈电压 u_f,经 C_B 送到三极管的基极。

(二)相位平衡条件

用瞬时极性法可判断出电路中的反馈为正反馈,满足振荡器的相位平衡条件。实际上,对于三点式振荡器能否振荡的判断,用瞬时极性法往往不易做出判断,不如用“射同基反”的口诀来加以判断,其更为准确和快捷。“射同基反”的含义是:对于三点式振荡器的交流通路,如图 4-19 所示,若三极管的发射极与 LC 网络的接点两边元件的电抗性质相同(如 $\dot{Z}_1$

和 $\dot{Z}_2$ 都为电感或都为电容)，三极管的基(集电)极与 LC 网络的接点两边元件的电抗性质相反(比如 $\dot{Z}_1$ 与 $\dot{Z}_3$，一个为电感，另一个为电容)，由图 4-18(b)可以看出，此电路必满足振荡器的相位平衡条件。

在此电路中，由于电感的三个端子分别与三极管 T 的三个电极相连，故称为电感三点式振荡器。

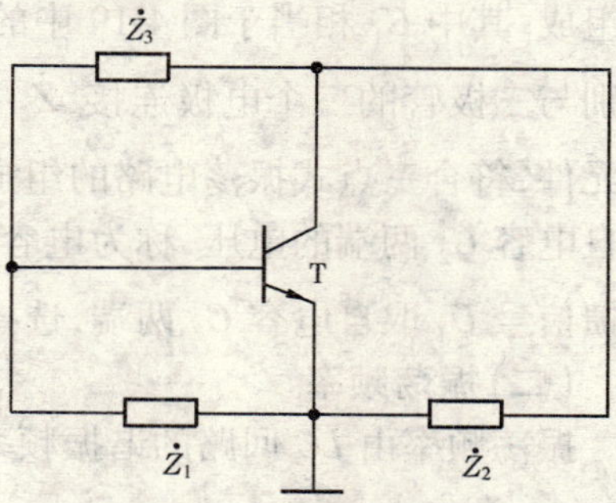

图 4-19　*LC* 三点式振荡器交流通路

(三)振荡频率

电感三点式振荡电路的振荡频率由 LC 并联网络的谐振频率确定，即

$$f_0 = \frac{1}{2\pi\sqrt{(L_1 + L_2 + 2M)C}} = \frac{1}{2\pi\sqrt{LC}} \tag{4-12}$$

式中，M 是电感 L_1 和 L_2 间的互感系数；L 为回路电感，$L = L_1 + L_2 + 2M$；C 为与之并联的电容值。

(四)电路特点

电感三点式振荡器电路简单，容易起振。从原理上讲，调节频率既可以调节电感又可以调节电容，但是调节电感会影响电路的反馈电压，可能引起电路停振，因而只要将电容 C 换成可变电容器，就能对频率进行连续的调节了。但由于反馈信号取自电感，电感对高次谐波的感抗大，所以高次谐波的正反馈比基波强，使输出波形中含有较多的高次谐波成分，因基波成分少导致输出波形较差。此电路常用于对波形要求不高的设备中，其振荡频率通常在几十兆赫以下。

五、电容三点式振荡器

电容三点式振荡器又称为考毕兹电路，如图 4-20 所示。

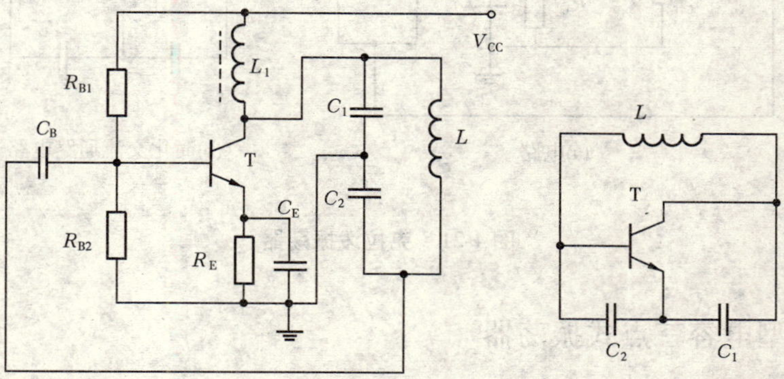

(a)电路　　(b)简化交流通路

图 4-20　电容三点式振荡器

(一)电路组成

放大电路采用分压偏置式共发射极电路。选频回路由电容 C_1 和 C_2 串联再与电感 L 并

联组成。其中 C_1 相当于图 4-19 中的 $\dot{Z}_2$，C_2 相当于 $\dot{Z}_1$，L 相当于 $\dot{Z}_3$，并联谐振回路三个端点分别与三极管的三个电极连接，$\dot{Z}_1$ 与 $\dot{Z}_2$ 为同性质的电抗元件，$\dot{Z}_3$ 与 $\dot{Z}_2$、$\dot{Z}_1$ 为异性质的电抗元件，符合三点式振荡电路的组成法则，故满足振荡的相位平衡条件。由于反馈信号 $\dot{U}_f$ 取自电容 C_2 两端的电压，称为电容反馈三点式 LC 振荡器，简称电容三点式振荡器。因为反馈信号 $\dot{U}_f$ 取自电容 C_2 两端，选择合适的 C_1、C_2 值，能够满足幅度平衡条件。

（二）振荡频率

振荡频率由 LC 回路的谐振频率确定，即

$$f_0 \approx \frac{1}{2\pi\sqrt{LC}} = \frac{1}{2\pi\sqrt{L\dfrac{C_1C_2}{C_1+C_2}}} \tag{4-13}$$

其中，电容 C 是电路中总电容，与电感是串联关系。

（三）电路特点

由于电路的反馈电压取自电容两端，而电容对高次谐波的容抗较小，所以电路对高次谐波的正反馈比基波弱，使得输出信号波形中的高次谐波成分少，波形较好。电路的振荡频率比较高，可达 100 MHz 以上，在电视机等高频设备中得到广泛的应用。但电容三点式振荡器的频率调节不太方便，常用切换电感的方法改变频率，不能实现频率的连续调节。若要实现频率的连续调节，可在电感两端串联一个可变电容器，在小范围内进行频率调节。其实用电路如图 4-21 所示。

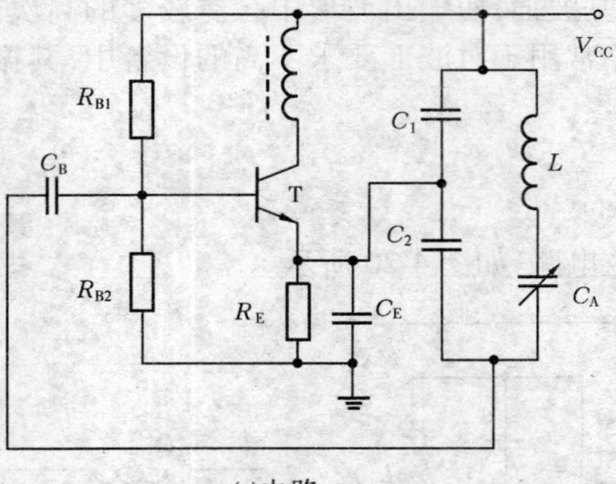

(a)电路

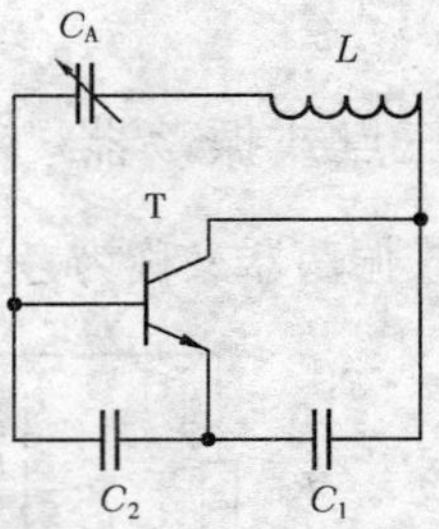

(b)简化交流通路电路

图 4-21　克拉泼振荡器

六、改进型电容三点式振荡器

（一）克拉泼振荡器

克拉泼振荡器是一种改进型电容三点式振荡器，如图 4-21 所示，它是在图 4-20 所示电路的电感支路增加了一个可调的电容 C_A，若满足 $C_1 \gg C_A$、$C_2 \gg C_A$ 的条件，只要 L 和 C_A 串联等效为电感，该电路仍然为一个电容三点式振荡电路。由于有了 C_A，晶体管极间电容（与选频网络中的各元件分别相并联）的变化对振荡频率的影响大大减小。该电路的主要优点是频率稳定度高，其振荡频率为

$$f_0 = \frac{1}{2\pi\sqrt{L\dfrac{C_1C_2C_A}{C_1 + C_2 + C_A}}} \tag{4-14}$$

若式(4-14)满足 C_1C_A、C_2C_A 的条件,则上式可近似为 $f_0 = \dfrac{1}{2\pi\sqrt{LC_A}}$,说明 C_1、C_2 对频率的影响大大减小,与 C_1、C_2 并联的晶体管极间电容对频率的影响则更小,可见该电路的振荡频率非常稳定。

(二)西勒振荡器

西勒振荡器是另一种改进型电容三点式振荡器,如图 4-22 所示。从图可以看出:它在克拉泼振荡电路基础上,增加了与电感并联的电容 C_B。这种电路同样具有频率稳定的显著特点。其振荡频率为

$$f_0 = \frac{1}{2\pi\sqrt{L\left(C_B + \dfrac{C_1C_2C_A}{C_1 + C_2 + C_A}\right)}} \approx \frac{1}{2\pi\sqrt{L(C_B + C_A)}} \tag{4-15}$$

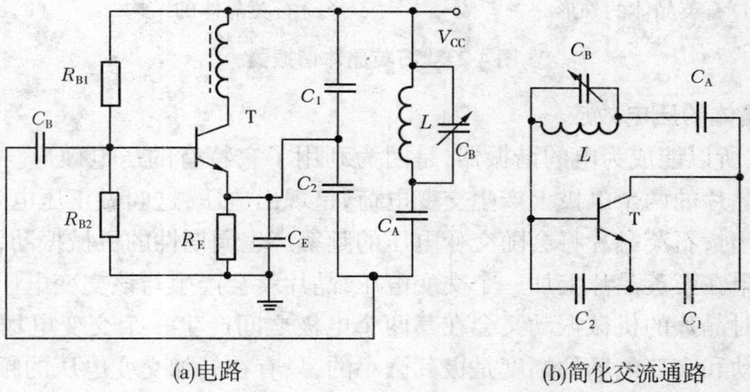

图 4-22　西勒振荡器

其反馈系数与克拉泼振荡电路相同,调节 C_B 可以改变振荡电路的频率。从图中可以看出,改变电容 C_B 时,不会影响到接入系数,因而电路很容易起振。

第五节　石英晶体振荡器

在 LC 振荡器中,尽管采用各种稳频措施,但实践证明,它的稳定度一般很难突破 10^{-5} 数量级。为了进一步提高振荡频率的稳定度,可采用石英晶体作为选频网络,构成晶体振荡器,其稳定度可达 10^{-8} 数量级,甚至更高。

一、石英晶体的特性

石英晶体具有很高的 Q 值和很高的标准性,因而其振荡频率相当稳定,在要求频率稳定度高的场合,都采用石英晶体振荡电路。所以,它广泛应用于标准频率发生器、频率计、电

话机、电视机、VCD 机、DVD 机和计算机等设备中，用它做出来的电子表的计时就非常准确。为了说明石英晶体的工作原理，我们从其基本特性谈起。

（一）石英晶体的基本特性

石英晶体是一种各向异性的结晶体，它是硅石的一种，其化学成分是二氧化硅（SiO_2）。从晶体上按一定的方位角切下的薄片称为晶片，在晶片的两个对应表面镀上银层作为电极，电极上焊出两根引线固定在管脚上，就构成了石英晶体振荡器。一般加上金属外壳封装而成。其外形、结构和电路符号如图 4-23 所示。

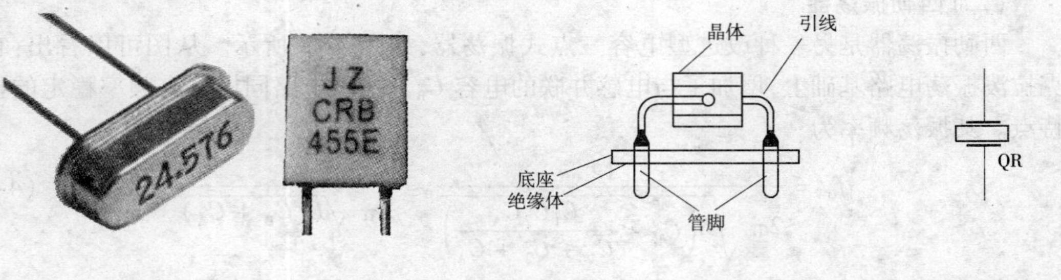

（a）石英晶体的外形　　（b）石英晶体的结构　　（c）石英晶体的符号

图 4-23　石英晶体谐振器

（二）石英晶体的压电效应

石英晶片之所以能成为电的谐振器，是因为利用了它特有的压电效应。当机械力作用于晶片时，会在晶片的两个电极上产生交变电荷，呈现出电压，这叫做正压电效应；当交变电压加于石英晶片时，石英晶片将会随交变电压的频率产生周期性的机械振动，这叫做反压电效应。因此，如果在石英晶片上加一个交变电压，晶片就会产生与该交变电压频率相同的机械形变振动，同时晶片的机械振动又会在其两个电极之间产生一个交变电场。在一般情况下，这种机械振动和交变电场的幅度是极其微小的，只有在外加交变电压的频率等于石英晶片的固有振动频率时，振幅才会急剧增大，这种现象称为压电谐振。这和 LC 回路的谐振现象十分相似，因此石英晶体又称石英谐振器。石英晶片的谐振频率取决于晶片的几何形状和切片方向，体积越小，谐振频率越高。

（三）振荡等效电路

石英晶片的压电谐振等效电路与 LC 谐振回路十分相似，其等效电路如图 4-24 所示。不振动时，两边镀银层相当于一电容，用 C_0 表示，约几皮法到几十皮法；当晶片振动时，有一个机械振动的惯性，用 L 表示，一般等效的电感 L 很大，为 $10^{-3} \sim 10^{2}$ H；晶片振动时的弹性用电容 C 来模拟，等效的电容 C 很小，为 $10^{-4} \sim 10^{-1}$ pF。R 是模拟晶片振动时的摩擦损耗，其等效值很小，为几欧姆到几百欧姆。L、C 的具体数值与晶体的切割方式、晶体电极尺寸、形状等有关。由于 L 很大，C 较小，电阻 R 也很小，所以石英晶振回路的品质因数 Q 值很大，可达到 $10^4 \sim 10^6$，这使得用石英晶体构成的振荡器的振荡频率非常稳定。

（四）石英晶振的谐振频率和谐振曲线

图 4-25 所示为石英晶片的电抗－频率特性曲线，它有两个谐振频率 f_S（L、C 串联谐振）和 f_P（C_0 与 L、C 并联谐振），这两个频率非常接近，当 $f_S < f < f_P$ 时，石英晶体呈感性；当 $f < f_S$ 或者 $f > f_P$ 时，石英晶体呈容性。石英晶体作振荡元件时，一般应工作在感性区域，等效为一

个电感来使用。

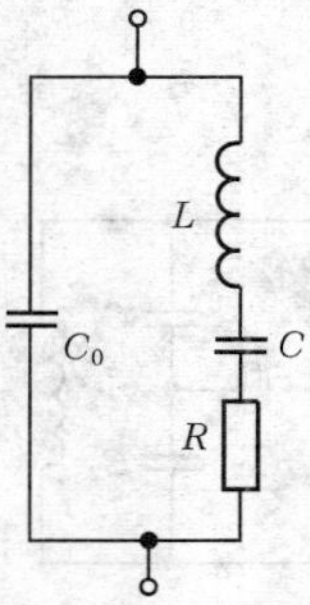

图 4-24　石英晶片压电谐振等效电路

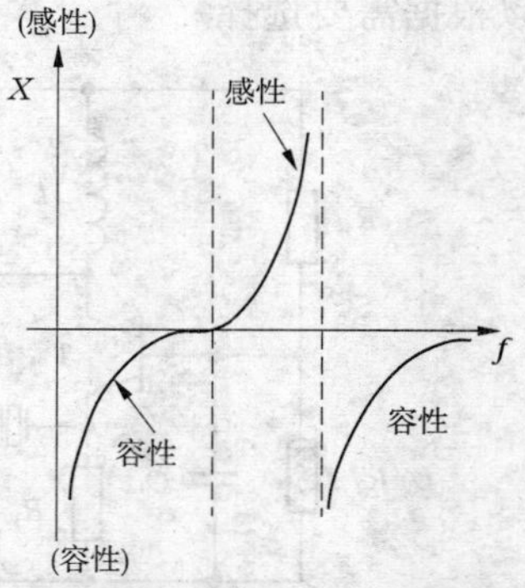

图 4-25　石英晶片的电抗－频率特性曲线

二、典型应用电路

石英晶体振荡电路的基本形式有并联型和串联型两种。

(一)并联型石英晶体振荡电路

在图 4-26 所示电路中，利用石英晶体在频率为 f_S ~f_P之间时阻抗呈感性的特点，石英晶体作为一个感性元件，与外接电容 C_1、C_2 构成电容三点式振荡电路。该电路的振荡频率接近并略高于 f_S，改变 C_S 可以在很小的范围内微调振荡器的输出频率。一种实用的石英晶振电路如图 4-27 所示，调节 C_3 可以微调输出频率，使振荡器的信号频率更为准确。

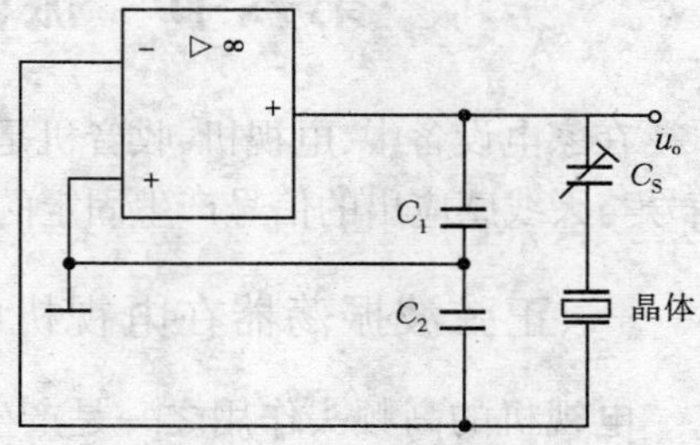

图 4-26　并联型石英晶体正弦波振荡器

(二)串联型石英晶体振荡电路

图 4-28 为一串联型石英晶体振荡电路。当频率等于石英晶体的串联谐振频率 f_S 时，晶

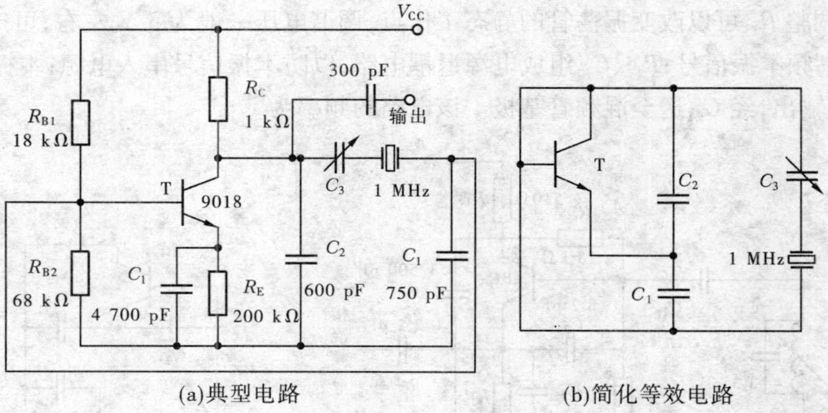

图 4-27　皮尔斯典型电路晶体振荡器

体的阻抗最小，且为纯阻性，此时石英晶体构成的反馈为正反馈，满足振荡器相位平衡条件，且在 $f=f_S$ 时，正反馈最强，电路产生正弦波振荡，振荡频率稳定在 f_S。

石英谐振器的标准频率都标注在外壳上(请参看图 4-23),如 4.43 MHz、455 kHz、6.5 MHz 等,可以根据需要选择。

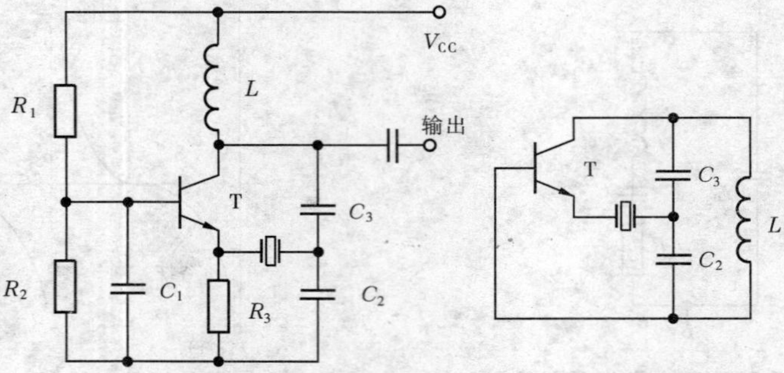

(a)电路图　　(b)简化等效电路

图 4-28　串联型石英晶体振荡器

第六节　振荡器在常用家电中的应用

在家电设备中,电视机、收音机是用来接收处理无线电信号的设备。这些设备中需要本振信号与天线感应出的信号产生固定的差频,产生本振信号的电路是由正弦波振荡器实现的。

一、正弦波振荡器在电视机中的应用

电视机的高频头作用之一是产生本振信号,然后将该信号传送给混频器,并与来自天线的信号在混频器中进行混频,产生固定的中频信号。本振信号源自正弦波振荡器,图 4-29 所示即为 KP12－3 机械高频头 VHF 段的本振电路,图 4-30 所示是它的交流等效电路,可以看出它是共集电极并联式改进型电容三点式(西勒振荡器)振荡电路。电路中,BG_3 是振荡管;R_{18}是振荡管的发射极电阻,构成电流负反馈来稳定静态工作点;R_{13}、R_{11}是振荡管的基极偏置电阻,调整 R_{13}可以改变振荡管的静态工作点,调谐电压一般为 3 V 左右,可产生 100～200 mV 的高频本振信号;R_{17}、C_{30}组成电源退耦电路,以防本振信号串入电源;本振信号由振荡管发射极输出,经 C_{24}送至混频管基极。该电路的频率为

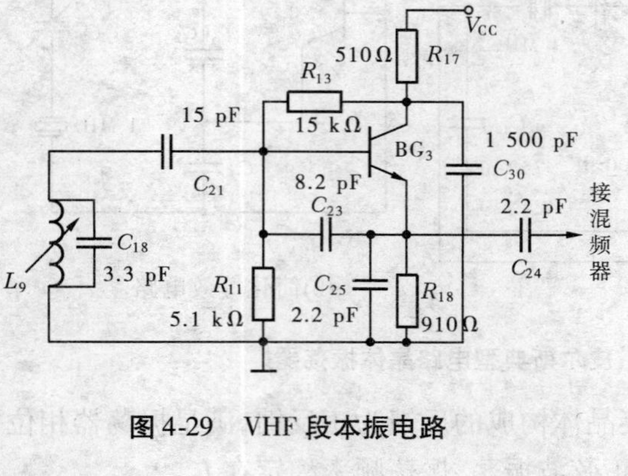

图 4-29　VHF 段本振电路

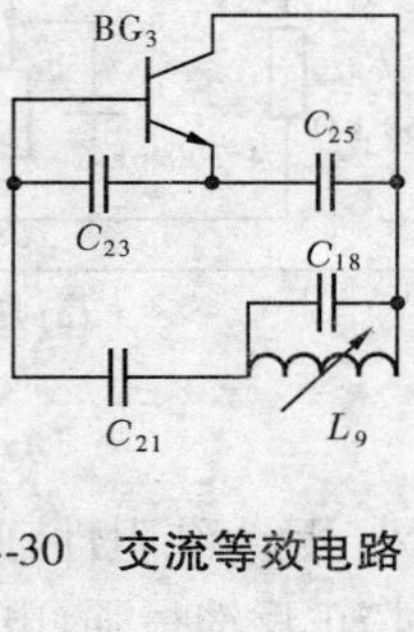

图 4-30　交流等效电路

$$f_0 = \frac{1}{2\pi \sqrt{L_9 C_\Sigma}}$$

$$C_\Sigma = \frac{1}{\frac{1}{C_{21}} + \frac{1}{C_{23} + C_{be}} + \frac{1}{C_{25} + C_{ce}}} + C_{18} = C' + C_{18}$$

式中，C_{be}为振荡管发射结电容，C_{ce}为振荡管集电结电容。因为 $C_{18} \gg C'$，所以

$$f_0 \approx \frac{1}{2\pi \sqrt{L_9 C_{18}}}$$

为了使该电路振荡频率稳定，与电感线圈 L_9 并联的电容 C_{18} 选用负温度系数特性的电容，用以补偿因温度变化造成的振荡频率漂移。另外，还在本振线圈中装入一可调的铜芯，用来对各频道本振频率进行独立的微调。旋转微调旋钮可使铜芯伸入或退出线圈，改变电感量，从而改变本振频率。当铜芯伸入时，电感量减小，本振频率上升；当铜芯退出时，电感量增大，本振频率下降。L_9 安装在塑料骨架上，改变塑料骨架的位置，使不同 L_9 值接入电路，从而接收不同的电视节目。图 4-31 是电调谐高频头的本振电路原理图，图中 V_d 是变容二极管，它相当于一个可调的电容器，其工作原理请读者自行分析。

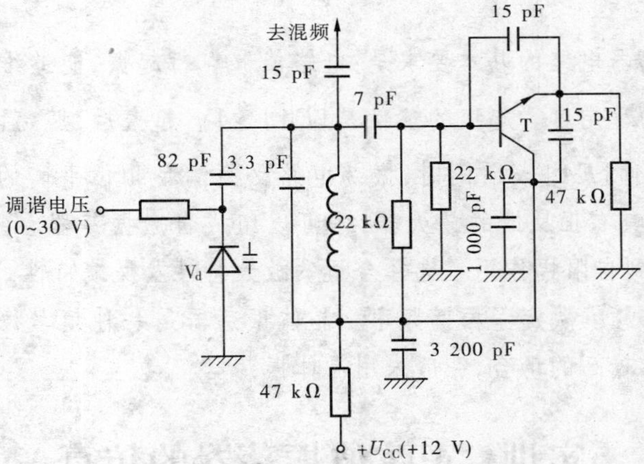

图 4-31　电调谐高频头 VHF 段本级振荡器

二、正弦波振荡器在收音机中的应用

图 4-32 为调幅收音机中波段的变频电路。可以看出，它属于变压器反馈式 LC 正弦波振荡电路。其中 T_1 为磁性天线，L_1、C_A、C_1 组成输入选频回路，其作用是从众多电台信号中选出要收听的某电台的高频调幅信号，并由 T_1 的次级送到晶体管的基极回路。晶体管 T 为变频管，R_1 是三极管的基极偏置电阻，R_2 是其射极偏置电阻，并构成电流负反馈，以稳定三极管的静态工作点。T_2 是振荡线圈，C_B、C_2、L_2 构成选频网络，T_2 的初次级以及三极管的放大特性形成相位平衡条件，选择合适的 T_2 初次级匝数比就能够符合幅度平衡条件，C_3、C_4 是高频耦合电容。产生的本振信号经电容 C_3 耦合，注入变频管的发射极。由于晶体管的静态工作点设置较低，发射结处于非线性工作状态，因而可完成两个输入信号频率的变换作

用，产生差频等频率分量，经集电极的 C_5、L_3 构成的选频回路，选出差频信号，并由 T_3 次级送往下一级电路。

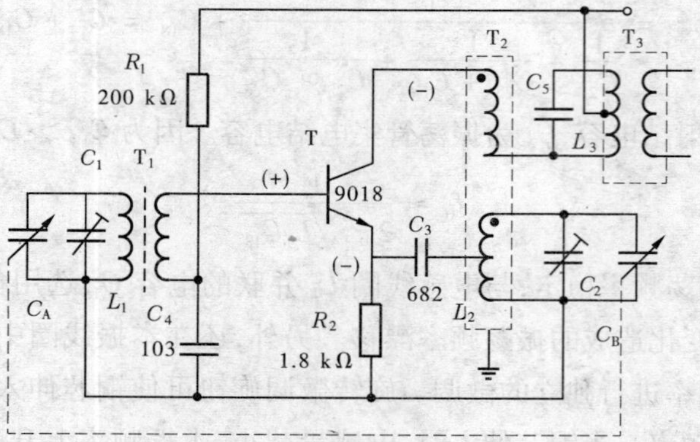

图 4-32　超外差式收音机变频电路

本章小结

对组成自激振荡器电路的基本要求是：电路能够自行起振，能够维持振荡，并保持振荡频率和振幅的一定的稳定度。起振的条件是 $|\dot{F}\dot{A}|>1$。起振后，振荡电路应有自限幅的作用，然后达到平衡条件 $|\dot{F}\dot{A}|=1$；同时，振荡电路必须满足相位平衡的条件：$\varphi_a+\varphi_f=2n\pi$ $(n=0,1,2,3\cdots)$，即具有正反馈的放大器，才可以组成自激振荡器。晶体管应工作在非线性状态，这样可以起到自限幅作用。选择合适的放大特性及反馈特性，可以满足振幅稳定条件。选频网络的固有频率决定了振荡频率。晶体振荡器是一种频率稳定度很高的振荡器，在对频率稳定度要求较高的场合，一般采用晶体振荡器。

实训：正弦波振荡器的仿真

（一）实训目的

（1）了解电容三点式振荡电路的结构和工作原理。

（2）会使用 Multisim 软件绘制电路原理图，并对高频电路进行仿真分析。

（3）掌握基本的电容三点式振荡器及其改进型电路的性能差别，分析其计算值与仿真结果的差别。

（4）会借助 Multisim 仿真软件进行电路设计和元件选取。

（二）实训步骤

（1）在 Multisim 软件环境中绘制出电路图 4-33，注意元件标号和各个元件参数的设置。

（2）双击图 4-33 中的示波器 XSC1，如图 4-34 所示进行参数设置。

（3）打开仿真开关，就可以观察到如图 4-34 所示的幅度调制波形了。

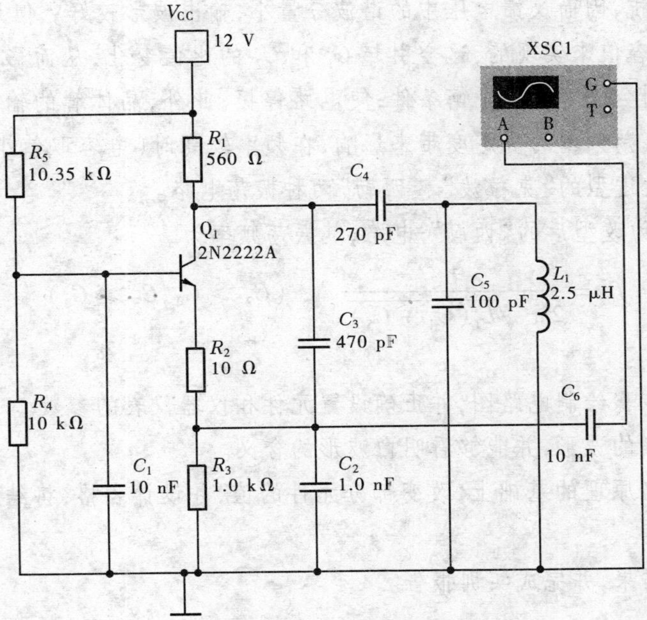

图 4-33　正弦波振荡器电路

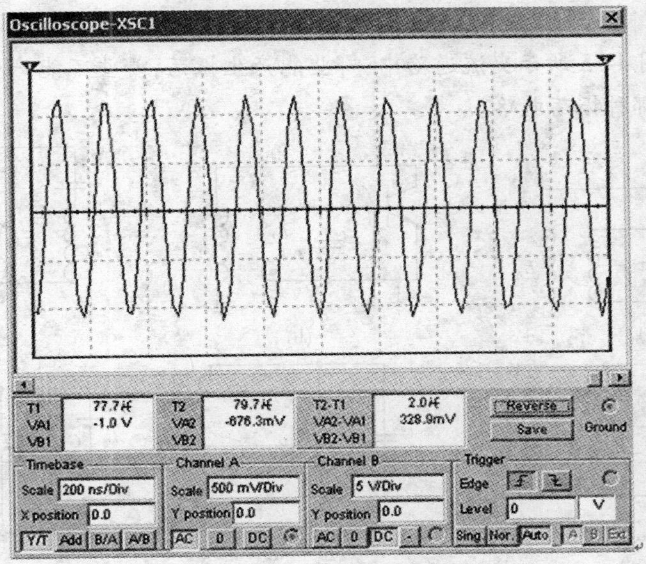

图 4-34　正弦波振荡器电路波形图

(4)在示波器中读出此振荡器输出波形的幅度值和频率值。

(5)分别改变 C_4、C_5 和 L_1 的值,重复以上操作,测出振荡器此时输出波形的幅度值和频率值。

(三)说明

(1)电容三点式振荡器(又称考毕兹电路)的反馈电压取自电容 C_2 两端,而电容对高次谐波呈现很小的容抗，因而反馈电压中的谐波分量小，输出波形较好。但是由于频率的调节通常是通过改变电容值来实现的，这会引起 C_1 和 C_2 的比值变化，从而影响反馈量，轻则使振荡幅度改变，重则会破坏振荡平衡条件，使电路停振；此外，晶体管的输入、输出电容分别并在 C_2、C_3 上，对振荡频率的稳定度带来影响，在频率较高时（电容取值小），这种影响尤其明显。为此，引出改进型的"克拉波"、"西勒"两种振荡电路。

（2）图 4-33 即为改型后的"西勒" 电路，其振荡频率为

$$f_0 = \frac{1}{2\pi\sqrt{L_1(C_4 + C_5)}} \quad (C_2 \gg C_4, C_3 \gg C_4)$$

（四）实训要求

（1）按照以上步骤绘制电路图，并正确设置元件和仪器仪表的参数。

（2）仿真出正确的波形，并能够看明白波形的含义。

（3）在熟悉电路原理的基础上，改变部分元件的值，并设计表格，将结果填入其中，比较仿真结果的异同。

（4）保存仿真结果，并完成实训报告。

习　题

4-1　试判断图 4-35 所示交流通路中，哪些能产生振荡，哪些不能产生振荡。若能产生振荡，则说明属于哪种振荡电路。

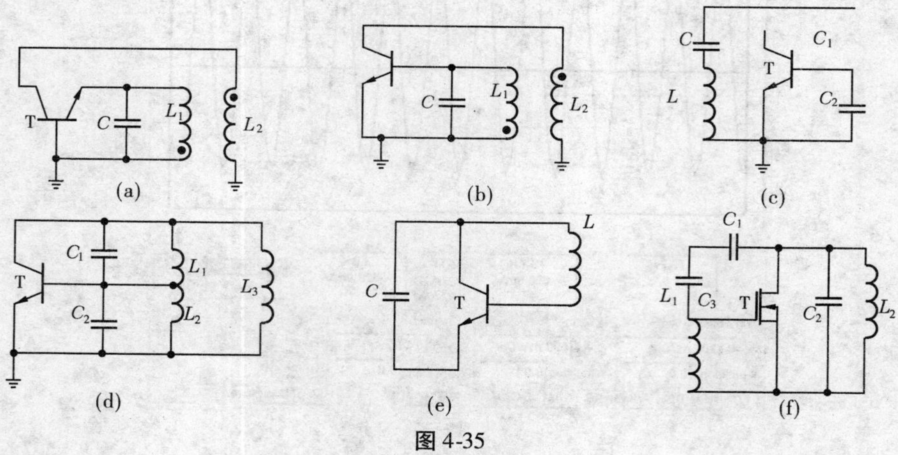

图 4-35

4-2　试判断图 4-36 所示各振荡器的交流通路，并判断哪些电路能产生振荡，哪些电路不能产生振荡。图中，C_B、C、C_E、C_D 为交流旁路电容或隔直流电容，L_C 为高频扼流圈，偏置电阻 R_{B1}、R_{B2}、R_C 不计。

4-3　试改正图 4-37 所示各振荡器电路中的错误，并指出电路类型。图中 C_B、C、C_E 均为旁路电容或隔直流电容，L_C、L_E、L_S 均为高频扼流圈。

4-4　仅用一只万用表，如何判断电路是否振荡？

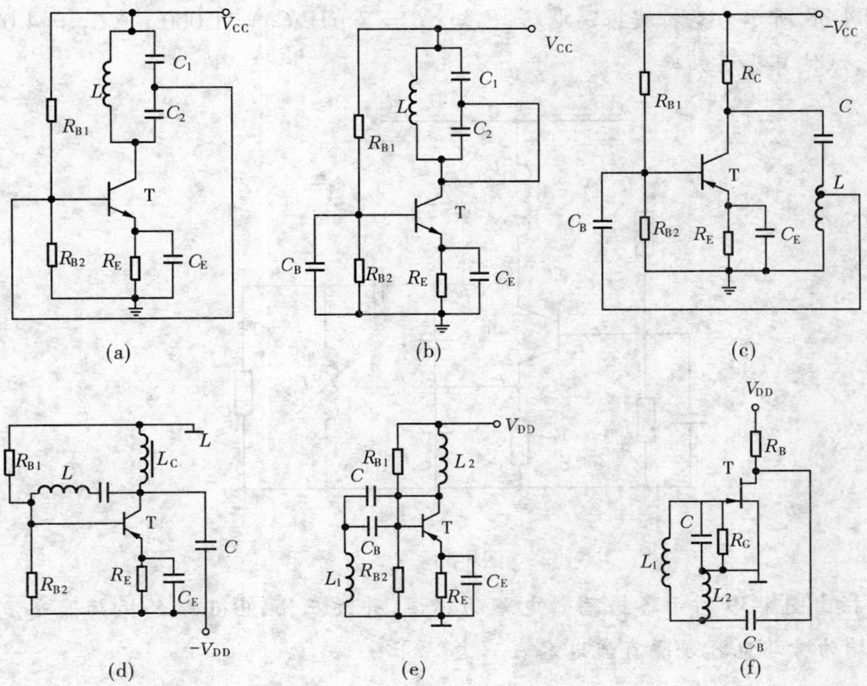

VCC
C1
L
C2
RB1
T
RB2
RE
CE
(a)
VCC
C1
L
C2
RB1
T
CB
RB2
RE
CE
(b)
-VCC
RC
RB1
C
T
L
CB
RB2
RE
CE
(c)
L
RB1
LC
L
T
C
RE
RB2
CE
-VDD
(d)
VDD
RB1
L2
C
T
CB
L1
RB2
RE
CE
(e)
VDD
RB
T
C
RG
L1
L2
CB
(f)

图 4-36

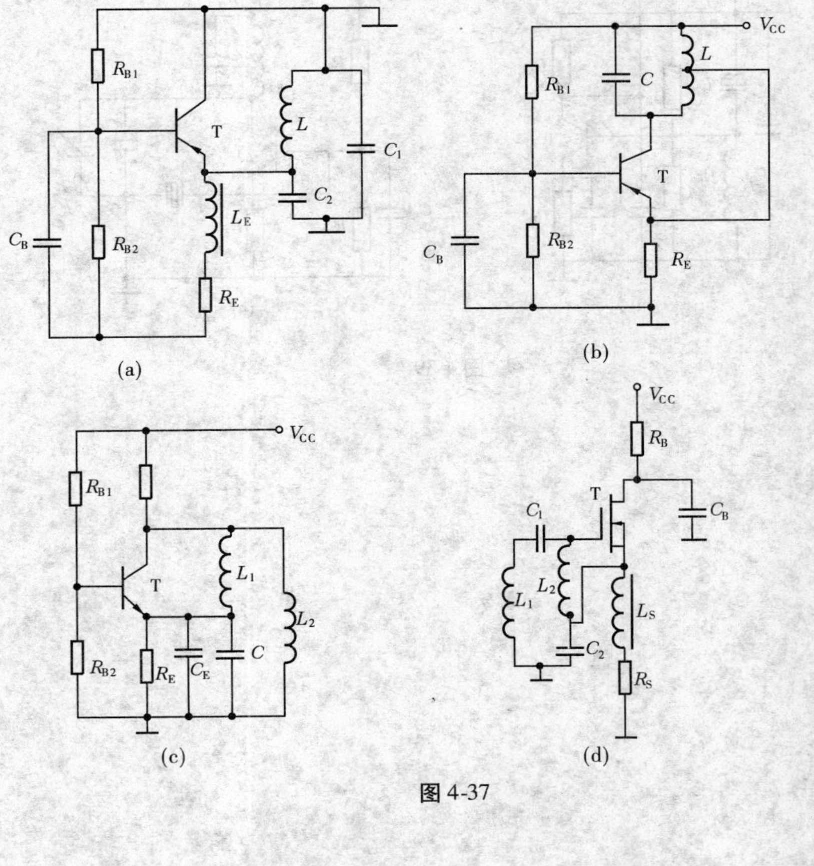

RB1
T
L
C1
C2
LE
CB
RB2
RE
(a)
VCC
RB1
C
L
T
CB
RB2
RE
(b)
VCC
RB1
T
L1
L2
RB2
RE
CE
C
(c)
VCC
RB
T
C1
CB
L1
L2
LS
C2
RS
(d)

图 4-37

4-5　图 4-38 所示为克拉泼振荡电路，已知：$L = 2\ \mu H$，$C_1 = 1\ 000\ pF$，$C_2 = 4\ 000\ pF$，$C_3 = 70\ pF$，试估算振荡频率。

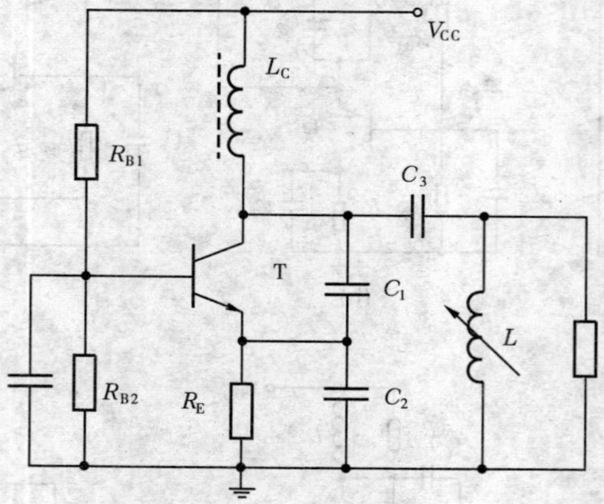

图 4-38

4-6　试指出图 4-39 所示各振荡器电路的错误，并改正，画出正确的振荡器交流通路，图中 C_B、C_C 均为旁路电容或隔直流电容。

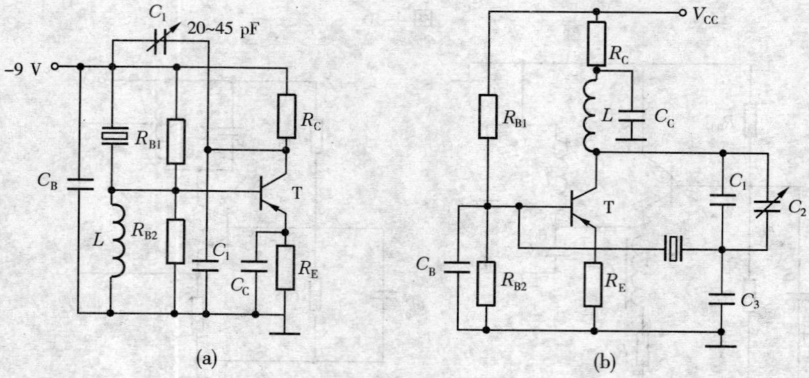

图 4-39

第五章　幅度调制、解调与混频电路

第一节　概　述

幅度调制、解调及混频电路都属于频谱的线性搬移电路，是通信系统的重要组成部分。这些电路在频率变换前后，输出信号的频率分量与输入信号的频率分量不尽相同，产生了新的频率分量，但信号频谱结构不变，只是将信号频谱不失真地在频率轴上进行搬移。频谱搬移电路必须用非线性电路来完成。其核心器件就是非线性器件（如二极管、三极管等）。

调制是在发射端将调制信号从低频段变换到高频段，便于天线发送以及实现不同信号源、不同系统的频分复用；解调是在接收端将已调波信号从高频段变换到低频段，恢复原调制信号。混频是将已调波信号的载频变成另一载频的过程，在此过程中调制类型（如调幅）与调制参数（如调制频率、调制指数）均不改变。

本章将对幅度调制、解调和混频的基本原理及常用电路进行讨论。

第二节　幅度调制电路

所谓调制，就是用调制信号去控制载波某个参数的过程。调制信号是由原始消息（如声音、图像）转变成的低频信号，这些信号通常用$f(t)$表示。未受调制的高频振荡信号称为载波，它可以是正弦波，也可以是非正弦的周期信号，比如方波。受调后的振荡波称为已调波，它具有调制信号的特征。也就是说，已经把要传送的信息载到高频振荡上去了。解调则是调制的逆过程，是将载于高频振荡信号上的调制信号恢复出来的过程。

在模拟系统中，按照载波波形的不同，调制可分为脉冲调制和正弦波调制两种方式。脉冲调制是以高频矩形脉冲序列为载波，用低频调制信号去控制矩形脉冲的幅度、宽度或位置三个参量，分别称为脉幅调制（PAM）、脉宽调制（PDM）和脉位调制（PPM）。正弦波调制是以高频正弦波为载波，用低频调制信号去控制正弦波的振幅、频率或相位三个参量，分别称为调幅（AM）、调频（FM）和调相（PM）。本章主要讨论正弦波调制中的幅度调制与解调。

正弦波调制中的幅度调制是由调制信号去控制载波的振幅，使之按调制信号的规律变化，其他参数不变化。振幅调制可分为：普通调幅（AM）、抑制载波的双边带调幅（DSB）以及单边带调幅（SSB）。

一、普通调幅

幅度调制电路是通信电路，特别是无线电发射机的重要组成部分，按输出功率的高低，可分为高电平调幅电路和低电平调幅电路。高电平调幅电路一般置于发射机的最后一级，是在功率电平较高的情况下进行调制。电路除了实现幅度调制，还具有功率放大的功能，以提供有一定功率要求的调幅波。一般是使调制信号叠加在直流偏置电压上，并一起控制丙类工作状态的末级谐振功放实现高电平调幅,因此只能产生普通调幅信号。高电平调幅的突出优点是整机效率高,不需要效率低的线性功率放大器。低电平调幅电路产生小功率的调幅波。一般在发射机的前级实现低电平调幅,再由线性功率放大器放大已调幅信号,得到所要求功率的调幅波。低电平调幅电路的功率、效率不是主要考虑的问题,其主要性能是调制的线性度及载波抑制度。这种调幅电路可用来实现普通调幅、双边带调幅和单边带调幅等。

产生调幅信号的电路模型,在实现方法上基本类似,用到的主要功能器件也相同。这是因为调幅过程是频谱搬移过程,即需要产生新的频率分量,因此都采用了非线性器件。在高电平调制电路中,高频功率放大器是非线性工作电路;在低电平调制电路中,一般使用相乘器这一非线性器件。电路模型中滤波器的作用则是选取所需要的信号,滤除无用或有害的信号,根据调幅信号的不同形式,所选取、抑制的频率分量也不同。

由此可知,产生几种不同形式调幅波的电路,有许多共同点。也就是说,可以用基本相同的电路实现普通调幅、抑制载波的双边带调幅及单边带调幅等。不同之处在于其输入信号、输出信号的形式,滤波器的性能要求。

二、普通调幅分析

为了理解幅度调制信号(以后简称为调幅波)的基本特性,先介绍普通调幅波的数学表达式、波形图、频谱图以及功率在各频率分量之间的分配关系等。为理解调幅过程,可将其画成如图 5-1 的形式。图中的两个输入信号分别是载波信号和调制信号,输出信号是已调幅信号。

(一)调幅波的数学表达式

设载波信号为 $u_c(t) = U_{cm}\cos\omega_c t$,其中 U_{cm} 为载波的振幅,ω_c 为载波角频率,调制信号为单频信号,即 $u_\Omega(t) = U_{\Omega m}\cos\Omega t$,$U_{\Omega m}$、$\Omega$ 分别为调制信号的振幅、角频率,则普通调幅信号的表达式为

$$\begin{aligned} u_{AM}(t) &= [U_{cm} + \Delta U_c(t)]\cos\omega_c t \\ &= (U_{cm} + kU_{\Omega m}\cos\Omega t)\cos\omega_c t \\ &= U_{cm}(1 + M_a\cos\Omega t)\cos\omega_c t \end{aligned} \tag{5-1}$$

从上式可以看出,经过调制后,$\Delta U_c(t)$ 与调制电压 $U_{\Omega m}$ 成正比,其振幅与载波振幅之比称为调幅系数 M_a,其表达式为 $M_a = k\dfrac{U_{\Omega m}}{U_{cm}}$,一般应要求 $0 < M_a \leq 1$。

(二)普通调幅波的波形图

图 5-1 给出了调制信号 $u_\Omega(t)$、载波 $u_c(t)$ 和已调波 $u_{AM}(t)$ 的波形图。

从图中能看出,普通调幅信号的振幅由直流分量 U_{cm} 和交流分量 $kU_{\Omega m}\cos\Omega t$ 叠加而成,其中交流分量与调制信号成正比,或者说调幅信号的包络(信号振幅各峰值点的连线)完全反映了调制信号的变化。

但是,当 $M_a > 1$ 时,普通调幅波的包络变化与调制信号不再相同,产生了失真,称为过调制,如图 5-2 所示,所以普通调幅要求 M_a 必须不大于 1。

(三)普通调幅波的频谱

利用三角函数公式,将式(5-1)展开,得

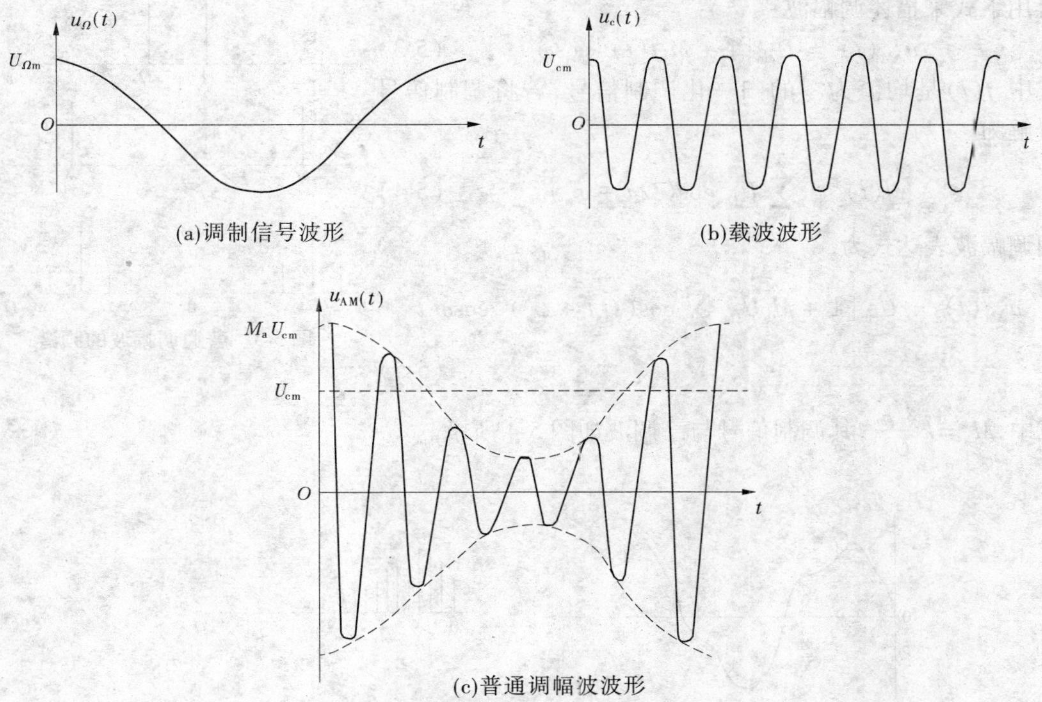

图 5-1　普通调幅波的波形

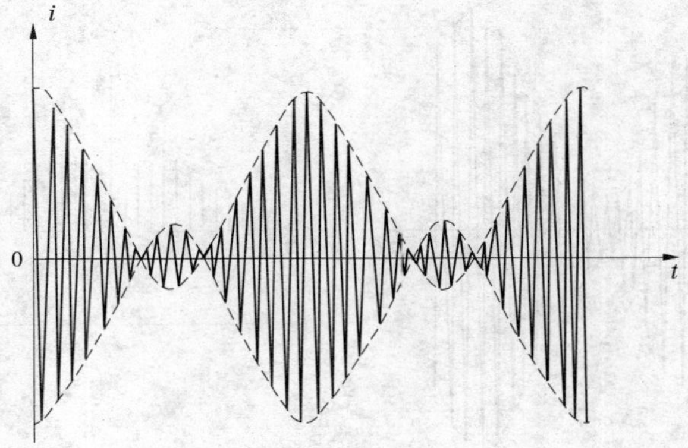

图 5-2　过调制失真

$$
\begin{aligned}
u_{AM}(t) &= U_{cm}(1 + M_a\cos\Omega t)\cos\omega_c t \\
&= U_{cm}\cos\omega_c t + \frac{M_a U_{cm}}{2}\cos(\omega_c + \Omega)t + \frac{M_a U_{cm}}{2}\cos(\omega_c - \Omega)t \qquad (5\text{-}2)
\end{aligned}
$$

可见,已调波 $u_{AM}(t)$ 的频谱包含了三个频率分量:ω_c(载波)、$\omega_c+\Omega$(上边频)和 $\omega_c-\Omega$(下边频)。变换前后调制信号、载波、已调波的频谱如图 5-3 所示。

上面分析是在单一正弦信号作为调制信号的情况下进行的,而一般传递的信号并非单一频率的信号,例如一般非周期调制信号 $f(t)$ 包含的频率范围为 $0\sim\Omega_{max}$,用它进行调制时,

可用下式来描述调幅波

$$u_{AM}(t) = U_{cm}[1 + M_a f(t)]\cos\omega_c t \qquad (5\text{-}3)$$

式中，$f(t)$是均值为零的归一化调制信号，若将调制信号分解为

$$f(t) = \sum_{n=1}^{\infty} U_{\Omega m}\cos(\Omega_s t + \varphi_n) \qquad (5\text{-}4)$$

则调幅波表达式为

$$u_{AM}(t) = U_{cm}[1 + M_a U_{\Omega m}\sum_{n=1}^{\infty}\cos(\Omega_s t + \varphi_n)]\cos\omega_c t \qquad (5\text{-}5)$$

式中，$M_a = k\dfrac{U_{\Omega m}}{U_{cm}}$，其调制信号与已调波如图 5-4 所示。

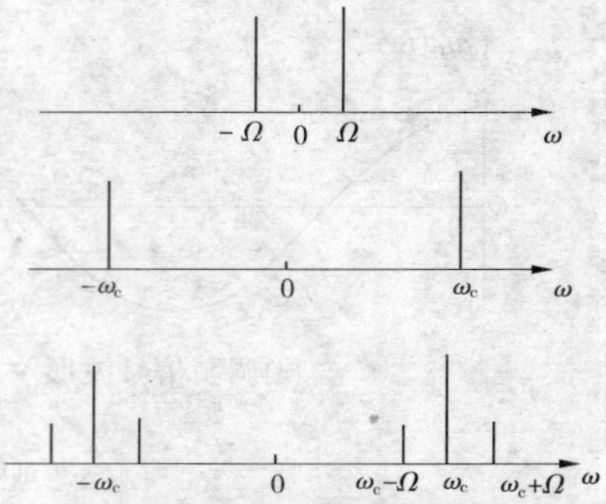

图 5-3　普通调幅波的频谱

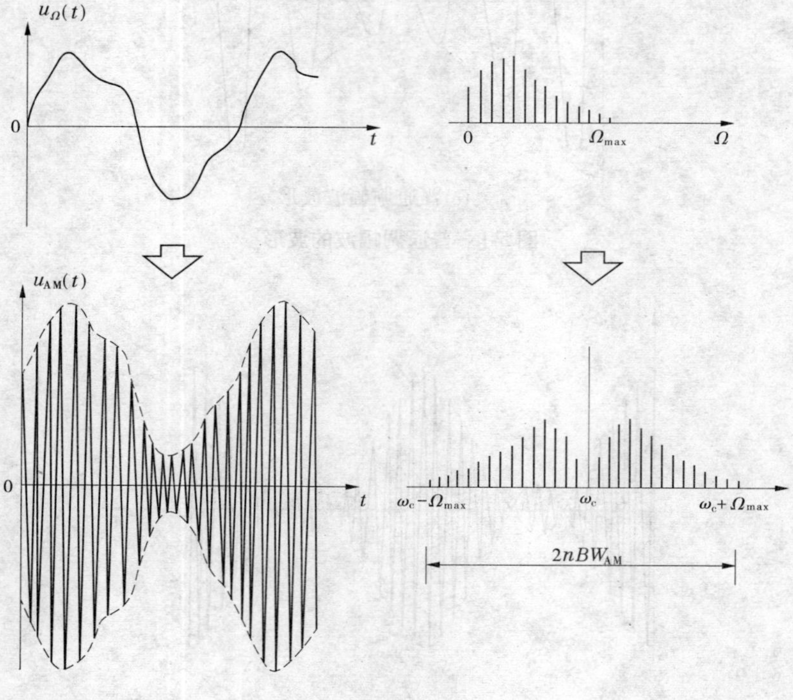

图 5-4　复杂信号调幅的波形和频谱

（四）普通调幅波的带宽

由图 5-3 可知，调制信号的带宽为 Ω，而普通调幅信号的带宽是 2Ω，即是原调制信号的 2 倍。普通调幅将调制信号频谱搬移到了载频的左右两旁。在多频调制情况下，各个低频频率分量所引起的边频对组成了上、下两个边带，这时调幅波的频谱如图 5-4 所示。可见，上边带的频谱结构与原调制信号的频谱结构相同，下边带是上边带的镜像。各频率分量的相对振幅及相对位置没有变化。也就是说，AM 调制是把调制信号的频谱搬移到载频的两侧，在搬移过程中频谱结构不变，所以其带宽也应是调制信号的 2 倍。

(五)普通调幅波的功率

从单音信号的调幅波表示式(5-2)中可以写出载波在单位电阻上所消耗的功率为

$$P_{c} = \frac{1}{2}U_{cm}^{2} \tag{5-6}$$

每个边频分量所消耗的功率为

$$P_{SB1} = P_{SB2} = \frac{1}{2}\left(\frac{1}{2}M_{a}U_{cm}\right)^{2} = \frac{1}{4}M_{a}^{2}P_{c} \tag{5-7}$$

调幅波在调制信号一个周期内输出的平均总功率为

$$P_{av} = P_{c} + P_{SB1} + P_{SB2} = P_{c}\left(1 + \frac{1}{2}M_{a}^{2}\right) \tag{5-8}$$

因为 $M_{a} \leqslant 1$,所以边频功率之和最多占总输出功率的1/3,而从图5-4知道,欲传递的有用信息频谱只含在边频或边带之内。载波分量不包含所传送的有用信息,却占有调幅波总输出功率的2/3以上。因此,从有效地利用发射机功率的角度考虑,普通调幅波的能量浪费大是一主要缺点。例如在传送语音及音乐时,因实际应用的平均调制度 $\overline{M}_{a} = 0.3$,计算表明,边带功率只占有不到5%的总功率,载波功率却占95%以上。考虑到普通调幅的实现技术较简单,尤其是其解调技术简便,使收音机系统制作容易、廉价,因而目前在中短波的广播系统中仍广泛采用普通调幅制。

(六)实现普通调幅的电路模型

将式(5-1)改写为

$$\begin{aligned} u_{AM}(t) &= U_{cm}(1 + M_{a}\cos\Omega t)\cos\omega_{c}t \\ &= \left(1 + k\frac{U_{\Omega m}}{U_{cm}}\cos\Omega t\right)\cdot U_{cm}\cos\omega_{c}t \\ &= [1 + k_{1}u_{\Omega}(t)]\cdot u_{c}(t) \end{aligned} \tag{5-9}$$

由该式可以看出,将调制信号与直流量相加后,再与载波信号相乘,即可实现普通调幅,图5-5给出了相应的原理框图。由于乘法器输出信号电平不太高,所以这种方法称为低电平调幅。

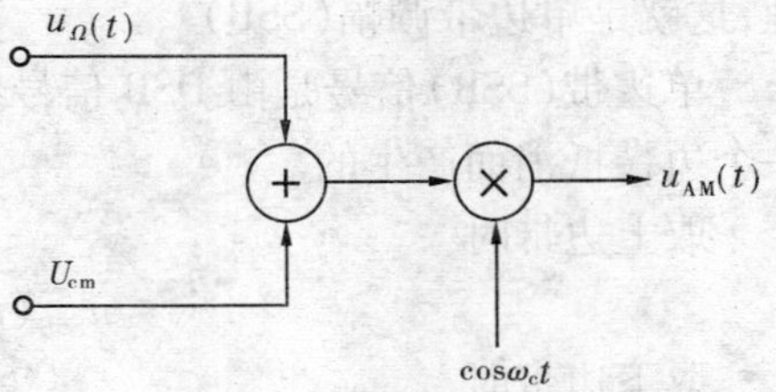

图5-5 低电平调幅原理

三、双边带调幅

在调幅过程中,将载波抑制就形成了抑制载波的双边带调幅信号,简称双边带(DSB)信号。

当载波信号为 $u_{c}(t) = U_{cm}\cos\omega_{c}t$,调制信号为 $u_{\Omega}(t) = U_{\Omega m}\cos\Omega t$ 时,双边带调幅波的表达式为

$$\begin{aligned} u_{DSB}(t) &= kU_{\Omega m}U_{cm}\cos\Omega\cos\omega_{c}t \\ &= \frac{kU_{\Omega m}U_{cm}}{2}[\cos(\omega_{c} + \Omega)t + \cos(\omega_{c} - \Omega)t] \end{aligned} \tag{5-10}$$

其中 k 为比例系数。

可见,双边带调制同样能实现频谱搬移,它的信号中仅仅包含两个边频,而没有载频分量。DSB波的幅度随调制信号变化,但包络已经不再反映调制信号波形的变化,而且在调制信号过零点处的高频相位有180°的突变,并且已调信号的平均值为零。双边带调幅波

形如图 5-6 所示。其频谱如图 5-7 所示。

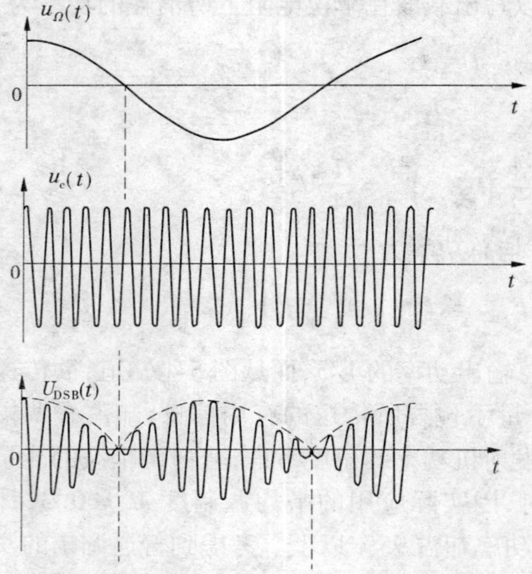

图 5-6　双边带调幅波形图

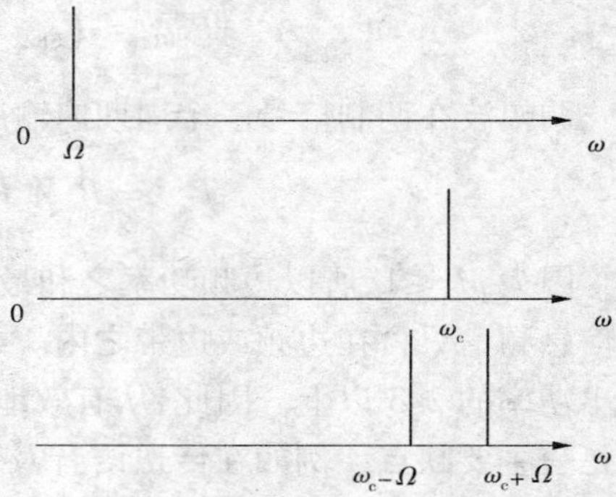

图 5-7　双边带调幅波频谱图

可见,双边带调幅信号的带宽也为调制信号的 2 倍。

产生双边带调幅信号的最直接方法就是将调制信号与载波信号相乘。

四、单边带调幅分析及实现模型

由图 5-7 所示的双边带调幅信号的频谱图可以看出,双边带调幅信号的上、下两个边带所含调制信号的频谱结构完全相同。因此,从提高通信的有效性考虑,只传送一个边带更合理,这就是单边带调幅(SSB)。

单边带(SSB)信号是由 DSB 信号经边带滤波器滤除一个边带或在调制过程中,直接将一个边带抵消而产生的。

取上边带时

$$u_{SSB}(t) = U\cos(\omega_c + \Omega)t$$

取下边带时

$$u_{SSB}(t) = U\cos(\omega_c - \Omega)t$$

单边带调幅波形如图 5-8 所示。

可见, SSB 波的包络不能反映调制信号的变化幅度,它是等幅波。单边带调幅信号的带宽与调制信号相同,是普通调幅和 DSB 带宽的一半。因此, SSB 不仅节省能量,而且节省带宽,提高了频带的利用率,有助于解决信道的拥挤问题。在总功率相等的情况下,接收端信噪比提高,通信距离大大增加。

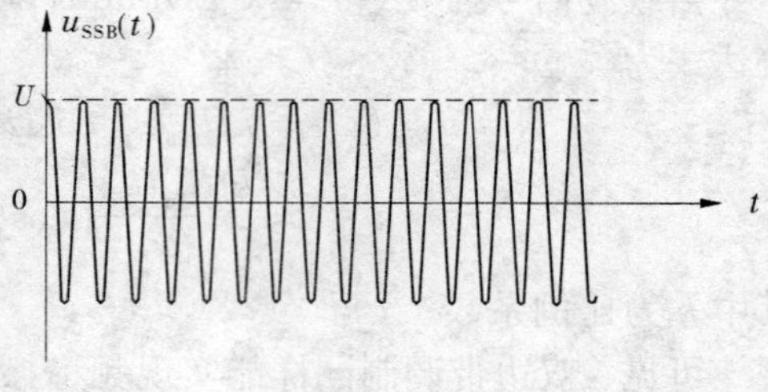

图 5-8　单边带调幅波形

产生单边带调幅信号的方法主要有滤波

法、相移法以及两者相结合的相移滤波法。

(一)滤波法

比较双边带调幅信号和单边带调幅信号的频谱结构可知,实现单边带调幅的最直观方法是:先产生双边带调幅信号,再用滤波器滤除其中一个边带(上边带或下边带),而保留另一个边带(下边带或上边带)。这种方法的电路模型如图 5-9 所示。

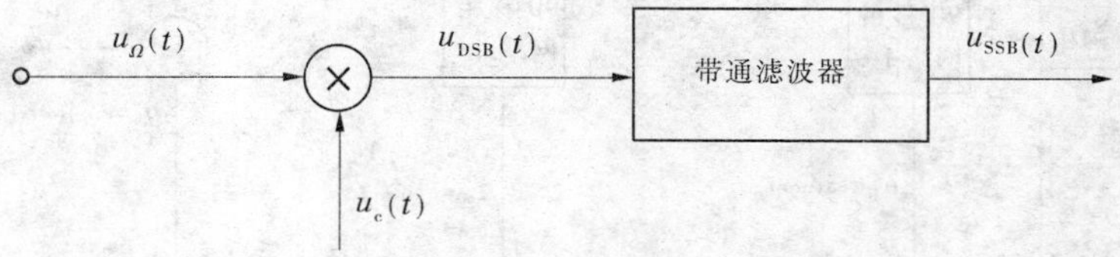

图 5-9　滤波法实现单边带调幅

调制信号与载波信号经相乘器相乘后得到双边带信号,再由滤波器滤除 DSB 信号中的一个边带,在输出端即得到单边带信号。

滤波法的缺点是对滤波器的要求较高。对于要求保留的边带,滤波器应能使其无失真地完全通过,而对于要求滤除的边带,则应有很强的衰减特性。直接在高频上设计、制造出这样的滤波器较为困难。为此,可考虑先在较低的频率上实现单边带调幅,然后向高频处进行多次频谱搬移,一直搬到所需要的载频值。

(二)相移法

这种方法的电路模型如图 5-10 所示。

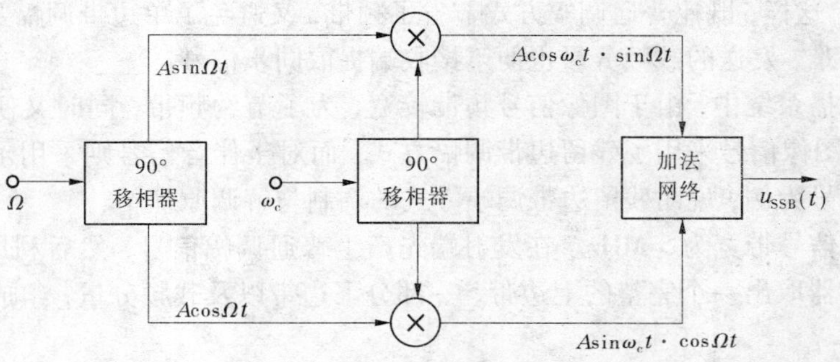

图 5-10　相移法实现单边带调幅

将低频调制信号送到移相网络,此网络应在调制信号频带内的所有频率上,都产生两个幅度相等、相位差为 90°的输出。在另一条通路上,载波振荡器的输出也应有 90°相移。如果准确地满足以上相位要求,而且两路的相乘器相同,则对于某一个边带,合成的输出相互抵消,而对另外一个边带,合成输出相加,即如式(5-11)所示

$$u_o(t) = A\cos\omega_c t\sin\Omega t + A\sin\omega_c t\cos\Omega t = A\sin(\omega_c + \Omega)t \tag{5-11}$$

相移法虽然不需要滤波法中难以实现的滤波器,但要使移相网络对于较低频率的调制信号,在宽频带内对每个频率分量都能准确地产生 90°的相移是很困难的。

(三)修正的相移滤波法

用相移法或滤波法实现单边带调幅,都存在一定的技术困难。结合两种方法的优缺点而提出的相移滤波法是一种经过改进可行的方法,其原理图见图 5-11。

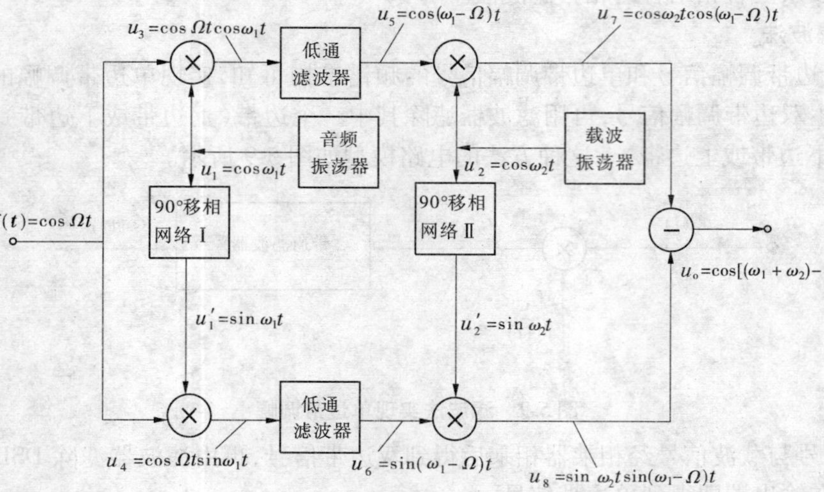

图 5-11　移相滤波法实现单边带调幅

相移滤波法的关键在于将载频 ω_c 分成 ω_1 和 ω_2 两部分，其中 ω_1 是略高于 Ω_{max} 的低频，ω_2 是高频，即 $\omega_c=\omega_1+\omega_2$。

五、残留边带调幅方式

残留边带调幅是指发送信号中包括一个完整边带、载波及另一个边带的小部分(即残留一小部分)。这样，既比普通调幅方式节省了频带，又避免了单边带调幅要求滤波器衰减特性陡峭的困难，发送的载频分量也便于接收端提取同步信号。

在电视广播系统中，由于图像信号频带较宽，为了节约频带，同时又便于接收机进行检波，所以对图像信号采用了残留边带调幅方式，而对于伴音信号则采用了调频方式。现以电视图像信号为例，说明残留边带调幅方式的调制与解调原理。

电视图像信号带宽为 5 MHz。在发射端先产生普通调幅信号，然后利用图 5-12(a)所示特性的滤波器取出一个完整的上边带、一部分下边带以及载频分量，组成残留边带调幅信号发送出去。

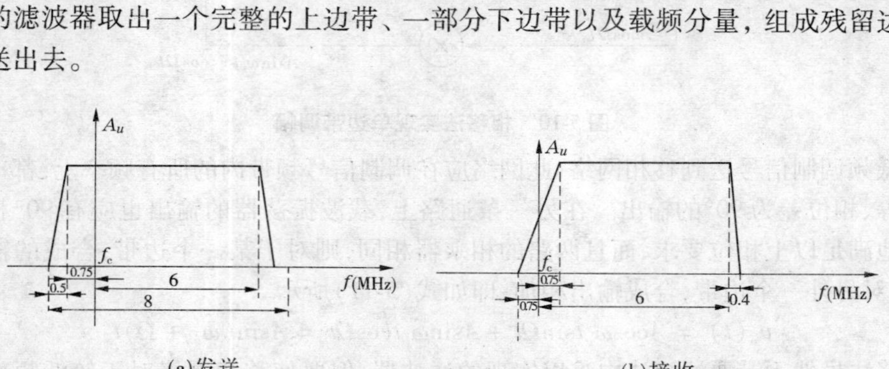

图 5-12　残留边带调幅发送和接收滤波器幅频特性

在接收端，采用图 5-12(b)所示特性的滤波器从残留边带调幅信号中取出所需频率分量。由于载频两旁的接收滤波器幅频特性正好互补，而上、下边带又对称置于载频两边，所以实际上可等效为接收到一个完整的上边带和增益为上边带一半的载频信号。于是,采用同步检波方式可对此单边带信号进行解调。

由图 5-12 可见,若采用普通调幅,每一频道电视图像信号的带宽需 12 MHz,而采用残留边带调幅只需 8 MHz。另外,其对于滤波器过渡带的要求远不如单边带调幅那样严格,故容易实现。

第三节　幅度解调电路

幅度的解调过程通常称为检波。常用的幅度检波电路有两类,即包络检波电路和同步检波电路。输出电压直接反映高频调幅包络变化规律的检波电路,称为包络检波电路,它只适用于普通调幅波的检波。同步检波电路又称相干检波电路,主要用于解调双边带和单边带调幅信号,有时也用于普通调幅波的解调。

对振幅检波电路的主要要求是检波效率高,失真小,并具有较高的输入电阻。下面先对常用的二极管包络检波电路进行讨论,然后介绍常用的同步检波电路。

一、二极管包络检波电路

用二极管构成包络检波器,电路简单,性能优越,因而应用很广泛。

(一)工作原理

二极管包络检波电路如图 5-13 所示,它由二极管 V 和 RC 低通滤波器串联组成。一般要求输入信号的幅度在 0.5 V 以上,所以二极管处于大信号工作状态,故又称为大信号检波器。

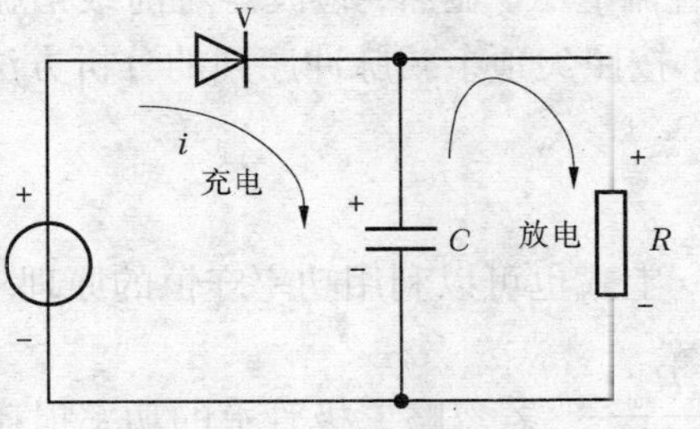

图 5-13　二极管包络检波器

u_i 正半周时,二极管导通,即输入电压 u_i 对 C 充电。由于二极管正向电阻很小,故充电时间常数小,很快充到输入电压峰值,充电电压相对二极管是附加了反向偏置电压 u_o。当 u_i 下降到小于充电电压 u_o 时,二极管截止,C 向 R 放电。由于 R 很大,放电时间常数大,故 C 上电压还没下降多少,输入信号 u_i 下一个周期又来到,充电、放电……如是循环。

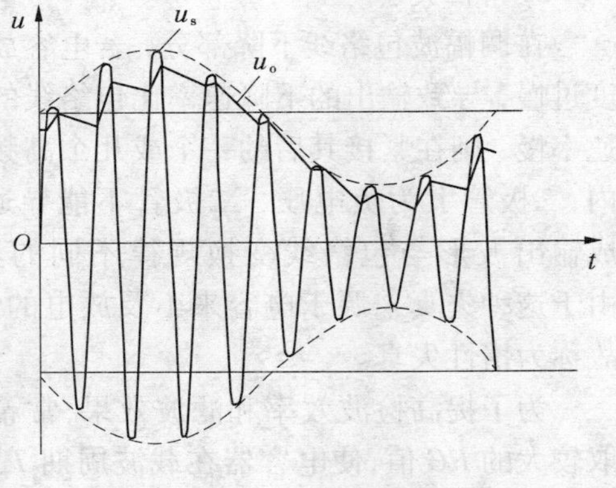

图 5-14　调幅波包络检波波形

当输入信号 u_s 的幅度增大或减小时,检波器输出电压 u_o 也将随之近似成比例地升高或降低。当输入信号为调幅波时,检波器输出电压 u_o 就随着调幅波的包络线而变化,从而获得调制信号,完成了检波作用,其检波波形如图 5-14 所示。由于输出电压 u_o 的大小与输入电压的峰值近似相等,故把这种检波器称为峰值包络检波器。

（二）性能指标

二极管峰值包络检波器的性能指标主要有检波效率、等效输入电阻、惰性失真和负锋切割失真几项。

1. 检波效率 η_d

由于 $\eta_d=\cos\theta$，当 θ 很小时，$\theta\approx\sqrt[3]{\dfrac{3\pi}{g_D R}}$，$g_D$ 或 R 越大，则 θ 越小，η_d 越大。如果考虑到二极管的实际导通电压不为零，以及充电电流在二极管微变等效电阻上的电压降等因素，实际检波效率比计算值要小。

2. 等效输入电阻 R_i

由于二极管在大部分时间处于截止状态，仅在输入高频信号的峰值附近才导通，所以检波器的瞬时输入电阻是变化的。检波器的前级通常是一个调谐在载频的高 Q 值谐振回路，检波器相当于此谐振回路的负载。为了研究检波器对前级谐振回路的影响，故定义检波器等效输入电阻

$$R_i=\frac{U_{im}}{I_{1m}} \tag{5-12}$$

其中，U_{im} 是输入等幅高频载波的振幅。根据图 5-13，若 u_i 是等幅高频载波，则流经二极管的电流应是高频窄尖顶余弦脉冲序列，I_{1m} 即为其中基波分量的振幅，而输出应是电平为 U_0 的直流电压。显然，检波器对前级谐振回路等效电阻的影响是并联了一个阻值为 R_i 的电阻。按照尖顶余弦脉冲序列的分析方法，可以求得 I_{1m} 与 U_{im} 的关系式，从而可得到

$$R_i=\frac{1}{2}R \tag{5-13}$$

上式也可以利用功率守恒的原理求出。因检波器输入功率为 $\dfrac{1}{2}\dfrac{U_{im}^2}{R_i}$，输出功率为 $\dfrac{U_0^2}{R}\approx\dfrac{(\eta_d U_{im})^2}{R}$，若忽略二极管上的功率损耗，则输入功率应与输出功率相等，考虑到 $\eta_d\to1$，由此也可得到式(5-13)。

3. 惰性失真

在调幅波包络线下降部分，若电容放电速度过慢，导致输出的下降速率比包络线的下降速率慢，则在紧接其后的一个或几个高频周期内，二极管上为负电压，二极管不能导通，造成输出波形与包络线变换规律不同的失真。由于这种失真来源于电容来不及放电的惰性，故称为惰性失真。

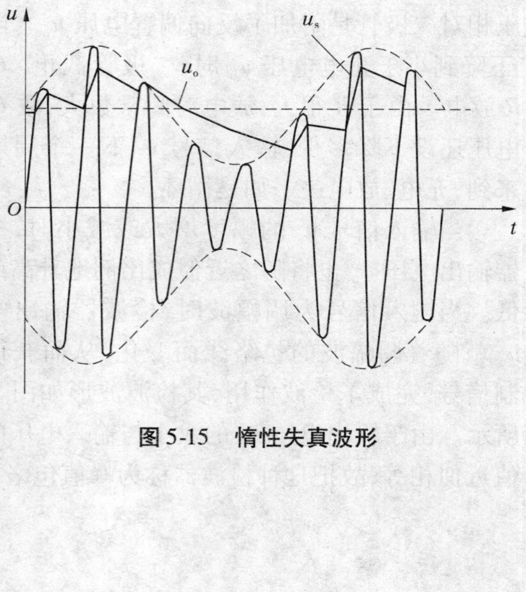

图 5-15　惰性失真波形

为了提高检波效率和滤波效果，常希望选取较大的 RC 值，使电容器在载波周期 T_c 内放电很慢。C 上电压的平均值便能够不失真地跟随输入电压包络线变化。但是，当 RC 选得过大时，就会产生惰性失真，如图 5-15 所示。

不难看出，调制信号角频率 Ω 越高，调幅系数 M_a 越大，包络线的下降速度就越快，惰性失真就越严重。要克服这种失真，必须减小 RC 的数值，使电容器的放电速度加快，因此要求

$$RC \leqslant \frac{\sqrt{1 - M_a^2}}{M_a \Omega} \tag{5-14}$$

在多频调制时，作为工程估算，式(5-14)中 M_a 应取最大调幅系数，Ω 应取最高调制角频率，因为在这种情况下最容易产生惰性失真。

4. 负峰切割失真

在实际电路中，检波电路的输出端一般需要经过一个隔直流电容 C_C 与下级电路相连接，如图 5-16(a)所示。图中，R_L 为下级（低频放大级）的输入电阻，为了传送低频信号，要求 C_C 对低频信号阻抗很小，因此它的容量比较大。这样检波电路对于低频的交流负载变为 $R'_L = R_L /\!/ R$（因 $1/(\Omega C) \gg R$，略去了 C 的影响），而直流负载仍为 R，且 $R'_L < R$，即说明该检波电路中直流负载不等于交流负载，并且交流负载电阻小于直流负载电阻。

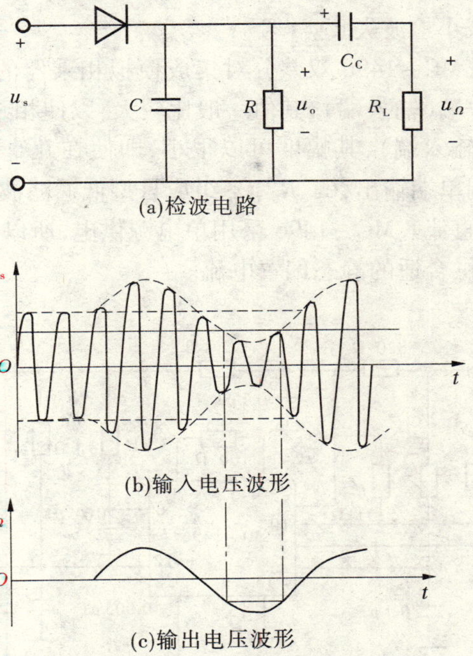

(a)检波电路

(b)输入电压波形

(c)输出电压波形

图 5-16　负峰切割失真

当检波电路输入单频调制的调幅信号如图 5-16(b)所示时，如调幅系数 M_a 比较大，因检波电路的直流负载电阻 R 与交流负载电阻 R'_L 数值相差较大，有可能使输出的低频电压 U_Ω 在负峰值附近被削平，如图 5-16(c)所示，把这种失真称为负峰切割失真。根据分析，R'_L 与 R 满足下面关系

$$\frac{R'_L}{R} \geqslant M_{amax} \tag{5-15}$$

就可以避免产生负峰切割失真。式(5-15)中，M_{amax} 为多频调制时的最大调幅系数。式(5-15)

说明 R_L' 与 R 大小越接近，不产生负峰切割失真所允许的 M_a 值就越接近于1。或者说，当 M_a 一定时，R'_L 越大，R 越小，负峰切割失真就越不容易产生。

二、同步检波电路

同步检波电路与包络检波电路不同，检波时需要同时加入与载波信号同频同相的同步信号。同步检波有两种实现电路：一种为叠加型同步检波电路，它是将需解调的调幅信号与同步信号先进行叠加，然后用二极管包络检波电路进行解调的电路。另一种为乘积型同步检波电路，我们将主要介绍这种电路。

由相乘器构成的同步检波电路称为乘积型同步检波电路。在通信及电子设备中广泛采用由二极管环形相乘器和双差分对集成模拟相乘器构成的同步检波电路。二极管环形相乘器既可用做调幅，也可用做解调。但两者信号的接法刚好相反。同样，为了避免制作体积较大的低频变压器（或考虑到混频组件变压器低频特性较差），常把输入高频同步信号 u_r 和高频调幅信号 $u_s(t)$ 分别从两个变压器接入，将含有低频分量的相乘输出信号从变压器的中心抽头处取出，再经低通滤波器，即可检出原调制信号。若同步信号振幅比较大，使二极管工作在开关状态，就可减小检波失真。

图5-17所示为采用MC－1496双差分对集成模拟相乘器的同步检波电路。图中 u_r 同步信号加到相乘器的10端（输入端），其值一般比较大，以使相乘器工作在开关状态。$u_s(t)$ 为调幅信号，加到1端（输入端），其幅度可以很小，即使在几毫伏以下，也能获得不失真的解调。解调信号由12端单端输出，C_5、R_6、C_6 组成∏型低通滤波器，C_7 为输出耦合隔直流电容，用以耦合低频、隔除直流。MC－1496采用单电源供电，所以5端通过 R_5 接到正电源端，以便为器件内部管子提供合适的静态偏置电流。

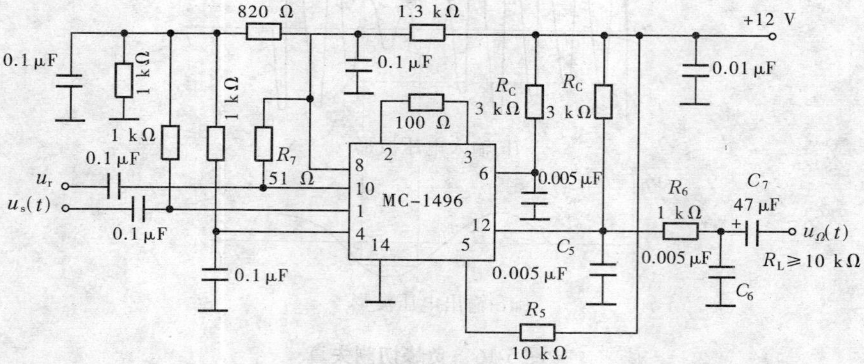

图5-17　MC－1496乘积型同步检波电路

必须指出，不管是乘积型还是叠加型同步检波，都要求同步信号与发送端载波信号严格保持同频同相，否则就会引起解调失真。当相位相同而频率不等时，将产生明显的解调失真；当频率相等而相位不同时，则检波输出将产生相位失真。因此，如何产生一个与载波信号同频同相的同步信号是极为重要的。对于双边带调幅波，同步信号可直接从输入的双边带调幅波中提取，即将双边带调幅波信号 $u_s(t)=U_{sm}\cos\Omega t\cos\omega_c t$ 取平方并从中取出角频率为 $2\omega_c$ 的分量，经二分频器将它变换成角频率为 ω_c 的同步信号。对于单边带调幅波，同步信号无法从中提取出来。为了产生同步信号,往往在发送端发送单边带调幅信号的同时,附带发送一个功率远低于边带信号功率的载波信号,称为导频信号,接收端收到导频信号后,经放大就可以作为同步信号。也可用导频信号去控制接收端载波振荡器,使之输出的同步信号与发送端载波信号同步。如发送端不发送导频信号,那么,发送端和接收端均应采用频率稳定度很高的石英晶体振荡器或频率合成器,以使两者频率相同且稳定不变。显然在这种情况下,要使两者严格同步是不可能的,但只要接收端同步信号与发送端载波信号的频率之差在容许范围之内还是可用的。

第四节　混频电路

在通信接收机中，混频电路的作用是将不同载频的高频已调波信号变换为同一个固定载频(一般称为中频)的高频已调波信号，而保持其调制规律不变。例如，在超外差式广播接收机中，把载频位于 535 ~ 1 505 kHz 的中波波段各电台的普通调幅信号变换为中频为 455 kHz 的普通调幅信号，把载频位于 88 ~ 10.8 MHz 的各调频台信号变换为中频为 10.7 MHz 的调频信号，把载频位于四十几兆赫至近千兆赫频段内的各电视台信号变换为中频为 38 MHz 的视频信号。

混频电路广泛应用于通信及其他电子设备中,它是超外差接收机的重要组成部分,可大大提高接收机的性能。其主要优点有

(1)可提高接收机的灵敏性;

(2)可提高接收机的选择性;

(3)工作稳定性好;

(4)在各波段工作时,其质量指标一致性好。

一、混频原理及特点

图 5-18 是混频电路组成原理图。混频电路的输入是载频为 f_c 的高频已调波信号 $u_s(t)$ 和频率为 f_L 的本地正弦波信号(称为本振信号)$u_L(t)$，输出是中频为 f_I 的已调波信号 $u_I(t)$。通常取 $f_I = f_L - f_c$。以输入是普通调幅信号为例,若 $u_s(t) = U_{sm}[1 + ku_\Omega(t)]\cos 2\pi f_c t$，本振信号为 $u_L(t) = U_{Lm}\cos 2\pi f_L t$，则输出中频调幅信号为 $u_I(t) = U_{Im}[1 + ku_\Omega(t)]\cos 2\pi f_I t$。可见，调幅信号频谱从中心频率为 f_c 处平移到中心频率为 f_I 处，频谱宽度不变，包络形状不变。图 5-19 是相应的频谱图。

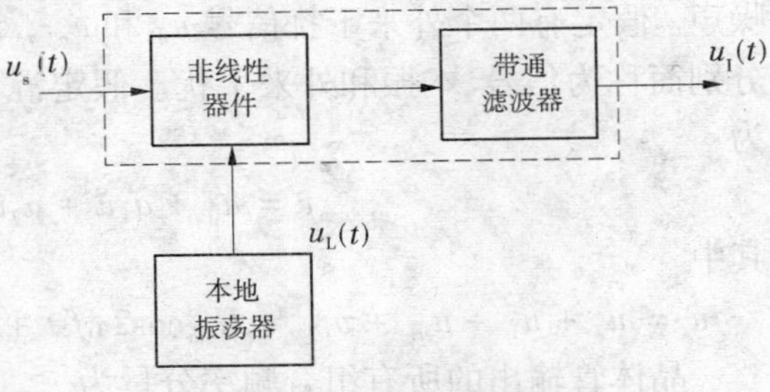

图 5-18　混频原理图

虽然混频电路与调幅电路、检波电路同属于线性频率变换电路，但它却有两个明显不同的特点：

(1)混频电路的输入输出均为高频已调波信号。由前几节的讨论可知，调幅电路是将低频调制信号搬移到高频段，检波电路是将高频已调波信号搬移到低频段，而混频电路则是将已调波信号从一个高频段搬移到另一个高频段。

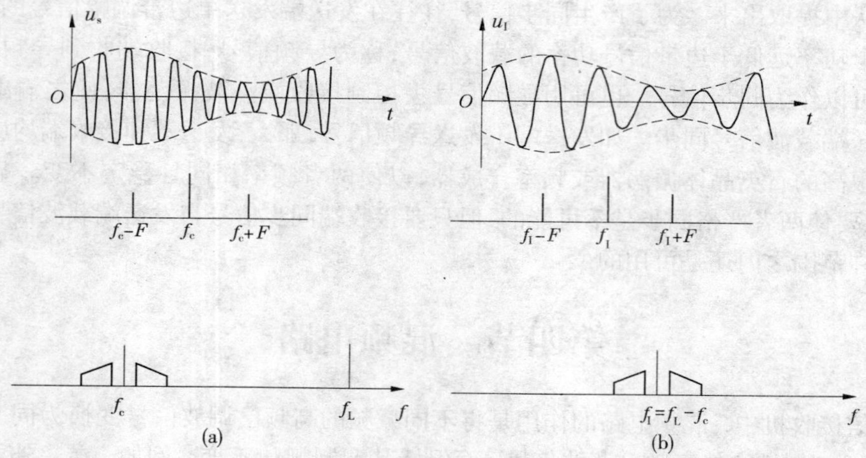

图 5-19　混频的频谱图

(2)混频电路通常位于接收机前端，不但输入已调波信号很小，而且若外来高频干扰信号能够通过混频电路之前的选频网络，则也可能进入混频电路。选频网络的中心频率通常是输入已调波信号的载频。

混频电路中的非线性器件对于实现频谱搬移这一功能是必不可少的。但是另一方面，其非线性特性不但会产生许多无用的组合频率分量，给接收机带来干扰，而且会使中频分量的振幅受到干扰。这两类干扰统称为混频干扰，它们都会使有用信号产生失真。由于以上两个特点，混频电路的干扰来源比其他非线性电路要多一些。分析这些干扰产生的具体原因，提出减小或避免干扰的措施，是混频电路讨论中的一个关键问题。

二、混频干扰

混频电路的输入除了载频为 f_c 的已调波信号 u_s 和频率为 f_L 的本振信号 u_L 之外，还可能有从天线进来的外来干扰信号。外来干扰信号包括其他发射机发出的已调波信号和各种噪声。假定有两个外来干扰信号 u_{n1} 和 u_{n2}，设其频率分别为 f_{n1} 和 f_{n2}。u_s、u_L 和 u_{n1}、u_{n2} 以下分别简称为信号、本振和外来干扰。假定混频电路中的非线性器件为晶体管，其转移特性为

$$i = a_0 + a_1 u + a_2 u^2 + a_3 u^3 + a_4 u^4 + \cdots \tag{5-16}$$

其中

$$u = u_s + u_L + u_{n1} + u_{n2} = U_{sm}\cos 2\pi f_c t + U_{Lm}\cos 2\pi f_L t + U_{n1m}\cos 2\pi f_{n1} t + U_{n2m}\cos 2\pi f_{n2} t$$

晶体管输出的所有组合频率分量为

$$f = |\pm p f_L \pm q f_c \pm r f_{n1} \pm s f_{n2}| \quad (p、q、r、s = 0,1,2,\cdots)$$

在这些组合频率分量中，只有 $p=q=1, r=s=0$ 对应的频率分量 $f_I = f_L - f_c$ 才是有用的中频，其余均是无用分量。若其中某些无用组合频率分量刚好位于中频附近，能够顺利通过混频器内中心频率为 f_I 的带通滤波器，就可以经中放、检波后对有用解调信号进行干扰，产生失真。另外，由幂级数分析法可知，p、q、r、s 值越小，所对应的组合频率分量的振幅越大，相应的无用组合频率分量产生的干扰就越大。p、q、r、s 值较大时，其所对应的组合频率分量的干扰可忽略。那么，满足这两个条件的无用组合频率分量有哪些呢？它们的来源又

是什么呢？

下面以音频调幅信号为例，对混频干扰的几种不同形式和来源进行讨论，最后给出解决措施。

（一）信号和本振产生的组合频率干扰

先不考虑外来干扰的影响。若信号和本振产生的组合频率分量满足

$$|\pm pf_{\mathrm{L}} \pm qf_{\mathrm{c}}| = f_{\mathrm{I}} \pm F \tag{5-17}$$

式中，F 为音频，则此组合频率分量能够产生干扰。

例如，当 $f_{\mathrm{c}}=931$ kHz，$f_{\mathrm{L}}=1\,396$ kHz，$f_{\mathrm{I}}=465$ kHz 时，对应于 $p=1, q=2$ 的组合频率分量为

$$|1\,396-2\times931| = 466\text{kHz} = 465\text{kHz}+1\text{kHz}$$

466 kHz 的无用频率分量在通过中放后，与中频为 465 kHz 的调幅信号一起进入检波器中的非线性器件，会产生 1 kHz 的差拍干扰，经扬声器输出后类似于哨声，故称这种干扰为干扰哨声。

（二）一个外来干扰和本振产生的组合频率干扰

若外来干扰和本振产生的无用组合频率分量满足

$$|\pm pf_{\mathrm{L}} \pm rf_{n1}| = f_{\mathrm{I}}, \quad (p、r = 0,1,2,\cdots) \tag{5-18}$$

则也会产生干扰作用。通常将这类组合频率干扰称为寄生通道干扰，其中中频干扰和镜频干扰两种寄生通道干扰由于对应的 p、r 值很小，故造成的影响很大，需要特别引起重视。

1. 中频干扰

当 $p=0, r=1$ 时，$f_{n1}=f_{\mathrm{I}}$，即外来干扰频率与中频相同。例如中频为 465 kHz，则同样频率的外来干扰即为中频干扰的来源。

2. 镜频干扰

当 $p=r=1$ 时，$f_{n1}=f_{\mathrm{L}}+f_{\mathrm{I}}$。因为 $f_{\mathrm{c}}=f_{\mathrm{L}}-f_{\mathrm{I}}$，所以 f_{n1} 与 f_{c} 在频率轴上对称分列于 f_{L} 的两旁，互为镜像，故称 f_{n1} 为镜像频率（简称镜频）。

例如，若 $f_{\mathrm{I}}=465$ kHz，$f_{\mathrm{c}}=1$ MHz，则镜频为 1 930 kHz。若外来干扰中含有 1 930 kHz 的镜频，就会产生镜频干扰。

（三）两个外来干扰和本振产生的组合频率干扰

若两个外来干扰能够进入混频电路，并且和本振共同产生的组合频率分量满足

$$|f_{\mathrm{L}} \pm rf_{n1} \pm sf_{n2}| = f_{\mathrm{I}} \tag{5-19}$$

则也会产生干扰作用，通常称为互相调制干扰（简称互调干扰）。其中 $r=1, s=2$ 和 $r=2, s=1$ 两个组合频率分量影响最大，由于 $r+s=3$，故称为三阶互调干扰。显然，其中两个外来干扰频率与载频的关系分别为

$$\begin{aligned} -f_{n1}+2f_{n2} &= f_{\mathrm{c}} \\ 2f_{n1}-f_{n2} &= f_{\mathrm{c}} \end{aligned} \tag{5-20}$$

令式（5-16）中 $U_{\mathrm{sm}}=0$，经分析可知，这两个组合频率分量均是从四次方项 a_4u^4 中产生的，振幅分别是 $\frac{3}{2}a_4U_{n1\mathrm{m}}U_{n2\mathrm{m}}{}^2U_{L\mathrm{m}}$ 和 $\frac{3}{2}a_4U_{n2\mathrm{m}}U_{n1\mathrm{m}}{}^2U_{L\mathrm{m}}$。

例如，若 $f_{\mathrm{I}}=465$ kHz，在接收 $f_{\mathrm{c}}=16$ MHz 的调幅信号时，如果有两个频率分别为 159

MHz 和 158 MHz 的外来干扰也能通过选频网络进入混频电路，就会产生三阶互调干扰。实际上，互调干扰的产生与有没有信号无关，只取决于满足式(5-19)的外来干扰能否进入混频电路。

(四)外来干扰和信号、本振产生的交叉调制干扰

在式(5-16)中，若设 $u = u_s + u_L + u_n$，在输出电流表达式中，偶次方项均会产生中频分量，其中四次方项 a_4u^4 产生的中频分量为 $3a_4U_{sm}U_{nm}^2U_{Lm}\cos2\pi(f_L - f_c)t$。显然，这个中频分量与二次方项 a_2u^2 产生的有用中频分量 $a_2U_{sm}U_{Lm}\cos2\pi(f_L - f_c)t$ 不同，因为它的振幅是受外来干扰 u_n 的振幅 U_{nm} 控制的。若 u_n 是交变信号，则此中频分量就会如同一个干扰叠加在有用中频分量上。通常称这种干扰为交叉调制干扰(简称交调干扰)。其中由四次方项产生的称为三阶交调干扰。虽然四次以上偶次方项也会产生交调干扰，但影响较弱。

交调干扰有两个特点：一是当信号消失，即 $u_s = 0$ 时，它也消失；二是能否产生交调干扰与外来干扰的频率无关，只取决于此外来干扰能否顺利通过混频电路之前的选频网络。显然，能产生交调干扰和互调干扰的外来干扰频率都靠近信号载频。例如，混频电路之前的选频网络带宽为 10 kHz，若 $f_c = 560$ kHz，则位于 555 ~ 565 kHz 范围内的外来干扰都可能产生三阶交调干扰。

(五)包络失真和强信号阻塞干扰

在式(5-16)中，若设 $u = u_s + u_L$，则在输出电流表达式中，电压偶次方项均会产生中频分量。其中二次方项产生的振幅为 $a_2U_{sm}U_{Lm}$，四次方项产生的振幅为 $\frac{3}{2}a_4(U_{Lm}^3U_{sm} + U_{Lm}U_{sm}^3)$。可见，实际中频分量振幅并非与信号振幅 U_{sm} 成正比。U_{sm} 越大，失真越严重。因为 U_{sm} 就是已调波的包络，所以称此为包络失真。若 U_{sm} 太大，包络失真太严重，使晶体管进入饱和区或截止区，则无法将调制信号解调出来，通常称这种现象为强信号阻塞干扰。

(六)减小或避免混频干扰的措施

从以上分析可知，产生混频干扰的根本原因是器件的非线性特性。混频干扰又可分成两类：一类是由于非线性特性产生了众多无用组合频率分量而引起的，另一类是由于非线性特性产生了一些受外来干扰控制或与调制信号不成线性关系的有用频率分量而引起的。针对混频干扰产生的具体原因，可以采取以下三个方面的措施来减小或避免。

(1)选择合适的中频。如果将中频选在接收信号频段之外，可以避免中频干扰和最强的干扰哨声。比如对于 535 ~ 1 605 kHz 的中波波段，中频选为 465 kHz，则产生中频干扰的 465 kHz 外来干扰无法通过混频电路之前的选频网络。

另外，从式(5-17)可看出，来源于 $p = 0, q = 1$ 分量最强的干扰哨声要求 f_c 与 f_I 的差值在音频范围内，这个条件在整个中波波段都不会满足。尤其是采用高中频(中频高于接收信号频段)，还可以避免镜频干扰和其他一些寄生通道干扰。

(2)提高混频电路之前选频网络的选择性，减少进入混频电路的外来干扰，这样可减少交调干扰和互调干扰。对于镜频干扰，可采用陷波电路将它滤掉。

(3)采用具有平方律特性的场效应管、模拟乘法器或利用平衡抵消原理组成的平衡混频电路或环形混频电路，可以大大减少无用组合频率分量的数目，尤其是靠近有用频谱的无用组合频率分量，从而降低了各种组合频率干扰产生的可能性。

三、混频电路工作状态及工作原理

晶体三极管混频器广泛用于广播、电视和各种通信设备。其特点是电路简单,有变频增益,可有效改变电路的噪声性能。

在晶体管混频器中,把信号的引入称为输入,把本振的引入称为注入。根据信号输入和注入的方式,混频电路的工作状态可分为四种,如图 5-20 所示。

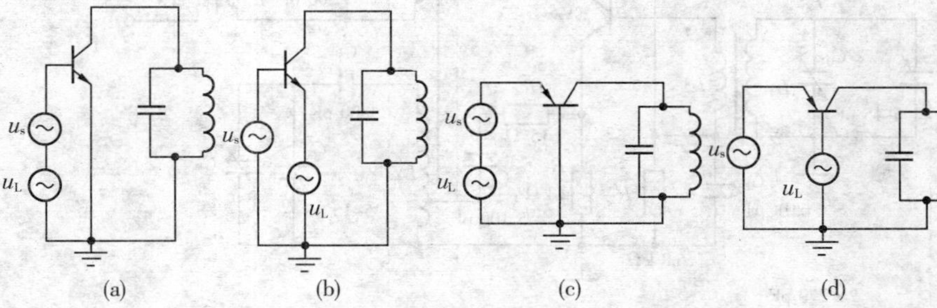

图 5-20　混频器的组态

(1)基极输入,基极注入:对信号电压和本振电压都是共射组态,具有输入阻抗高、变频增益大的优点,容易起振,但由于信号电压和本振电压幅度相差太大,容易引起频率牵引。

(2)发射极输入,发射极注入:对信号电压和本振电压都是共基极组态,输入阻抗低,变频增益小,但高频特性好。在信号频率较高时,可采用这种组态。

(3)发射极输入,基极注入:对信号电压是共基极组态,输入阻抗低,变频增益小。在频率较高时,可采用这种组态。

(4)基极输入,发射极注入:对信号电压而言是共射组态,具有输入阻抗高、变频增益大的优点,不易产生频率牵引。

(一)晶体三极管混频电路

图 5-21 所示为三极管混频电路原理图。输入信号 u_s 和本振信号 u_L 都由基极输入,输出回路调谐在中频 $f_I=f_L-f_c$ 上。

由图可见,$u_{BE}=V_{BB}+u_L+u_s$。一般情况下,u_L 为大信号,u_s 为小信号,且 $U_{Lm}\gg U_{sm}$,三极管工作在线性时变工作状态。

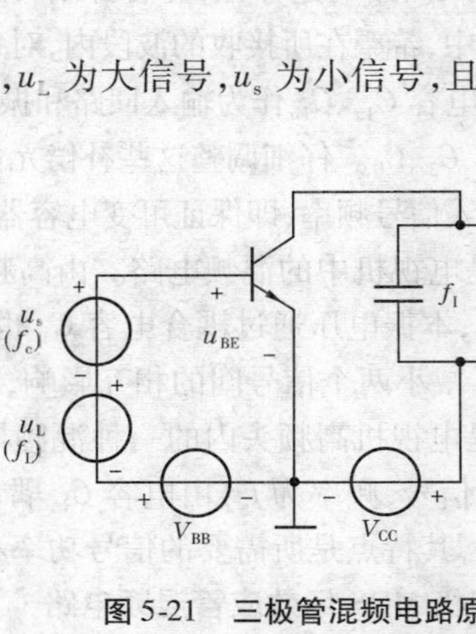

图 5-21　三极管混频电路原理图

三极管混频电路是利用三极管转移特性的非线性特性实现混频的。由图 5-21 可见,直流偏置电压 V_{BB} 与本振电压 u_L 相叠加,作为三极管的等效偏置电压,使三极管的工作点按 u_L 的变化规律随时间而变化,因此将($V_{BB}+u_L$)称为时变偏压。输入 u_s 时三极管即工作在线性时变状态,其集电极电流 i_C 中将产生 f_L 和 f_c 的和差频率分量及其他组合频率分量,经过谐振网络便可取出中频 $f_I=f_L-f_c$(或 $f_I=f_L+f_c$)的信号输出。当三极管转移特性为一平方律曲线时,其混频的失真和无用组合频率分量输出都很小。

图 5-22 所示为广播收音机中中波常用的混频电路，此电路混频和本振都由三极管 V 完成，故又称变频电路，中频 $f_I = f_L - f_c = 465$ kHz。

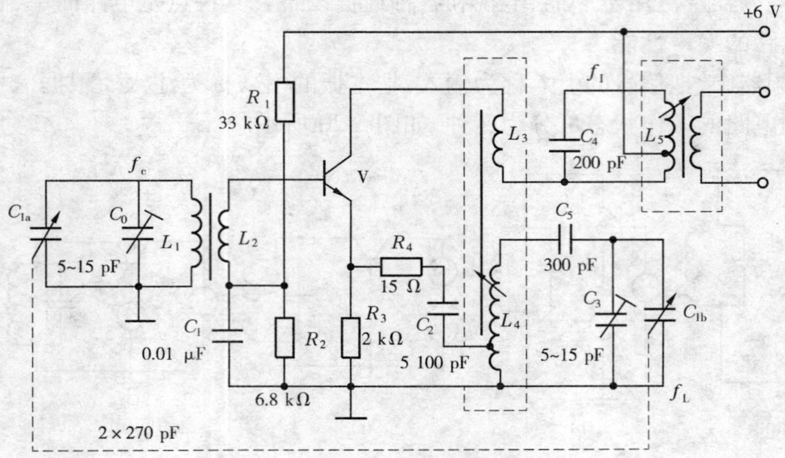

图 5-22　中波调幅收音机变频电路

由 L_1、C_0、C_{1a}组成的输入回路从磁性天线接收到的无线电波中选出所需频率信号，再经 L_1 与 L_2 的互感耦合加到晶体管的基极。本振部分由三极管、L_4、C_5、C_3、C_{1b}组成的振荡回路和反馈线圈 L_3 等构成。由于输出中频回路 C_4、L_5 对本振频率严重失谐，可认为呈短路状态；基极旁路电容 C_1 容抗很小，加上 L_2 电感量很小，对本振频率所呈现的感抗也可忽略。因此，对于本振而言，电路构成了变压器反馈振荡器。本振电压通过 C_2 加到晶体管发射极，而信号由基极输入，所以称为发射极注入、基极输入式变频电路。

反馈线圈 L_3 的电感量很小，对中频近于短路，因此变频器的负载仍然可以看做是由中频回路所组成的。对于信号频率来说，本地振荡回路的阻抗很小，而且发射极是部分地接在线圈 L_4 上，所以发射极对输入高频信号来说相当于接地。电阻 R_4 对信号具有负反馈作用，从而能提高输入回路的选择性，并有抑制交叉调制干扰的作用。

在变频器中，希望在所接收的波段内，对每个频率都能满足 $f_I = f_L - f_c = 465$ kHz。为此，电路中采用双连电容 C_{1a}、C_{1b}作为输入回路和振荡回路的统一调谐电容，同时还增加了垫衬电容 C_5 和补偿电容 C_3、C_0。仔细调整这些补偿元件，就可以在整个接收波段内，做到本振频率基本上能够跟踪输入信号频率，即保证可变电容器在任何位置上，都能达到 $f_L = f_I + f_c$。

图 5-23 是电视机中的混频电路。由高频放大器输入的信号，经双调谐电路耦合加到混频器管的基极，本振电压通过耦合电容 C_1 也加到基极上，它的频率要比信号的图像载频高 38 MHz。为了减小两个信号间的相互影响，耦合电容 C_1 的取值应当很小。

图 5-24 是电视机高频头内的一种混频器，图中的 V_1 管用做混频器，输入信号（来自高放的高频电视信号，频率为 f_s）由电容 C_1 耦合到基极，本振信号由电容 C_2 耦合到基极，构成共射混频方式，其特点是所需要的信号功率小，功率增益较大。

（二）双栅极 MOS 场效应管混频电路

由双栅极 MOS 场效应管构成的混频电路如图 5-25（a）所示。图中场效应管 V 有两个栅极，其中 G_1 加输入信号 u_s，G_2 加本振信号 u_L，输出中频滤波器采用双调谐耦合回路。R_1、

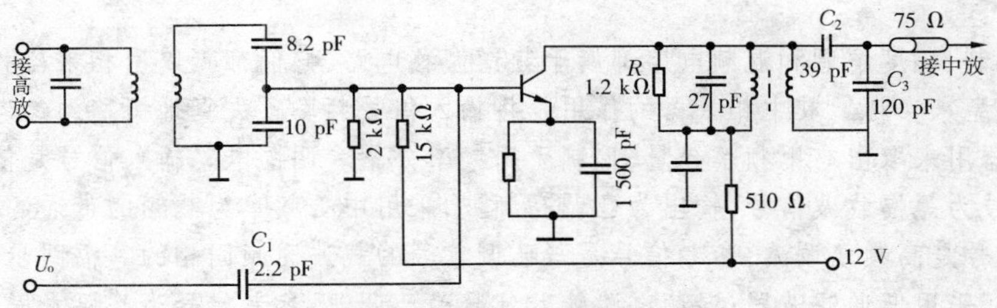

图 5-23　电视机中的混频电路

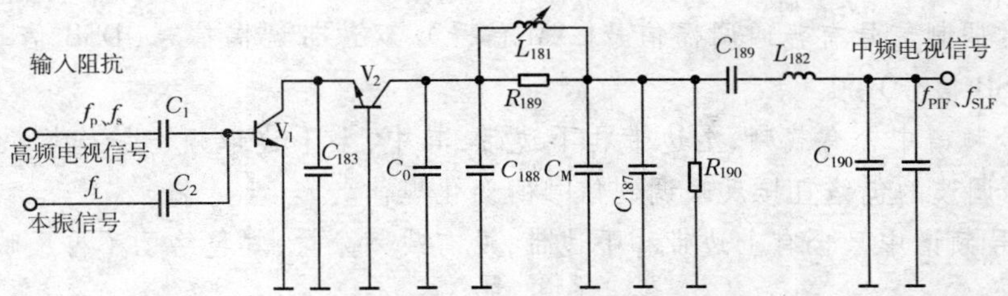

图 5-24　电视机高频头内的混频器

R_2 和 R_4、R_5 组成分压器，分别给栅极 G_2、G_1 提供正向偏压；R_6、C_4 构成源极自给偏压电路。

将双栅极 MOS 场效应管用两个级联场效应管表示，如图 5-25(b)所示。图中 $i_D = i_{D1} = i_{D2}$，i_{D1} 受 u_s 控制，i_{D2} 受 u_L 控制，即双栅极 MOS 场效应管的漏极电流 i_D 同时受到 u_L、u_s 的控制。当 u_L 为大信号时，u_s 为小信号，场效应管即工作在线性时变状态，从而实现混频作用。

由于场效应管的转移特性具有二次特性，所以双栅极 MOS 场效应管混频电路输出信号中的组合频率分量比晶体三极管的小。同时，它还有动态范围大、工作频率高等优点。

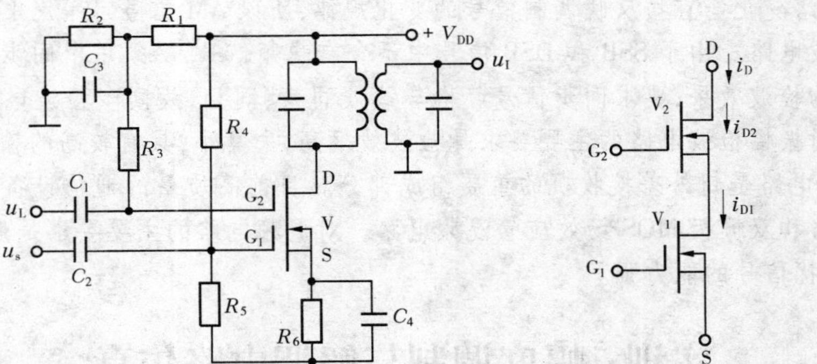

(a)电路　　(b)双栅极MOS场效应管等效电路

图 5-25　双栅极 MOS 场效应管混频电路

本章小结

本章要点如下：

(1) 幅度调制是用调制信号改变高频载波振幅的过程；从已调信号中还原出原调制信号的过程，称为幅度解调，也称幅度检波；把已调波的载频变为另一载频已调波的过程，称为混频。

幅度调制、幅度解调和混频电路都属于频谱搬移电路，它们都可以用相乘器和滤波器组成的电路模型来实现。其中相乘器的作用是将输入信号频率不失真地搬移到参考信号频率两边，滤波器用来取出有用频率分量，抑制无用频率分量。调幅电路输入信号是低频调制信号，参考信号为等幅载波信号，输出为已调高频波，采用中心频率为载频的带通滤波器；解调电路输入信号是高频已调波，参考信号是与已调信号的载波同频同相的等幅同步信号，输出为低频信号，采用低通滤波器；混频电路输入信号为已调波，参考信号为等幅本振信号，输出为中频已调信号，采用中心频率为中频的带通滤波器。

(2)幅度调制信号有普通调幅信号(AM信号)、双边带调幅信号(DSB信号)和单边带调幅信号(SSB信号)。

AM信号频谱中含有载频、上边带和下边带，其中，上下边带频谱结构均反映调制信号频谱结构，已调波的包络直接反映调制信号的变化规律。

DSB信号频谱中只含有上边带和下边带，没有载频分量，其包络已不再反映原调制信号的形状。

SSB信号频谱中只含有上边带或下边带分量，已调波波形的包络不直接反映调制信号的变化规律。单边带信号一般由双边带信号除去一个边带而获得，采用的方法有滤波法和相移法。

(3)相乘器是频谱搬移电路的重要组成部分。目前在通信设备和其他电子设备中广泛采用二极管环形相乘器和双差分对集成模拟相乘器，它们利用电路的对称性进一步减少了无用组合频率分量而获得理想的相乘结果。

(5)常用的振幅检波电路有二极管包络检波电路和同步检波电路。由于AM信号中含有载波，其包络变化能直接反映调制信号的变化规律，所以AM信号可采用电路很简单的二极管包络检波电路。由于SSB和DSB信号中不含有载频信号，必须采用同步检波电路。为了获得良好的检波效果，要求同步信号严格与载波同频、同相，故同步检波电路比包络检波电路复杂。对振幅检波电路的主要要求是检波效率高，失真小，具有较高的输入电阻。

(6)混频电路是超外差接收机的重要组成部分。目前高质量的通信设备中广泛采用三极管混频电路和双栅极MOS场效应管混频电路。对混频电路的主要要求是混频增益高，失真小，抑制干扰信号的能力强。

实训：幅度调制与解调电路仿真

(一)实训目的

(1)理解幅度调制与解调的基本原理。

(2)了解模拟乘法器的特性及工作原理。

(3)熟悉利用模拟乘法器进行幅度调制与解调的基本过程。

(4)理解幅度调制与解调电路的输入与输出信号的含义。

(5)会对由模拟乘法器构成的幅度调制与解调电路进行仿真分析。

(二)实训步骤

(1)在Multisim软件环境中绘制出电路图5-26，注意元件标号和各个元件参数的设置。

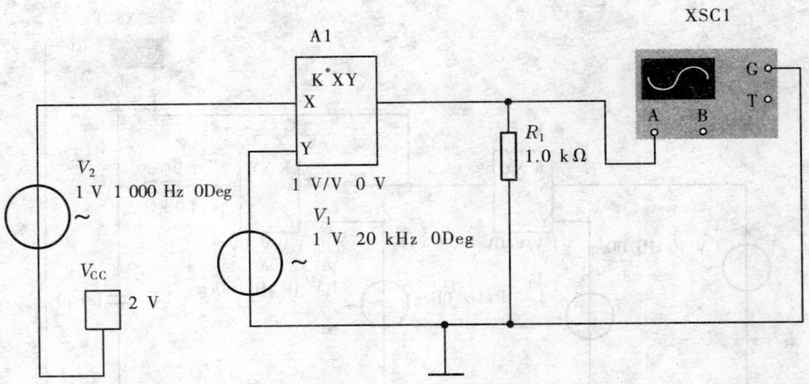

图 5-26　幅度调制电路

(2) 双击图 5-26 中的示波器 XSC1，如图 5-27 所示进行参数设置。

(3) 打开仿真开关，就可以观察到如图 5-27 所示的幅度调制波形了。

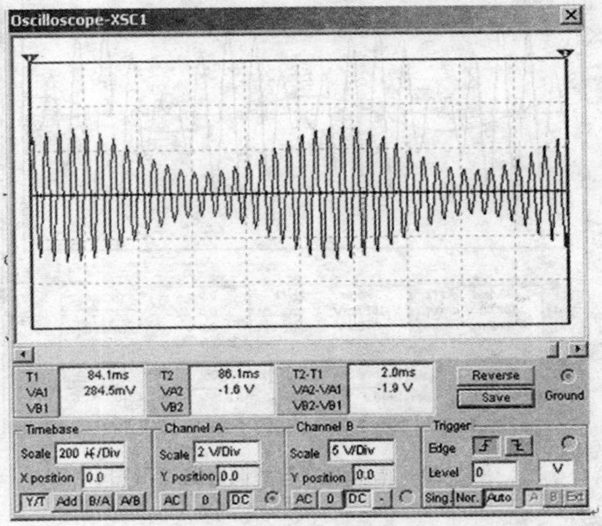

图 5-27　幅度调制电路波形图

(4) 在 Multisim 软件环境中绘制出电路图 5-28，注意元件标号和各个元件参数的设置。

(5) 双击图 5-28 中的示波器 XSC1，如图 5-29 所示进行参数设置。

(6) 打开仿真开关，就可以观察到如图 5-29 所示的幅度调制与解调两种波形了。

(三) 说明

(1) 调幅是调制的一种方式，它是用调制信号（例如声音、图像）去控制载波的振幅，使振幅随着调制信号瞬时值而线性地变化，而载波的频率和初相位则保持不变。

(2) 本实训采用非线性器件——模拟乘法器来实现信号的调幅与解调。其中图 5-26 中，$V_{CC}=2$ V，调幅指数为 0.5；如果将 V_{CC} 改为 1 V，则调幅指数变为 1。电路输出曲线正好为调幅曲线。大家可以自己修改电路参数，并仿真试一试，对比仿真结果波形的异同。

(3) 图 5-28 是幅度调制与解调电路，A1 实现调制，A2 实现解调。其中 V_1 是调制信号，

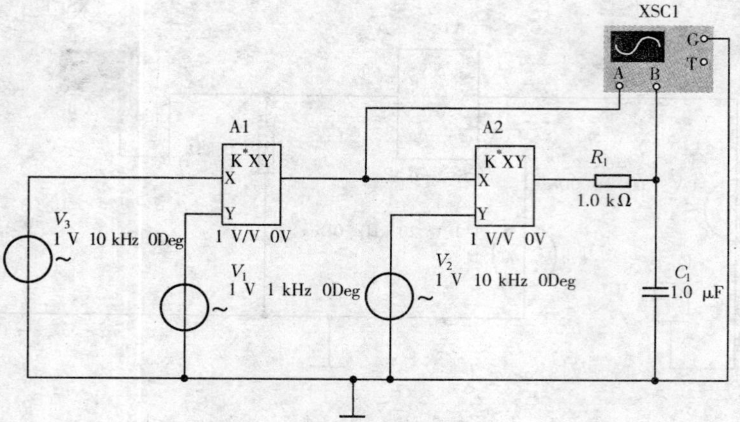

图 5-28 幅度调制与解调电路

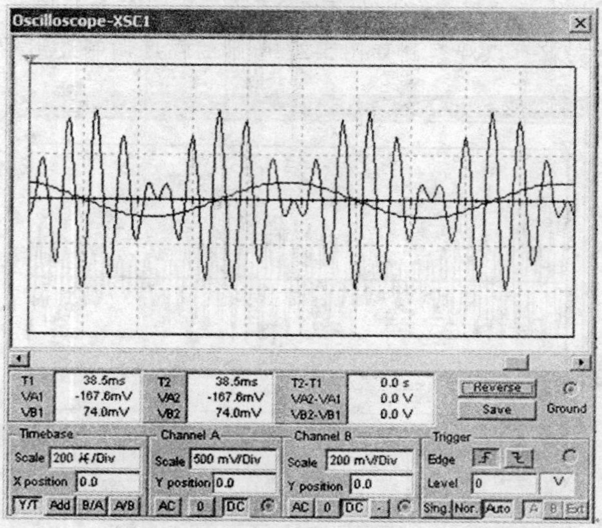

图 5-29 幅度调制与解调电路波形图

V_3 是高频载波信号，V_2 是恢复载波信号。

(四)实训要求

(1)按照以上步骤绘制电路图，并正确设置元件和仪器仪表的参数。

(2)仿真出正确的波形，并能够看明白波形的含义。

(3)在熟悉电路原理的基础上，改变部分元件的值，并设计表格，将结果填入其中，比较仿真结果的异同。

(4)保存仿真结果，并完成实训报告。

习 题

5-1 已知某高频已调波 $u_o(t) = \cos(2\pi \times 10^6 t) + 0.2\cos[2\pi \times (10^6 + 10^3)t] +$

$0.2\cos[2\pi\times(10^6-10^3)t]$，试画出它的波形及频谱图。

5-2　已知调幅波的频谱图和波形图如图 5-30(a)、(b)所示，试分别写出它们的表示式。

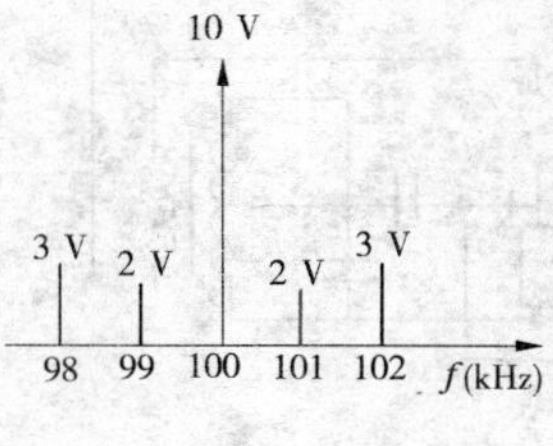

(a)

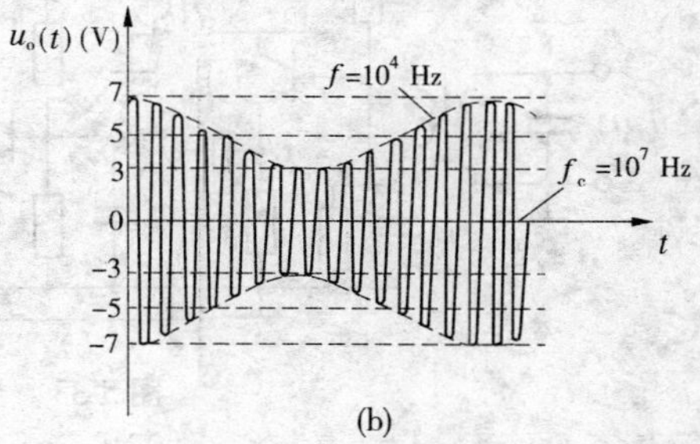

(b)

图 5-30

5-3　试分别画出下列电压表示式的波形和频谱图，并说明各为何种信号（令 $\omega_c=9\ \Omega$）。

(1) $u=[1+\cos\Omega t]\cos\omega_c t$；

(2) $u=\cos\Omega t\cos\omega_c t$；

(3) $u=\cos(\omega_c+\Omega)t$；

(4) $u=\cos\Omega t+\cos\omega_c t$。

5-4　二极管包络检波电路如图 5-13 所示，已知输入已调波的载频 $f_c=465$ kHz，调制信号频率 $f=5$ kHz，调幅系数 $M_a=0.3$，负载电阻 $R=5$ kΩ，试决定滤波电容 C 的大小，并求出检波器的输入电阻 R_i。

5-5　二极管包络检波电路如图 5-31 所示，已知 $u_s(t)=[2\cos(2\pi\times465\times10^3t)+0.3\cos(2\pi\times469\times10^3t)+0.3\cos(2\pi\times461\times10^3t)]$ V。

(1)试问该电路会不会产生惰性失真和负峰切割失真？

(2)若检波效率 $\eta_d\approx1$，按对应关系画出 A、B、C 点电压波形，并标出电压的大小。

5-6　图 5-32 所示为三极管射极包络检波电路，试分析该电路的检波工作原理。

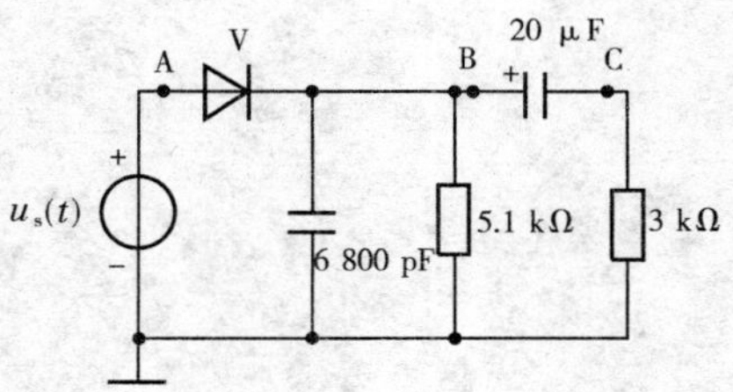

图 5-31

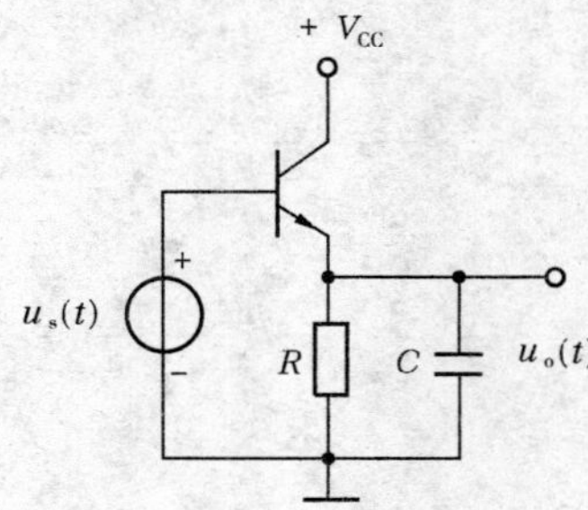

图 5-32

5-7　三极管混频电路如图 5-33 所示，已知中频 $f_1=465$ kHz，输入信号 $u_s(t)=5[1+0.5\cos(2\pi\times10^3t)]\cos(2\pi\times10^6t)$ mV。试分析该电路，并说明 L_1C_1、L_2C_2、L_3C_3 三谐振回路调谐在什么频率上，画出 F、G、H 三点对地电压波形并指出其特点。

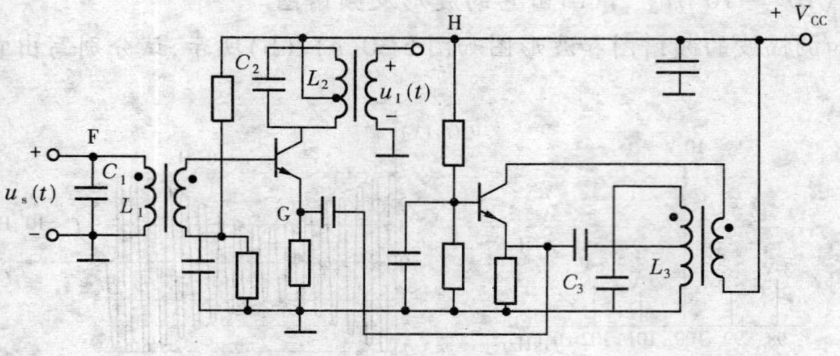

图 5-33

5-8　超外差式广播收音机，中频 $f_I = f_L - f_c = 465$ kHz，试分析下列两种现象属于何种干扰：

（1）当接收 $f_c = 560$ kHz 电台信号时，还能听到频率为 1 490 kHz 强电台的信号；

（2）当接收 $f_c = 1\ 460$ kHz 电台信号时，还能听到频率为 730 kHz 强电台的信号。

5-9　混频器输入端除有用信号 $f_c = 20$ MHz 外，同时还有频率分别为 $f_{n1} = 19.2$ MHz，$f_{n2} = 19.6$ MHz的两个干扰电压，已知混频器的中频 $f_I = f_L - f_c = 3$ MHz，试问这两个干扰电压会不会产生干扰？

第六章　角度调制与解调电路

第一节　概　述

角度调制及解调电路属于频谱的非线形变换电路，与前面讨论的幅度调制与解调电路在变换的实现方法上不同。在幅度的调制系统中，调制的结果实现了频谱的线性搬移；在角度调制系统中，调制的结果产生了频谱的非线性变换，已调高频信号已不再保持低频调制信号的频谱结构。所以，角度调制与解调、幅度调制与解调在电路结构上存在明显差别。需要指出的是，频谱的线性搬移和非线性变换，仅指变换中形式上的区别，其本质都是频谱变换，是典型的非线性过程。

在角度调制电路中，用调制信号去控制载波信号的频率或相位使载波信号的瞬时相位受到调变，若载波信号的频率随调制信号线性变化，则称为频率调制，简称调频（FM）；如果载波信号的相位随调制信号线性变化，则称为相位调制，简称调相（PM）。这两种统称为角度调制，简称调角。

本章首先讨论角度调制的基本原理，然后讨论调频与解调电路的工作原理。

第二节　角度调制

调频与调相是广泛采用的两种基本调制方式。其中调频（FM）是使高频振荡波的频率按调制信号规律变化的一种调制方式，调相（PM）是使高频振荡波的相位按调制信号规律变化的一种调制方式。

一、调频信号的数学分析

调频是使高频载波的瞬时频率按调制信号规律变化的一种调制方式。未调制时调频电路载波输出电压为

$$u_o(t) = U_m\cos(\omega_c t + \varphi_0) \tag{6-1}$$

若用矢量表示，则式（6-1）中的 U_m 是矢量的长度，$\varphi(t) = (\omega_c t + \varphi_0)$ 是矢量转动的瞬时角度，作为调频信号。当输入调制信号 $u_\Omega(t)$ 后，相应的矢量长度为恒值 U_m，而矢量的转动角速度在载波角频率 ω_c 的基础上按 $u_\Omega(t)$ 的规律变化，即

$$\omega(t) = \omega_c + \Delta\omega(t) = \omega_c + k_f u_\Omega(t) \tag{6-2}$$

式中，k_f 是由调频电路所决定的比例常数，其单位为 rad/（s · V）。上式表明，调频信号的频率是随时间而变化的，它的总瞬时相位角为

$$
\left.\begin{aligned}
\varphi(t) &= \int_0^t \omega(t)\,\mathrm{d}t = \omega_c t + k_f \int_0^t u_\Omega(t)\,\mathrm{d}t + \varphi_0 \\
&= \omega_c t + \Delta\varphi(t) + \varphi_0 \\
\Delta\varphi(t) &= k_f \int_0^t u_\Omega(t)\,\mathrm{d}t
\end{aligned}\right\} \tag{6-3}
$$

为了简化分析，令积分常数 $\varphi_0 = 0$。$\Delta\varphi(t)$ 为叠加在 $\omega_c t$ 上的附加相移变化，因此调频信号的表示式为

$$u_o(t) = U_m \cos\left[\omega_c t + k_f \int_0^t u_\Omega(t)\,\mathrm{d}t\right] \tag{6-4}$$

可见，在调频信号中，叠加在 ω_c 上的瞬时角频率按调制信号规律变化，而叠加在 $\omega_c t + \varphi_0$ 上的瞬时相位角则按调制信号的时间积分值规律变化。

当调制信号为单频信号，即 $u_\Omega(t) = U_{\Omega m}\cos\Omega t$ 时，调频信号的 $\omega(t)$、$\varphi(t)$ 和 $u(t)$ 分别为

$$\omega(t) = \omega_c + k_f U_{\Omega m}\cos\Omega t = \omega_c + \Delta\omega_m \cos\Omega t \tag{6-5}$$

$$\varphi(t) = \omega_c t + \frac{k_f U_{\Omega m}}{\Omega}\sin\Omega t = \omega_c t + m_f \sin\Omega t \tag{6-6}$$

$$u_o(t) = U_m \cos(\omega_c t + m_f \sin\Omega t) \tag{6-7}$$

式中，$\Delta\omega_m = 2\pi\Delta f_m = k_f U_{\Omega m}$，为最大角频率偏移，它是由调制信号引起的瞬时角频率偏移 ω_c 的最大值，与调制信号的振幅 $U_{\Omega m}$ 成正比。$m_f = \dfrac{k_f U_{\Omega m}}{\Omega} = \dfrac{\Delta\omega_m}{\Omega} = \dfrac{\Delta f_m}{f}$，为调频指数，它表示调频信号的最大相位偏移。调频信号的有关波形如图 6-1(a)所示。

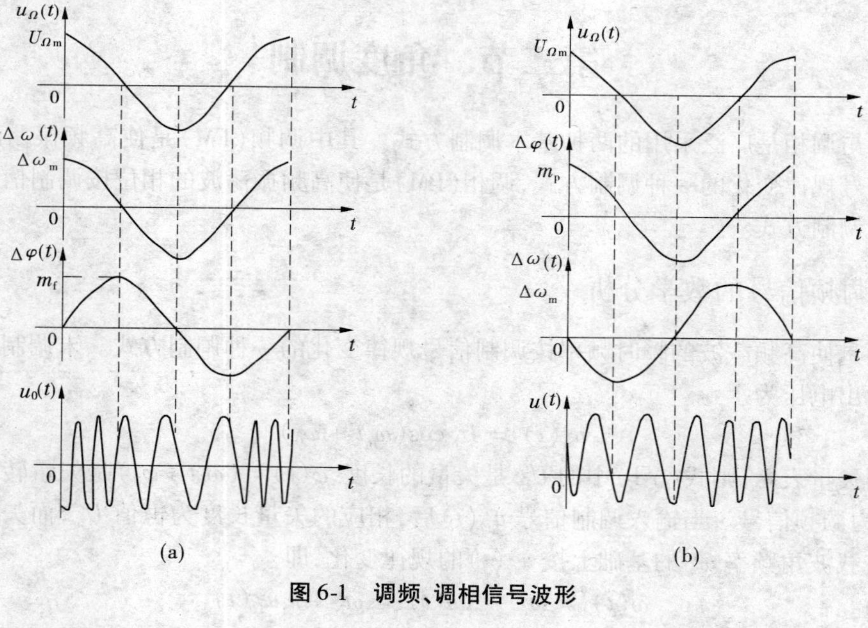

图 6-1　调频、调相信号波形

二、调相信号的数学分析

调相信号的相位是受调制信号控制的，若已知调制信号 $u_\Omega(t) = U_{\Omega m}\cos\Omega t$，载波输出电压为 $u_o(t) = U_m\cos(\omega_c t + \varphi_0)$，则调相信号的瞬时相位为

$$\varphi(t) = \omega_c t + k_p u_\Omega(t) = \omega_c t + \Delta\varphi(t)$$
$$= \omega_c t + k_p U_{\Omega m}\cos\Omega t \tag{6-8}$$

式中，$\Delta\varphi(t) = k_p U_{\Omega m}\cos\Omega t$，为随调制信号而变的附加相位偏移，$k_p$ 是由调相电路决定的比例常数，单位是 rad/V。

令 $m_p = k_p U_{\Omega m}$，称为调相指数，它代表调相波的最大相位偏移，即相位摆动的幅度，单位为 rad。所以

$$\left.\begin{aligned}\varphi(t) &= \omega_c t + m_p\cos\Omega t\\ \Delta\varphi(t) &= m_p\cos\Omega t\end{aligned}\right\} \tag{6-9}$$

由式(6-8)、式(6-9)可求得调相波的瞬时角频率为

$$\begin{aligned}\omega(t) &= \frac{\mathrm{d}\varphi(t)}{\mathrm{d}t} = \omega_c + k_p\frac{\mathrm{d}u_\Omega(t)}{\mathrm{d}t}\\ &= \omega_c - m_p\Omega\sin\Omega t\\ &= \omega_c - \Delta\omega_m\sin\Omega t\end{aligned} \tag{6-10}$$

式中，$\Delta\omega_m = m_p\Omega$，$\Delta\omega_m$ 称为最大角频率偏移，它表示调相时，瞬时角频率偏离载波角频率的最大值。

由式(6-9)可得调相信号的表达式为

$$u_o(t) = U_m\cos(\omega_c t + m_p\cos\Omega t) \tag{6-11}$$

调相信号的有关波形如图 6-1(b)所示。可见，在调相信号中，叠加在 $\omega_c t$ 上的附加相位角按调制信号规律变化，而叠加在 ω_c 上的瞬时角频率 $\Delta\omega(t)$ 则按调制信号的时间导数规律变化。

在上述的信号调制中，无论是调相信号或调频信号，它们的 $\omega(t)$ 和 $\varphi(t)$ 都同时受到调变，它们之间的区别仅在于按调制信号规律变化的物理量不同。在调相信号中是 $\Delta\varphi(t)$，而在调频信号中是 $\Delta\omega(t)$。

【例 6-1】 已知调制信号 $u_\Omega(t) = 5\cos(2\pi\times10^3 t)$ V，调角信号的表达式为 $u_o(t) = 10\cos[2\pi\times10^6 t + 10\cos(2\pi\times10^3 t)]$ V，试指出该调角信号是调频信号还是调相信号？调制指数、载波频率、振幅以及最大频偏各为多少？

解：由调角信号表示式可知

$$\begin{aligned}\varphi(t) &= \omega_c t + \Delta\varphi(t)\\ &= 2\pi\times10^6 t + 10\cos(2\pi\times10^3 t)\end{aligned}$$

可见，调角信号的附加相移 $\Delta\varphi(t) = 10\cos(2\pi\times10^3 t)$ 与调制信号的 $u_\Omega(t)$ 变化规律相同，均为余弦变化规律，故可判断此调角信号为调相信号，显然调相指数 $m_p = 10$ rad。

由于 $\omega_c t = 2\pi\times10^6 t$，所以载波频率 $f_c = 10^6$ Hz。角度调制时，载波振幅保持不变，所以载波振幅 $U_m = 10$ V，最大频偏 $\Delta f_m = m_p f = (10\times10^3)$ Hz $= 10$ kHz，F 是调制信号频率。

三、调频信号与调相信号的关系

调频信号与调相信号，其瞬时频率和瞬时相位都是随时间变化而变化的，只是它们的变化规律不同。对调频信号，其瞬时角频率的变化与调制信号的瞬时值成正比，瞬时相位的变化与调制信号的积分值成正比；对调相信号，其瞬时相位的变化与调制信号的瞬时值成正

比，瞬时角频率的变化与调制信号的微分值成正比。由于频率变化和相位变化是相联系的，调频和调相可以互相转换。表 6-1 为调频信号与调相信号的比较。

表 6-1　调频与调相信号比较

调制信号 $u_\Omega(t)=U_{\Omega m}\cos\Omega t$　载波信号 $u_c(t)=U_m\cos\omega_c t$		
项目	调频信号	调相信号
瞬时角频率	$\omega(t)=\omega_c+k_f u_\Omega(t)$ $=\omega_c+\Delta\omega_m\cos\Omega t$	$\omega(t)=\omega_c+k_p\dfrac{du_\Omega(t)}{dt}$ $=\omega_c-\Delta\omega_m\sin\Omega t$
瞬时相位	$\varphi(t)=\omega_c t+k_f\int_0^t u_\Omega(t)dt$ $=\omega_c t+m_f\sin\Omega t$	$\varphi(t)=\omega_c t+k_p u_\Omega(t)$ $=\omega_c t+m_p\cos\Omega t$
最大角频率偏移	$\Delta\omega_m=k_f U_{\Omega m}=m_f\Omega$	$\Delta\omega_m=k_p U_{\Omega m}\Omega=m_p\Omega$
最大相位偏移	$m_f=\dfrac{\Delta\omega_m}{\Omega}=\dfrac{k_f U_{\Omega m}}{\Omega}$	$m_p=\dfrac{\Delta\omega_m}{\Omega}=k_p U_{\Omega m}$
数学表示式	$u_o(t)=U_m\cos[\omega_c t+k_f\int_0^t u_\Omega(t)dt]$ $=U_m\cos[\omega_c t+m_f\sin\Omega t]$	$u_o(t)=U_m\cos[\omega_c t+k_p u_\Omega(t)]$ $=U_m\cos(\omega_c t+m_p\cos\Omega t)$

图 6-2 绘出了当调制信号幅度不变时，$\Delta\omega m$ 和最大相位偏移 m_f 或 m_p 随 Ω 变化的曲线。

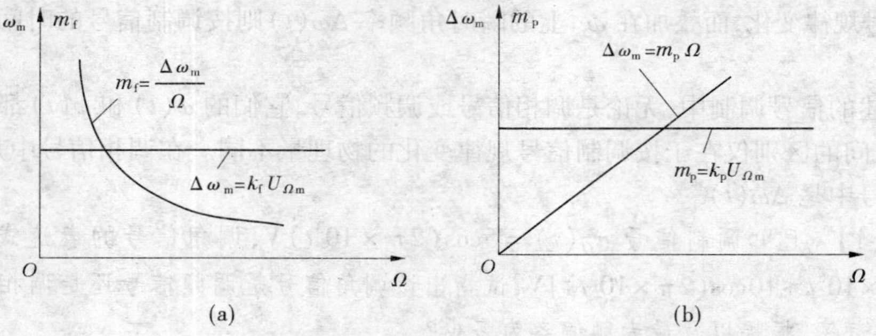

图 6-2　$U_{\Omega m}$ 不变时，$\Delta\omega_m$ 和 m_f、m_p 随 Ω 变化的曲线

必须强调指出，单音频调制时，两种调制波均有含义截然不同的 3 个频率参数：载波角频率 ω_c 表示瞬时角频率变化的平均值，调制角频率 Ω 表示瞬时角频率变化的快慢程度，最大角频率偏移 $\Delta\omega_m$ 表示角频率偏离 ω_c 的最大值。

四、调角信号的频谱和带宽

（一）调角信号的频谱

单音频调制时，由式（6-7）和式（6-11）可见，调频波和调相波具有相似的表达式，由调制信号引起的附加相移是正弦变化还是余弦变化并没有根本差别，两者只是相位上相差 $\pi/2$，所以二者可以写成统一的调角信号表达式

$$u_o(t)=U_m\cos(\omega_c t+m\cos\Omega t) \tag{6-12}$$

利用三角函数公式将式（6-12）改写成

$$u_o(t)=U_m\cos(m\sin\Omega t)\cos\omega_c t-U_m\sin(m\sin\Omega t)\sin\omega_c t \tag{6-13}$$

在贝塞尔函数理论中,已证明存在下列关系式

$$\cos(m\sin\Omega t) = J_0(m) + 2\sum_{n=1}^{\infty} J_{2n}(m)\cos 2n\Omega t$$

$$\sin(m\sin\Omega t) = 2\sum_{n=0}^{\infty} J_{2n+1}(m)\sin[(2n+1)\Omega t]$$

式中,$J_0(m)$在贝塞尔函数理论中是以 m 为宗数的 n 阶第一类贝塞尔函数,将上面关系式代入式(6-13)则得

$$\begin{aligned}
u_o(t) = & U_m[J_0(m)\cos\omega_c t - 2J_1(m)\sin\Omega t\sin\omega_c t + \\
& 2J_2(m)\cos 2\Omega t\cos\omega_c t - 2J_3(m)\sin 3\Omega t\sin\omega_c t + \\
& 2J_4(m)\cos 4\Omega t\cos\omega_c t - 2J_5(m)\sin 5\Omega t\sin\omega_c t + \cdots] \\
= & U_m J_0(m)\cos\omega_c t + U_m J_1(m)[\cos(\omega_c + \Omega)t - \cos(\omega_c - \Omega)t] + \\
& U_m J_2(m)[\cos(\omega_c + 2\Omega)t + \cos(\omega_c - 2\Omega)t] + \\
& U_m J_3(m)[\cos(\omega_c + 3\Omega)t - \cos(\omega_c - 3\Omega)t] + \\
& U_m J_4(m)[\cos(\omega_c + 4\Omega)t + \cos(\omega_c - 4\Omega)t] + \\
& U_m J_5(m)[\cos(\omega_c + 5\Omega)t - \cos(\omega_c - 5\Omega)t] + \cdots
\end{aligned} \quad (6\text{-}14)$$

式(6-14)表明,单音频调制时,调角波的频谱不是调制信号频谱的简单搬移,而是由载波分量和无数对边频分量所组成。其中当 n 为奇数时,上、下两边频分量的振幅相等,极性相反;当 n 为偶数时,上、下两边频分量的振幅相等,极性相同。载波分量和边频分量的振幅均随 m 和调制角频率 Ω 而变化。当已知 m、n 后,各阶贝塞尔函数的变化曲线如图 6-3 所示。

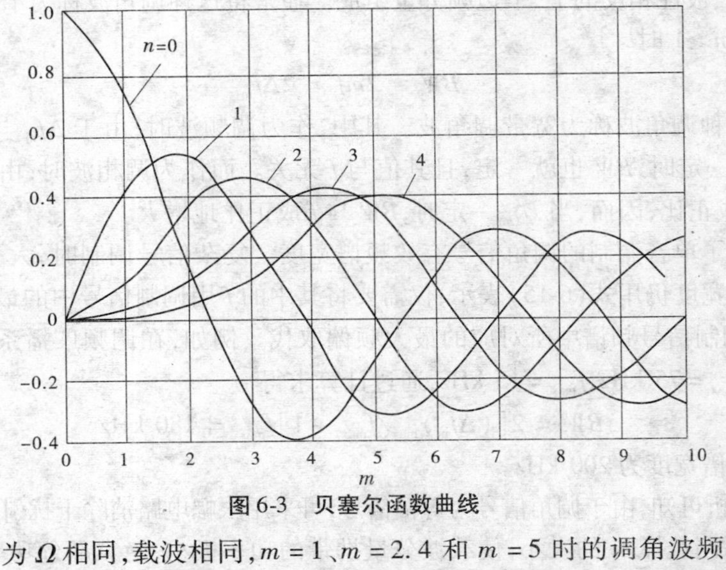

图 6-3 贝塞尔函数曲线

图 6-4 所示为 Ω 相同,载波相同,$m=1$、$m=2.4$ 和 $m=5$ 时的调角波频谱图。由图可见,调制增数 m 越大,具有较大振幅的边频分量就越多,有一些边频分量幅度超过载频分量幅度。当 m 为某些特定值时,载频分量可能为零,如 $m=2$、40、5、52 等,而当 m 为另外某些特定值时,又可能使某些边频分量振幅等于零。

由于调角信号的振幅不变,当 U_m 一定时,调频波的平均功率也就一定,且等于未调制

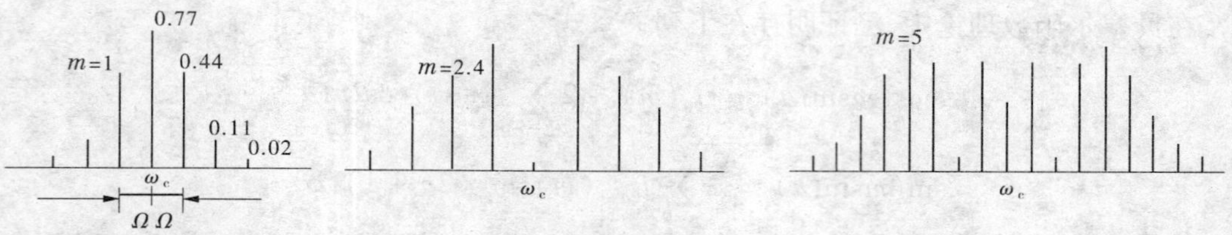

图 6-4　调角波的频谱

的载波功率，其值与调制指数无关。也就是说，改变 m 仅引起载波分量和各边频分量之间的重新分配，但不会引起总功率的改变。

（二）调角信号的频谱宽度

调频波的频谱包含无限多对边频分量，它的频谱宽度就应无限大。

实际上，由图 6-4 可见，当 m 一定时，随着 n 的增加，$J_n(m)$ 的数值虽有起伏，但它的趋势是减少的。在传送和放大的过程中，如果忽略这些高载频较远的边频振幅很小的边频分量，则调角波实际占据的有效频谱宽度是有限的。

当 $n>(m+1)$ 时，$J_n(m)$ 的数值都小于 0.1，略去振幅小于载频振幅 10% 的边频分量，即考虑上、下边频总数近似等于 $2(m+1)$。因此，调角波的有效频谱宽度可用式（6-15）进行计算，即

$$BW = 2(m+1)f \tag{6-15}$$

由式（6-15）可见，当 $m \ll 1$（工程上只需 $m<0.25\text{rad}$）时

$$BW \approx 2f \tag{6-16}$$

其值近似为调制频率的 2 倍，相当于调频波的频谱宽度。这时，调角波的频谱由载波分量和一对幅值相同、极性相反的上、下边频分量组成。通常将这种调角波称为窄带调角波。

反之，当 $m \gg 1$ 时

$$BW \approx 2mf = 2\Delta f_m \tag{6-17}$$

通常将这种调角波称为宽带调角波。其中，作为调频波时，由于 Δf_m 与 $U_{\Omega m}$ 有关，因而当 $U_{\Omega m}$ 即 Δf_m 一定时，BW 也就一定，且其值与 f 无关。而作为调相波时，由于 $\Delta f_m = m_p f$，其中 m_p 与 $U_{\Omega m}$ 成正比，因而，当 $U_{\Omega m}$ 一定时，BW 与 f 成正比地增大。

上面讨论了单音调制的调角信号有效频谱宽度。复杂信号调制时，大多数调频信号占有的有效频谱宽度仍用式（6-15）表示，仅需要将其中的 f 用调制信号中的最高调制频率 f_{max} 取代，Δf_m 用调制信号频谱中所对应的最大频偏取代。例如，在调频广播系统中，按国家标准规定 $(\Delta f_m)_{max}=75\text{ kHz}$，$f_{max}=15\text{ kHz}$，通过计算求得

$$BW = 2[(\Delta f_m)_{max}/f_{max}+1]f_{max} = 180\text{ kHz}$$

实际选取的频谱宽度为 200 kHz。

由以上分析可知，由于调角信号为等幅信号，可采用限幅电路消除干扰引起的寄生幅度变化。另外，可适当选择 m 的大小，使载波分量携带的功率极小，绝大部分功率由边频分量携带，从而极大地提高调角系统设备的利用率。抗干扰能力强和设备利用率高是调角信号的显著优点，但是调角信号抗干扰能力提高是以增加有效频带宽度为代价的，这是角度调制的主要缺点。因此，目前的模拟通信中仍广泛采用调频制而较少采用调相制，但在数字通信中相位键控的抗干扰能力优于频率键控和幅度键控，因而调相制在数字通信中获得广泛的应用。

第三节　调频电路

由上一节讨论可知,角度调制和幅度调制有明显的区别,所以不能采用实现幅度调制的电路实现角度调制,而必须根据角度调制的特点,提出相应的实现方法。

实现频率调制的方式有两种:一是直接调频,二是间接调频。

直接调频就是用调制信号去控制高频振荡器的振荡频率,使它不失真地反映调制信号的变化规律。因此,凡是能直接影响振荡频率的元件和参数,只要用调制信号去控制,使振荡频率的变化能随调制信号而线性变化,都可以完成直接调频的任务。这种方法原理简单,频偏较大,但中心频率不易稳定。在 LC 正弦波振荡器中,由于其振荡频率主要取决于振荡回路的电感量和电容量,所以在振荡回路中接入可控电感器,就可实现直接调频。

间接调频就是先将调制信号积分,然后对晶振送来的载波信号进行调相,从而获得调频信号。间接调频的特点是调制可以不在振荡器中进行,易于保持中心频率的稳定,但不易获得大的频偏。

一、直接调频电路

(一)变容二极管直接调频电路

变容二极管直接调频电路是目前应用最广泛的直接调频电路,它是利用变容二极管反偏时所呈现的可变电容特性实现调频作用的,具有工作频率高、固有损耗小等特点。

变容二极管实际上是一个电压控制可变电容元件。将变容二极管接入 LC 正弦波振荡器的谐振回路中,图 6-5 所示电路就可实现调频。图中,L 和变容二极管组成谐振回路,U_Q 用来提供变容二极管的反向偏压,以保证变容二极管在调制信号电压的作用下始终工作在反偏状态,同时还应保证由 U_Q 值决定的振荡频率等于所要求的载波频率。$u_\Omega(t)$ 为调制信号电压;C_1 为隔直流电容,用来防止直流电压 U_Q 通过 L 短路,其高频率容抗很小,可视为短路;L_1 为高频扼流圈,它对高频视为开路,对调制信号视为短路,使调制信号电压有效地加到变容二极管两端;C_2 为高频旁路电容,对高频可视为短路,为了防止调制信号被分流,要求其低频容抗很大。振荡频率由回路电感 L 和变容二极管结电容 C_j 所决定,其振荡角频率为

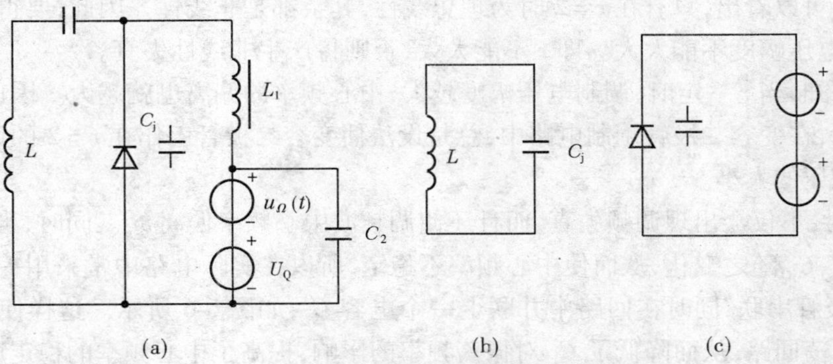

图 6-5　变容二极管接入振荡回路

$$\omega = \frac{1}{\sqrt{LC_j}} \tag{6-18}$$

我们知道,变容二极管结电容 C_j 与在其两端所加反偏电压 u 之间存在着如下关系

$$C_j = C_{j0}/(1 + u/U_D)^r \tag{6-19}$$

式中 U_D——PN 结的势垒电位差;

u——加到变容二极管的反向电压;

C_{j0}——$u=0$ 时的结电容;

r——电容变化指数,r 值随掺杂浓度和 PN 结的结构不同而异。

通常调制电压比振荡回路的高频振荡电压大得多,所以变容二极管的反向电压随调制信号变化,即

$$u = U_Q + U_{\Omega m}\cos\Omega t \tag{6-20}$$

图 6-5 中,对于直流和调制频率而言,由于 C_1 的阻断,$u_\Omega(t)$ 和 U_Q 可有效地加到变容二极管上,可得变容二极管结电容随调制信号电压变化的规律,即

$$C_j = \frac{C_{j0}}{\left[1 + \frac{1}{U_D}(U_Q + U_{\Omega m}\cos\Omega t)\right]^r} = \frac{C_{jQ}}{(1 + m_c\cos\Omega t)^r} \tag{6-21}$$

$$m_c = \frac{U_{\Omega m}}{U_D + U_Q}$$

$$C_{jQ} = \frac{C_{j0}}{1 + \frac{U_Q}{U_{\Omega m}}} \tag{6-22}$$

式中 m_c——变容管调制度,它反映 C_j 受调制信号电压调变的程度;

C_{jQ}——变容二极管在偏压 U_Q 作用下所呈现的结电容。

将式(6-21)代入式(6-18),则得

$$\omega(t) = \frac{1}{\sqrt{LC_{jQ}}}(1 + m_c\cos\Omega t)^{\frac{r}{2}} = \omega_c(1 + m_c\cos\Omega t)^{\frac{r}{2}} \tag{6-23}$$

式中,$\omega_c = \frac{1}{\sqrt{LC_{jQ}}}$,是调制器未受调制,即 $u_\Omega(t)=0$ 时的振荡角频率,即调频波的中心频率。根据式(6-23)可以看出,只有在 $r=2$ 时为理想线性,其余都是非线性。因此,要得到线性调频,调制信号电压幅度不能太大。即 r 不能太大,否则将产生非线性失真。

由上述可知,当 r 一定时,调制电压幅度越大,中心频率的偏离也就越大。因此,为了减小非线性失真,在变容二极管调制电路中,总是设法使变容二极管工作在 $r=2$ 的区域,并限制调制信号电压的大小。

当 $r\neq2$ 时,不仅会出现调频失真,而且还使调频波中心频率偏离 ω_c。同时,当温度或偏置电压变化时,C_{jQ}随之变化,从而使中心频率不稳定,所以在实际电路中常采用一个小电容 C_2 与变容二极管串联,同时在回路中并联上一个电容 C_1,如图 6-6 所示。这样使变容二极管部分接入振荡回路,从而降低了 C_1 对振荡频率的影响,提高了中心频率的稳定度。同时,通过调节 C_1、C_2,可使调制特性接近线性。不过由变容二极管部分接入回路而构成的调频电路,其调制灵敏度和最大频偏都要降低。

（二）直接调频实际电路

图 6-7(a)是中心频率为 70 MHz ± 100 kHz，频偏 $\Delta f = 6$ MHz 的变容二极管直接调频电路，用于微波通信设备中。图中 L 与变容二极管构成振荡回路，并与振荡管接成电感三点式振荡电路，C_3、C_4 对高频短路，所以振荡电路的交流简化通路如图 6-7(b)所示。低频调制信号 u_Ω 经耦合电容 C_1，送到 C_2、L_1、C_3 组成的低通滤波器，加到变容二极管的两端。其中 L_1 为高频扼流圈，它对高频接近开路，对调制信号频率接近短路，这样可避免高频振荡电压受调制信号源的影响。振荡管采用双电源供电，正、负电源各自采用稳压电路，改变 R_P 可调节晶体管的电流，以控制振荡电压的大小。U_Q 提供变容二极管的反向偏置电压。

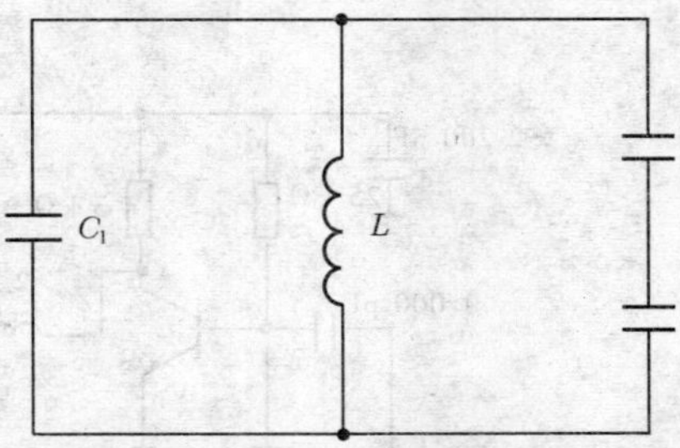

图 6-6　变容二极管部分接入回路

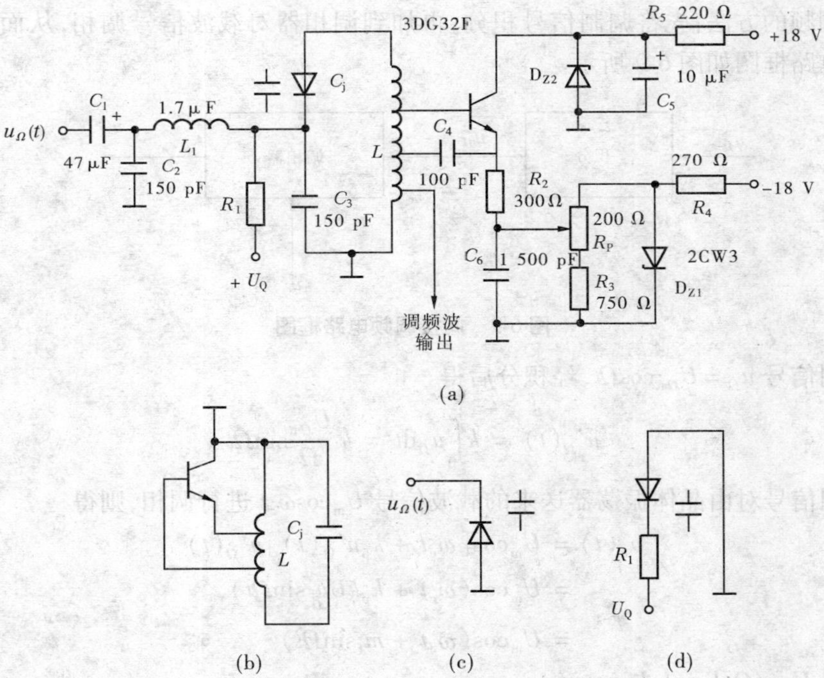

图 6-7　变容二极管直接调频电路

（三）晶体振荡器直接调频电路

图 6-8 是 100 MHz 晶体振荡器的变容二极管直接调频电路，用来组成无线话筒中的发射机。电路中 V_1 管接成皮尔斯晶体振荡电路，利用变容二极管（2CC1E）对晶体振荡器进行直接调频。V_2 管集电极上的谐振回路调谐在晶体振荡频率的 3 次谐波上，完成三倍频功能。V_1 管为音频放大器，将话筒提供的语言信号进行放大后加到变容二极管上。

晶体振荡器直接调频电路的优点是中心频率稳定度高，但由于振荡回路引入了变容二极管，它的中心频率稳定度相对于不调频的晶体振荡器有所降低。

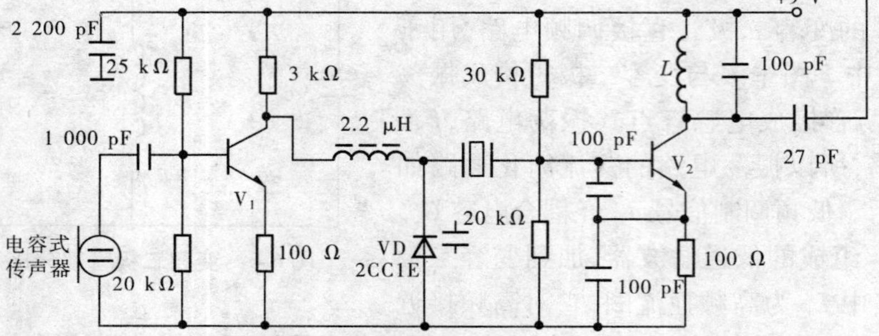

图 6-8　晶体振荡器直接调频电路

二、间接调频电路

间接调频的方法:先将调制信号积分,再加到调相器对载波信号调相,从而完成调频。间接调频电路框图如图 6-9 所示。

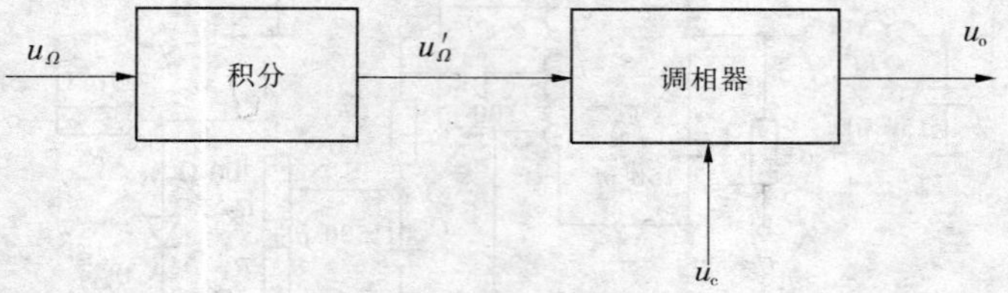

图 6-9　间接调频电路框图

设调制信号 $u_\Omega = U_{\Omega m}\cos\Omega t$,经积分后得

$$u'_\Omega(t) = k\int_0^t u_\Omega \mathrm{d}t = k\frac{U_{\Omega m}}{\Omega}\sin\Omega t \tag{6-24}$$

用调制信号对由晶体振荡器送来的载波信号 $U_m\cos\omega_c t$ 进行调相,则得

$$\begin{aligned} u_o(t) &= U_m\cos[\omega_c t + k_p u'_\Omega(t)]u'_\Omega(t) \\ &= U_m\cos(\omega_c t + k_p k U_{\frac{\Omega m}{\Omega}}\sin\Omega t) \\ &= U_m\cos(\omega_c t + m_f\sin\Omega t) \end{aligned} \tag{6-25}$$

式中,$m_f = k_f U_{\Omega m}/\Omega$,$k_f = k_p k$。

上式与调频波表达式完全相同,说明通过积分,调相电路可间接获得调频信号。由此可见,实现间接调频的关键电路是调相器。

对于模拟信号来说,调相器的种类很多,这里介绍采用变容二极管失谐回路实现调相的基本原理。

图 6-10 所示为由变容二极管构成调相器的原理电路,图中 C_j 为变容二极管结电容,它与电感 L 构成并联谐振回路,R_P 为回路的谐振电阻,$i_s(t) = I_{sm}\cos\omega_c t$ 为载波输入电流源。变容二极管加有反向偏置工作电压和调制信号电压,使变容二极管结电容 C_j 随调制信号电压的变化而变化,从而使回路的谐振频率随调制信号电压的变化而变化。固定频率的高频载波通过这个回路时,由于回路失谐而产生相移,获得调相,从而产生高频信号电压输出。

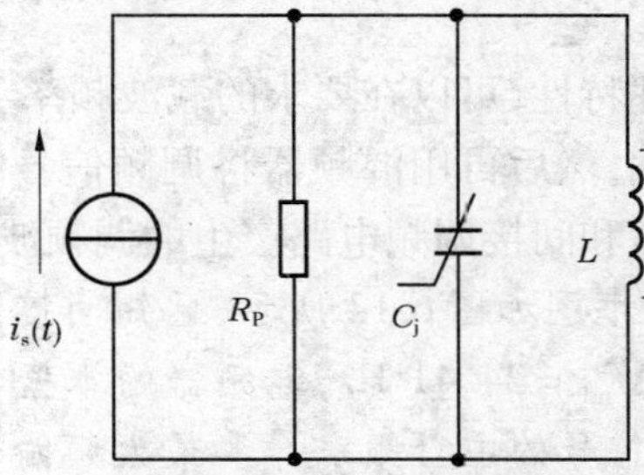

图 6-10　变容二极管调相电路

由变容二极管调相电路组成的间接调频电路如图 6-11 所示。图中，晶体管 V 构成载波放大器，其输入信号来自高稳定的晶体振荡器，其角频率为 ω_c，输出电压通过 R_1、C_1 加到由 L 和变容二极管结电容 C_j 构成的并联谐振调相回路。

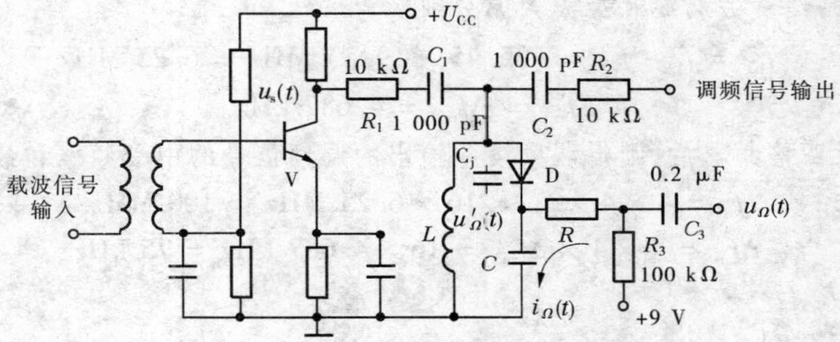

图 6-11　变容二极管间接调频电路

C_1、C_2 为隔直流电容，对载波可视为短路，所以载波输出电压 $u_o(t)$ 经 R_1 变成电流源输入调相电路。R_2 用来减轻集电极电路对回路的影响。+9 V 直流电压通过 R_3、R 供给变容二极管的反向偏置电压，R_3 用做调制信号与偏压电源之间的隔离电阻，C_3 为调制信号耦合电容。R、C 为积分电路，调制信号 $u_\Omega(t)$ 经 R、C 积分后，加到变容二极管的负极；L 作为高频扼流圈，防止高频信号进入调制信号源。积分后的调制信号 $u_\Omega(t)$ 使变容二极管的电容量变化，因此输出的调相波对 $u_o(t)$ 来说便是调频波了。

三、扩展最大频偏的方法

在调制设备中，为了获得中心频率稳定而失真又很小的调频信号，往往很难使它的最大频偏达到要求。虽然间接调频回路中心频率稳定度很高，但其能达到的最大线性频偏却很小。为了扩展调频信号的最大线性频偏，在实际调频设备中，常采用倍频器和混频器来获得所需的载波频率和最大线性频偏。

一个瞬时角频率为 $\omega=\omega_c+\Delta\omega_m\cos\Omega t$ 的调频信号，通过 n 次倍频后，其输出信号的瞬时角频率将变为 $n\omega=n\omega_c+n\Delta\omega_m\cos\Omega t$。可见，倍频器可以不失真地将调频信号载波角频率和最大角频偏同时增大 n 倍。换句话说，倍频器可以在保持调频信号的相对角频偏不变的条件下，成倍地扩展最大角频偏。

如果将调频信号通过混频器，若本振信号的角频率为 ω_L，则混频器输出的调频信号角频率变为 $\omega_c-\omega_L+\Delta\omega_m\cos\Omega t$。可见，混频器使调频信号的载波角频率降低为 $\omega_c-\omega_L$，但最大角频偏没有发生变化，仍为 $\Delta\omega_m$。这就是说，混频器可以在保持最大角频偏不变的情况下，改变调频信号的相对角频偏。

利用倍频器和混频器的上述特性，可以在要求的载波频率上扩展频偏。例如，可以先用倍频器增大调频信号的最大频偏，然后再用混频器将调频信号的载波频率降低到规定的数值。这种方法对于直接调频电路和间接调频电路产生的调频波都是适用的。

【例 6-2】 一调频设备组成框图如图 6-12 所示，已知间接调频电路输出的调频信号中心频率 $f_{c1}=100$ kHz，最大频偏 $\Delta f_{m1}=24.41$ Hz，混频器的本振信号 $f_L=25.45$ MHz，取下边频输出，试求调频设备输出调频信号的中心频率 f_c 和最大频偏 Δf_m。

解：间接调频电路输出的调频信号经三级四倍频器和一级三倍频器后，其载波频率和最大频偏分别变为

$$f_{c2}=4\times4\times4\times3\times f_{c1}=192\times100\ \text{kHz}=19.2\ \text{MHz}$$

$$\Delta f_{m2}=4\times4\times4\times3\times\Delta f_{m1}=192\times24.41\ \text{Hz}=4.687\ \text{kHz}$$

经过混频器后，载波频率和最大频偏分别变为

$$f_{c3}=f_L-f_{c2}=(25.45-19.2)\ \text{MHz}=6.25\ \text{MHz}$$

$$\Delta f_{m3}=\Delta f_{m2}=4.687\ \text{kHz}$$

再通过两级四倍频器后，则得调频设备输出的调频信号的中心频率和最大频偏分别为

$$f_c=4\times4\times f_{c3}=16\times6.25\ \text{MHz}=100\ \text{MHz}$$

$$\Delta f_m=4\times4\times\Delta f_{m3}=16\times4.687\ \text{kHz}=75\ \text{kHz}$$

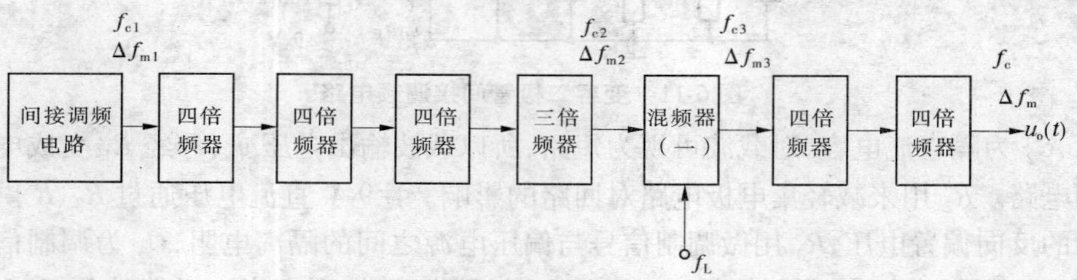

图 6-12 调频设备组成框图

第四节 调角波的解调

调角波包括调频波和调相波。其中，调频波的解调称为频率检波，简称鉴频，完成鉴频功能的电路称为鉴频器；调相波的解调称为相位检波，简称鉴相，完成鉴相功能的电路称为鉴相器。它们的作用都是从已调波中检出反映在频率或相位变化上的调制信号，但是采用的方法不尽相同。

一、鉴频的特性与方法

（一）鉴频特性

鉴频器的鉴频特性表现了鉴频器输出电压 u_o 的大小与输入调频波频率 f 之间的关系，其关系曲线称为鉴频特性曲线，如图 6-13 所示。由图可见，横坐标代表输入高频信号的频率 f，纵坐标代表输出电压，在调频信号中心频率 f_c 上，对应的输出电压 $u_o=0$。当信号频率偏离中心频率升高、下降时，输出电压将分别向正、负极性方向变化（根据鉴频电路的不同，鉴频特性可与此相反，如图 6-13 中虚线所示）；在中心频率 f_c 附近，u_o 与 f 之间近似为线性

关系，当频率偏移过大时，输出电压将会减小。为了获得理想的鉴频效果，通常希望鉴频特性曲线陡峭且线性范围大。

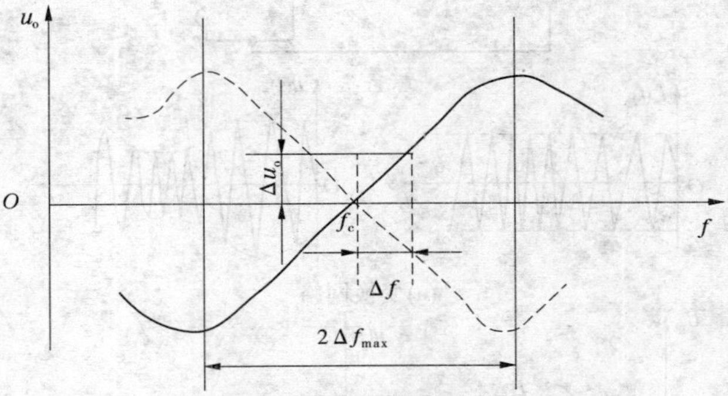

图 6-13　鉴频特性曲线

通常将鉴频特性曲线在中心频率 f_c 处的斜率 S_D 称为鉴频灵敏度（也称鉴频跨导），即

$$S_D = \left.\frac{\Delta u_o}{\Delta f}\right|_{f=f_c} \tag{6-26}$$

S_D 的单位为 V/Hz。鉴频特性曲线越陡峭，S_D 就越大，表明鉴频电路将输入信号频率变化转化为电压变化的能力就越强。

为了不失真地解调，要求鉴频特性在 f_c 附近有足够宽的线性范围，用 $2\Delta f_{max}$ 表示。要求 $2\Delta f_{max}$ 大于调频信号最大偏频的 2 倍，即 $2\Delta f_{max} > 2\Delta f_m$。$2\Delta f_{max}$ 也称为鉴频电路的带宽。

（二）鉴频实现方法

鉴频就是把调频波瞬时频率变化转换成电压的变化，完成频率－电压的变换。实现鉴频的方法很多，常用的方法可归纳为以下 4 种：斜率鉴频器、相位鉴频器、脉冲计数式鉴频器及锁相鉴频器。

二、鉴频电路

在调频波中，调制信息包含在高频振荡频率的变化量中。所以，调频波解调的任务，就是要求鉴频器输出信号与输入调频波瞬时频率的变化量成线性关系。

斜率鉴频器实现模型如图 6-14 所示，先将输入的等幅调频波通过线性网络变换为幅度与频率成正比变化的调频－调幅波，然后用包络检波器进行检波，还原出调制信号。

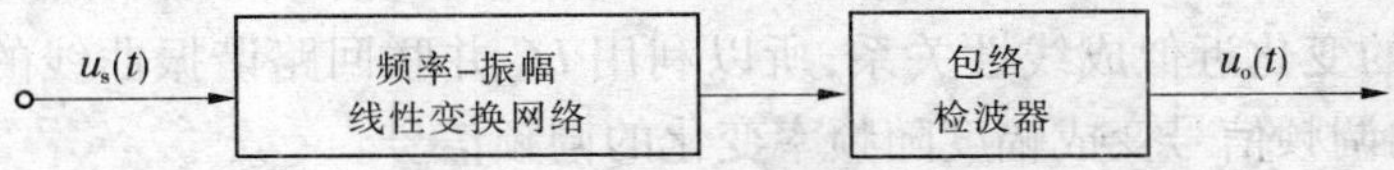

图 6-14　斜率鉴频器实现模型

（一）单失谐回路斜率鉴频器

将调频信号电流 $i_s(t)$ 加到 LC 并联谐振回路上，如图 6-15（a）所示。在图 6-15（b）中，将并联回路谐振频率 f_0 调离调频波的中心频率 f_c，使调频信号的中心频率 f_c 工作在谐振曲线一边的 A 点上。这时 LC 并联回路两端电压的振幅为 U_{ma}。当频率变至 $f_c - \Delta f_m$ 时，工作点移到 B 点，回路两端电压的振幅增加到 U_{mb}。当频率变至 $f_c + \Delta f_m$ 时，工作点移到 C 点，回路两端电压振幅减到 U_{mc}，如图 6-15（b）所示。

由此可见，当加到 LC 并联回路的调频信号频率随时间变化时，回路两端电压的振幅也

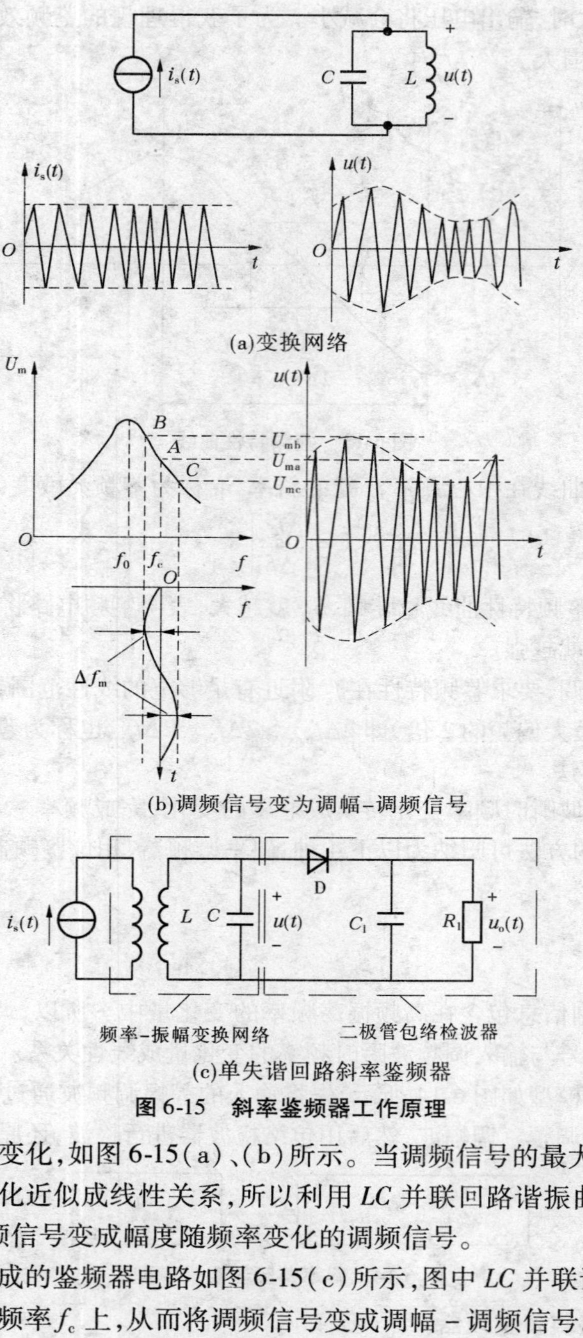

图 6-15　斜率鉴频器工作原理

将随时间产生相应的变化，如图 6-15(a)、(b)所示。当调频信号的最大偏频不大时，电压振幅的变化与频率的变化近似成线性关系，所以利用 LC 并联回路谐振曲线的下降(或上升)部分，可使等幅的调频信号变成幅度随频率变化的调频信号。

利用上述原理构成的鉴频器电路如图 6-15(c)所示，图中 LC 并联谐振回路调谐在高于或低于调频信号中心频率 f_c 上，从而将调频信号变成调幅-调频信号。D、R_1、C_1 组成包络检波器，用它对调幅-调频信号进行振幅检波，即可得到原调制信号 $u_o(t)$。由于谐振回路谐振曲线线性度差，所以单失谐回路斜率鉴频器输出波形的失真大，质量不高，所以实际应用中很少使用。

(二)双失谐回路斜率鉴频器

为了扩大鉴频特性的线性范围，实际应用中都是由两个单失谐回路斜率鉴频器构成平衡电路，其原理如图 6-16 所示。

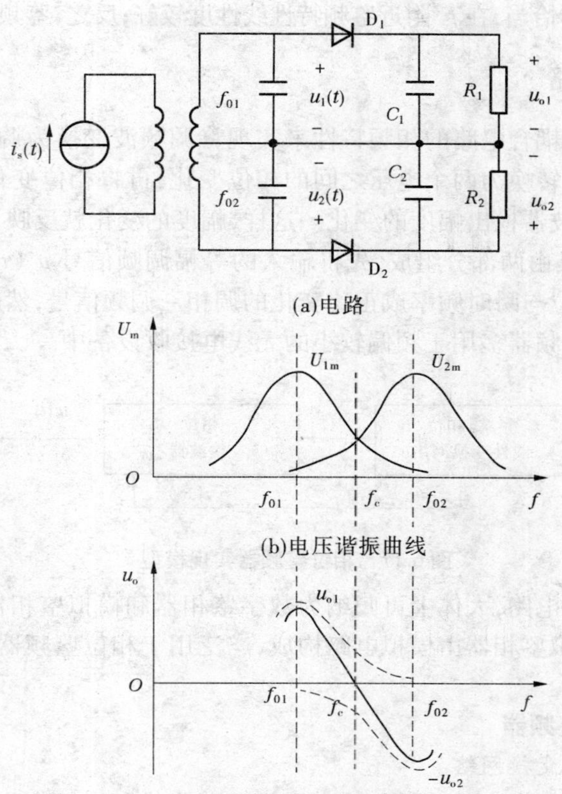

(a)电路

(b)电压谐振曲线

(c)鉴频特性

图 6-16　双失谐回路斜率鉴频器

图 6-16 中，二次侧有两个失谐的并联谐振回路，所以称为双失谐回路斜率鉴频器。其中，第一个回路调谐在 f_{01} 上，第二个回路调谐在 f_{02} 上。设 f_{01} 低于调频信号中心频率 f_c，f_{02} 高于 f_c，而且 f_{01} 和 f_{02} 对 f_c 是对称的，即 $f_c - f_{01} = f_{02} - f_c$，这个差值应大于调频信号最大频偏。调频信号在回路两端产生的电压 $u_1(t)$ 和 $u_2(t)$ 的幅度分别用 U_{1m} 和 U_{2m} 表示，回路的电压谐振曲线如图 6-16(b)所示，两回路的谐振曲线形状相同。

图 6-16(a)中，两个二极管振幅检波电路参数相同，$u_1(t)$ 和 $u_2(t)$ 分别经二极管检波得到输出电压 u_{o1} 和 u_{o2}，由于输出的两个电压极性相反，它与频率的关系如图 6-16(c)中曲线所示，鉴频器总的输出电压 $u_o = u_{o1} - u_{o2}$。当调频信号的频率为 f_c 时，$U_{1m} = U_{2m}$，故检波输出电压 $u_{o1} = u_{o2}$，鉴频器输出电压 $u_o = 0$；当调频信号的频率为 f_{01} 时，$U_{1m} > U_{2m}$，则 $u_{o1} > u_{o2}$，鉴频器输出电压 $u_o > 0$，为正最大值；当调频信号的频率为 f_{02} 时，$U_{1m} < U_{2m}$，则 $u_{o1} < u_{o2}$，鉴频器输出电压 $u_o < 0$，为负最大值。鉴频特性如图 6-16(c)中实线所示，实际上它就是 u_{o1} 和 u_{o2} 两条曲线相加的结果。由于调频信号频率大于 f_{02}，U_{1m} 很小，U_{2m} 随频率升高而下降，鉴频器输出电压 u_o 下降，所以鉴频特性在 $f > f_{02}$ 后开始弯曲；同理，调频信号频率小于 f_{01} 后，U_{2m} 很小，U_{1m} 随频率降低而下降，鉴频特性在 $f < f_{01}$ 后也开始弯曲。

双失谐回路的鉴频特性曲线的线性度和线性范围这两个方面都比单失谐回路鉴频特性有显著改善。当一边鉴频输出波形有失真时，对称的另一边鉴频输出波形也必定有失真，因而相互抵消，合成后的特性曲线形状除了与回路的幅频特性曲线形状有关外，还与 f_{01} 和 f_{02} 的选择有关。若f_{01}和f_{02}的选择恰当,在f_c附近鉴频特性线性度较好;反之,鉴频特性线性度较差。

三、相位鉴频电路

相位鉴频器是利用耦合电路的相频特性来实现将调频波变换为调幅－调频波的,它是将调频信号的频率变化转换为两个电压之间的相位变化,再将相位变化转化为对应的幅度变化,然后利用幅度检波器检出幅度的变化。这样,幅度的变化就反映了频率的变化。实现模型如图6-17所示。其由两部分组成,先将输入的等幅调频信号$u_s(t)$送入频率－相位线性变换网络,变换成相位与瞬时频率成正比变化的调相－调频信号,然后利用相位检波器检出原调制信号。相位鉴频器多用于频偏较小的无线电接收设备中。

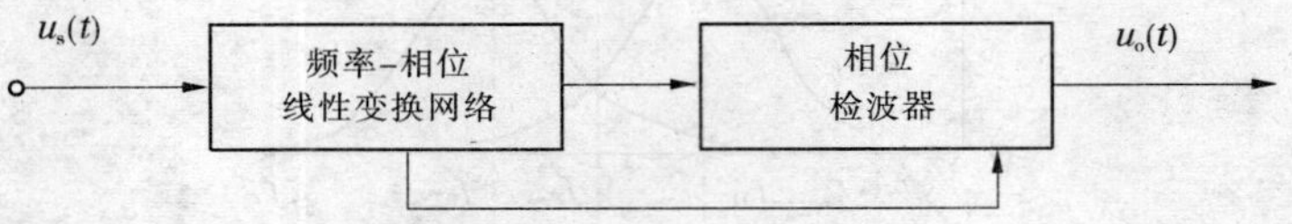

图6-17　相位鉴频器实现模型

鉴相器有多种实现电路,大体上可归纳为数字鉴相器和模拟鉴相器两大类。数字鉴相器由数字电路构成,模拟鉴相器由模拟电路构成,广泛用于相位鉴频器中,这类鉴相器又可分乘积型和叠加性两种。

(一)乘积型相位鉴频器

1. 单谐振回路频相变换网络

在乘积型相位鉴频器中,广泛采用LC单谐振回路作为频率－相位变换网络,其电路如图6-18(a)所示。这是一个由电容C_1和谐振回路LCR组成的分压电路。由图可写出电路的电压传输系数为

$$A_u(j\omega)=\frac{\dot{U}_2}{\dot{U}_1}=\frac{1\Big/\left(\frac{1}{R}+j\omega C-j\frac{1}{\omega L}\right)}{\frac{1}{j\omega C_1}+1\Big/\left(\frac{1}{R}+j\omega C-j\frac{1}{\omega L}\right)}$$

$$=\frac{j\omega C_1}{\frac{1}{R}+j\left(\omega C_1+\omega C-\frac{1}{\omega L}\right)} \tag{6-27}$$

令

$$\omega_0=\frac{1}{\sqrt{L(C+C_1)}},Q_e=\frac{R}{\omega_0 L}\approx\frac{R}{\omega L}\approx\omega(C+C_1) \tag{6-28}$$

代入式(6-27),得

$$A_u(j\omega)=\frac{j\omega C_1 R}{1+jQ_e\left(\frac{\omega^2}{\omega_0^2}-1\right)} \tag{6-29}$$

当失谐不太大时,式(6-29)可简化为

$$A_u(j\omega)\approx\frac{j\omega_0 C_1 R}{1+jQ_e\frac{2(\omega-\omega_0)}{\omega_0}} \tag{6-30}$$

由此可得到变换网络的幅频特性和相频特性分别为

$$A_u(\omega)=\frac{\omega_0 C_1 R}{\sqrt{1+\left(2Q_e\dfrac{\omega-\omega_0}{\omega_0}\right)^2}},\varphi(\omega)=\frac{\pi}{2}-\arctan\left(2Q_e\frac{\omega-\omega_0}{\omega_0}\right) \tag{6-31}$$

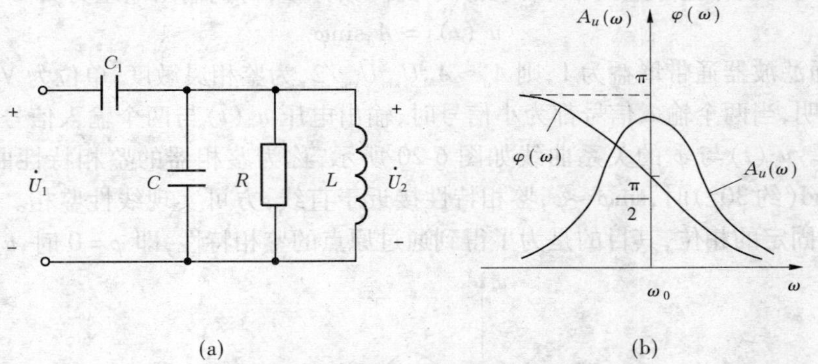

图 6-18　谐振谐回路频相变换网络

根据式(6-31)作出变换网络的幅频特性和相频特性曲线，如图 6-18(b)所示。由图可见，当输入信号频率 $\omega=\omega_0$ 时，$\varphi(\omega)=\pi/2$，当 ω 偏离 ω_0 时，相移 $\varphi(\omega)$ 在 $\pi/2$ 上下变化，$\omega>\omega_0$时，随着 ω 增大，$\varphi(\omega)$ 减小；$\omega<\omega_0$ 时，随着 ω 减小，$\varphi(\omega)$ 增大。但只有当失谐量 $\arctan(2Q_e(\omega-\omega_0)/\omega_0)$ 很小时，相频特性曲线才近似为线性的。此时

$$\varphi(\omega)\approx\frac{\pi}{2}-2\frac{Q_e}{\omega_0}(\omega-\omega_0) \tag{6-32}$$

若输入 $\dot{U}_1$ 为调频信号，其瞬时角频率 $\omega(t)=\omega_c+\Delta\omega(t)$，且 $\omega_0=\omega_c$，则式(6-32)可写成

$$\varphi(\omega)\approx\frac{\pi}{2}-2\frac{Q_e}{\omega_0}\Delta\omega(t) \tag{6-33}$$

可见，当调频信号 $\Delta\omega_m$ 较小时，图 6-18(a)所示变换网络可不失真地完成频率－相位变换。

2. 乘积型相位鉴频器工作状态

模拟相乘器可用来检出两个输入信号之间的相位差，实现相位－电压的变换作用。图 6-19是乘积型相位鉴频器组成模型。乘积型相位鉴频器是由模拟相乘器和线性相移网络组成的鉴频器，通常又称为正交鉴频器。根据加到相乘器输入信号幅度的大小不同，乘积型相位鉴频器有三种工作状态，下面分别加以说明。

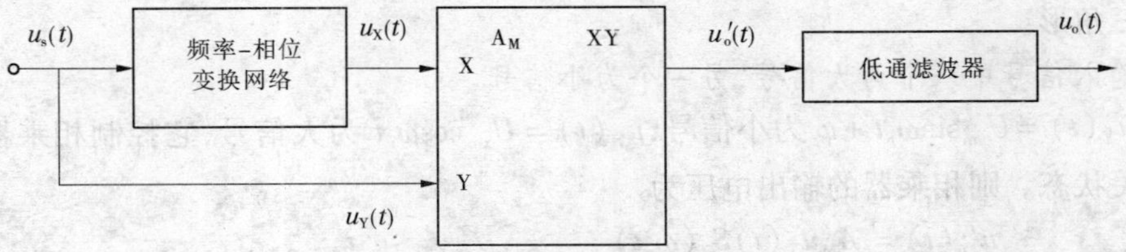

图 6-19　乘积型相位鉴频器

1) 两个输入信号均为小信号

设 $u_X(t)=U_{xm}\cos\omega_c t$ 和 $u_Y(t)=U_{ym}\sin(\omega_c t+\varphi)$ 均为小信号，$u_X(t)$ 和 $u_Y(t)$ 除有相位差

φ 外，还有固定的相位差 π/2。由此可得相乘器的输出电压 $u'_o(t)$ 为

$$
\begin{aligned}
u'_o(t) &= A_M u_X(t) u_Y(t) = A_M U_{xm} U_{ym} \cos\omega_c t \sin(\omega_c t + \varphi) \\
&= \frac{1}{2} A_M U_{xm} U_{ym} \sin\varphi + \frac{1}{2} A_M U_{xm} U_{ym} \sin(2\omega_c t + \varphi)
\end{aligned} \tag{6-34}
$$

通过低通滤波器滤除上式中第二项所示的高频分量，得到输出电压为

$$
u_o(t) = A_d \sin\varphi \tag{6-35}
$$

式中，设低通滤波器通带增益为 1，则 $A_d \approx A_M U_{xm} U_{ym}/2$，为鉴相灵敏度，单位为 V。

上式说明，当两个输入信号都为小信号时，输出电压 $u_o(t)$ 与两个输入信号相位差的正弦值成正比。$u_o(t)$ 与 φ 的关系曲线如图 6-20 所示，称为鉴相器的鉴相特性曲线，只有当 $|\varphi| \leqslant 0.5$ rad（约 30°）时，$\sin\varphi \approx \varphi$，鉴相特性接近于直线，方可实现线性鉴相。两输入信号中引入 π/2 固定的相位，其目的是为了得到通过原点的鉴相特性，即 $\varphi = 0$ 时，$u_o(t) = 0$。

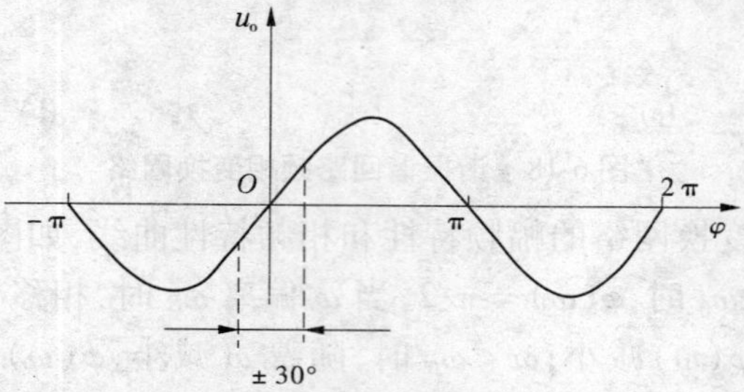

图 6-20　鉴相特性曲线

2）两个输入信号均为大信号

当 $u_X(t) = U_{xm}\cos\omega_c t$ 和 $u_Y(t) = U_{ym}\sin(\omega_c t + \varphi)$ 均为大信号时，其波形如图 6-21（a）所示。由于模拟相乘器自身的限幅作用，可以将 $u_X(t)$ 和 $u_Y(t)$ 由正弦波变成正、负对称的方波信号 $u'_X(t)$ 和 $u'_Y(t)$，如图 6-21（b）所示。经相乘后的输出电压 $u'_o(t)$ 的波形如图 6-21（c）所示。由于低通滤波器的输出电压 $u_o(t)$ 正比于相乘器输出电压的平均值，因此可求得

$$
\begin{aligned}
u_o(t) &= \frac{U'_{om}}{2\pi}\left[2\left(\frac{\pi}{2} + \varphi\right) - 2\left(\frac{\pi}{2} - \varphi\right)\right] \\
&= \frac{2U'_{om}}{\pi}\varphi
\end{aligned} \tag{6-36}
$$

由上式可以作出相乘器的鉴相特性，如图 6-22 所示。在 $|\varphi| \leqslant \pi/2$ 范围内为一条通过原点的直线。可以证明当 $|\varphi| > \pi/2$ 时，鉴相特性向两侧周期性重复，是一条三角形鉴相特性曲线三角形。

3）输入信号中一个为大信号，另一个为小信号

设 $u_Y(t) = U_{ym}\sin\omega_c t + \varphi$ 为小信号，$u_X(t) = U_{xm}\cos\omega_c t$ 为大信号，它控制相乘器使之工作在开关状态。则相乘器的输出电压为

$$
\begin{aligned}
u'_o(t) &= A_M u_Y(t) S_2(\omega_c t) \\
&= A_M U_{ym} \sin(\omega_c t + \varphi)\left(\frac{4}{\pi}\cos\omega_c t - \frac{4}{3\pi}\cos 3\omega_c t + \cdots\right) \\
&= \frac{2A_M U_{ym}}{\pi}[\sin\varphi + \sin(2\omega_c t + \varphi)] - \cdots
\end{aligned} \tag{6-37}
$$

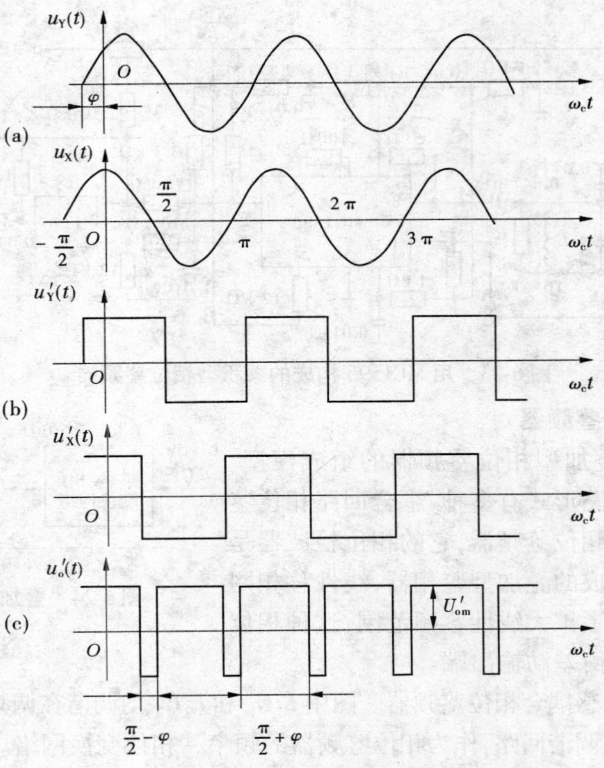

图 6-21　大信号时鉴频器波形

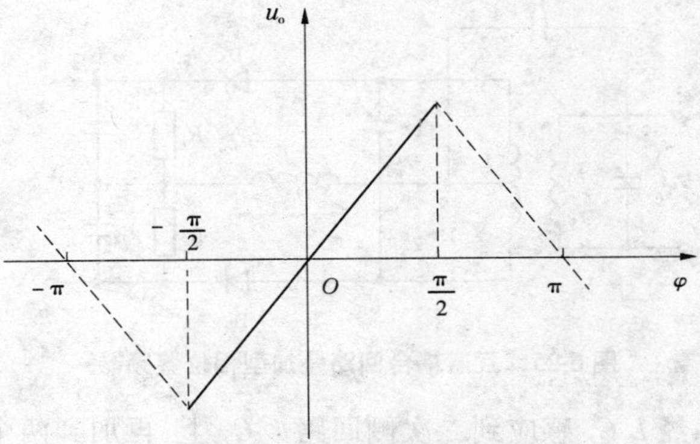

图 6-22　三角形鉴相特性

通过低通滤波器滤除高频分量，得到

$$u_o(t) = A_d\sin\varphi \tag{6-38}$$

式中，$A_d = 2A_M U_{ym}/\pi$。由上式可见，相乘器输入信号中有一个为大信号时，鉴相特性仍为正弦特性，不过鉴相灵敏度 A_d 仅与 U_{ym} 有关，而与 $u_X(t)$ 的幅值无关。

由于乘积型鉴相器一般只有一个调谐回路，在大规模集成电路中使用十分方便，如调频中放 TA7321P、MC3359、MC3361，鉴频集成电路中的 TA7072、TA7073P、TBA750C、MPC1382C、M51354AP、HA11485ANT 以及电视伴音中放 TA7680A 等。

图 6-23 是用 MC1596 集成电路构成的乘积型相位鉴频器电路。

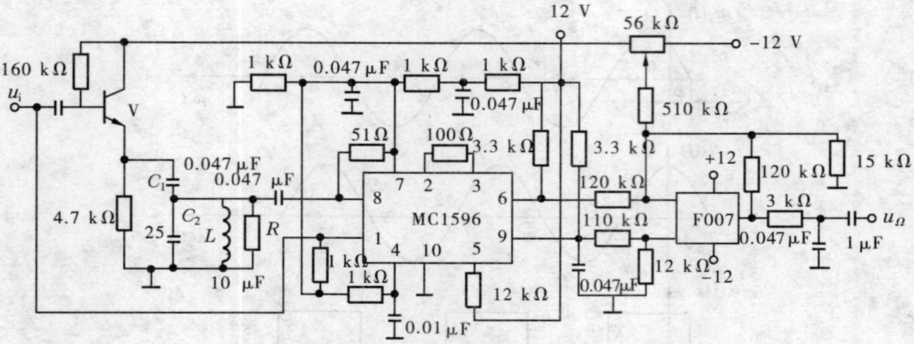

图 6-23　用 MC1596 构成的乘积型相位鉴频器

(二)叠加型相位鉴频器

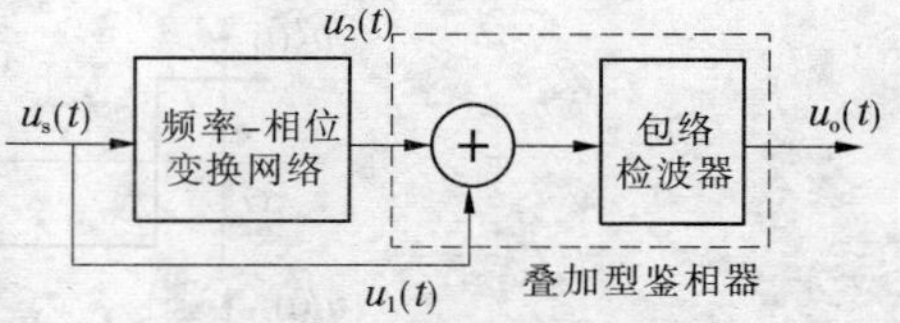

图 6-24　叠加型相位鉴频器

图 6-24 所示是叠加型相位鉴频器的组成模型。叠加型相位鉴频器电路形式有多种,耦合回路相位鉴频器是常用的叠加型相位鉴频器,它的相位检波器是由两个包络检波器组成的叠加型鉴相器,线性移相网络采用耦合回路。为了扩大线性鉴频范围,这种相位鉴频器通常都接在平衡差动输出端。

图 6-25 所示为互感耦合相位鉴频器。图中 L_1C_1 和 L_2C_2 均调谐在调频信号的中心频率 f_c 上,并构成互感耦合双调谐回路,作为相位鉴频器的频率 - 相位变换网络。C_c 为隔直流电容,它对输入信号频率呈短路,L_3 是高频扼流圈,D_1、D_2 及 C_3、R_1、C_4、R_2 构成包络检波电路。

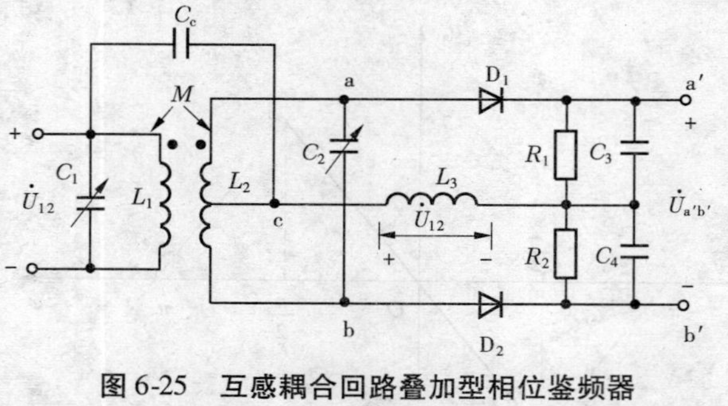

图 6-25　互感耦合回路叠加型相位鉴频器

输入调频信号 $\dot{U}_{12}$ 经 L_1C_1 感应到二次侧回路 L_2C_2 上,再加到两个二极管包络检波器上。另外,一次侧电压 $\dot{U}$ 通过 C_c 加到 L_3 上。假设没有高频耦合电容 C_c 和扼流圈 L_3 引入的初级电压,那么,不论输入信号的频率如何变化,经互感耦合加在两个检波器上的电压总是大小相等、方向相反。由于幅度检波器的对称性,检波后的电压互相抵消,输出电压 u_o 永远等于零。现在接入 C_c 和 L_3 后,当输入信号频率小于或大于 f_c 时,$\dot{U}_{a'b'}$ 和 $\dot{U}_{12}$ 之间相移将随着变化,然后经过平衡鉴频器,在输出端获得调频波的解调信号 u_o。共鉴频特性曲线与图 6-26 所示

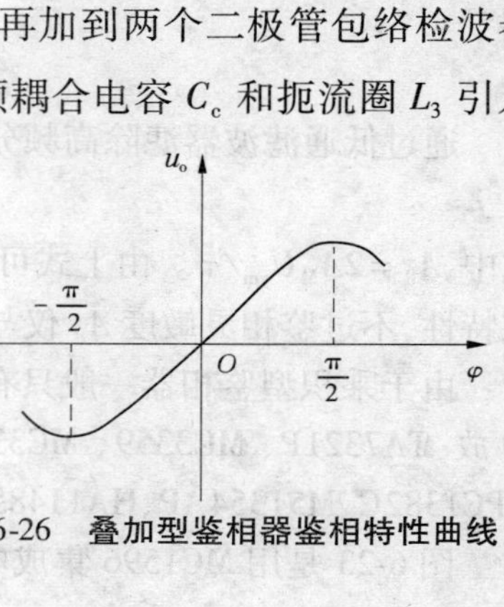

图 6-26　叠加型鉴相器鉴相特性曲线

的鉴相特性曲线类似。

四、脉冲计数式鉴频器

脉冲计数式鉴频器有多种实现电路,图 6-27 所示是一种实现电路的组成及工作波形。调频波瞬时频率的变化,直接表现为调频信号过零点的疏密的变化。当瞬时频率高时,形成的脉冲数目就多,瞬时频率低时,形成的脉冲数目就少。若在单位时间内对矩形脉冲进行计数,所得脉冲数目的变化规律就反映了调频波的瞬时频率的变化规律,也就是鉴频的结果。

由于低通滤波器输出电压的幅度正比于调频波的瞬时频率,即正比于输入低通滤波器的脉冲数目,故称之为脉冲计数式鉴频器。

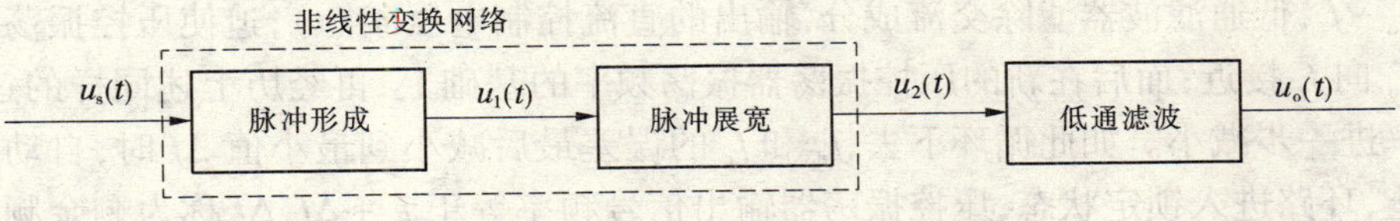

(a)

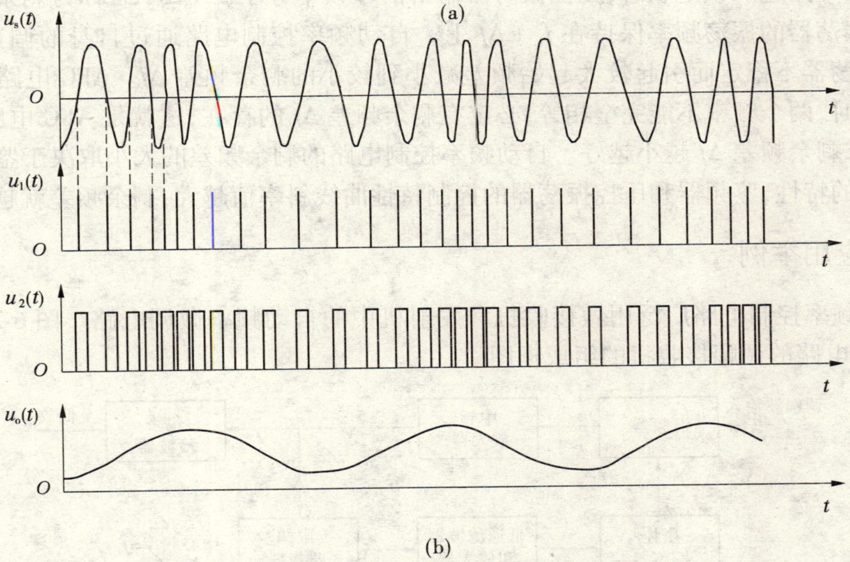

(b)

图 6-27 脉冲计数式鉴频器组成及其工作波形

第五节 自动频率控制

在通信和各种电子设备中,频率是否稳定将直接影响到系统的性能。工程上常采用自动频率控制电路来调节振荡器的频率,使之稳定在某一预定的标准频率附近。

一、工作原理

图 6-28 所示为 AFC 电路的原理框图,它由鉴频器、低通滤波器和压控振荡器组成。

在电路中控制对象是压控振荡器(VCO),它的振荡频率受误差电压控制。反馈控制器是由鉴频器以及放大和低通滤波器构成的,它由输入的标准频率与压控振荡器(VCO)输出

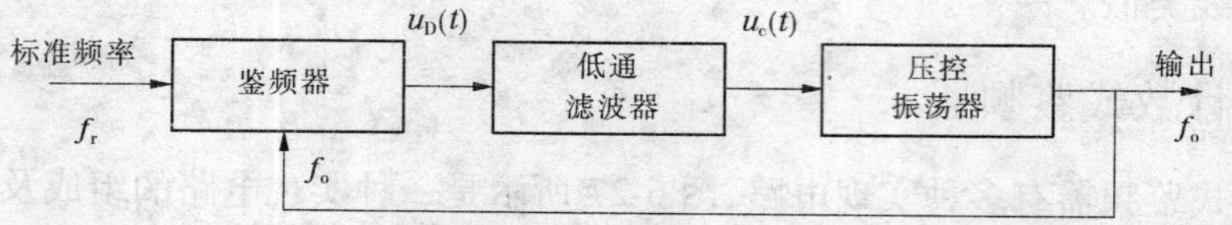

图 6-28　AFC 电路原理框图

的振荡频率，在鉴频器中进行比较，将频率误差变换成相应电压，经放大和低通滤波，输入到压控振荡器形成环路。

图 6-28 中，压控振荡器的输出频率 f_o 与标准频率 f_r 在鉴频器中进行比较，当 $f_o=f_r$ 时，鉴频器无误差电压输出，压控振荡器不受影响；当 $f_o\neq f_r$ 时，鉴频器有误差电压输出，其大小正比于 f_o-f_r，低通滤波器滤除交流成分，输出的直流控制电压 $u_c(t)$，迫使压控振荡器的振荡频率 f_o 向 f_r 接近；而后在新的压控振荡器振荡频率的基础上，再经历上述同样的过程，使误差频率进一步减小。如此循环下去，f_o 和 f_r 的误差最后减小到最小值 Δf 时，自动微调过程即停止，环路进入锁定状态，压控振荡器输出信号频率等于 $f_r+\Delta f$，Δf 称为剩余频差。这时，压控振荡器的振荡频率保持在 $f_r+\Delta f$ 上。自动频率控制电路通过自身的调节，可以将因压控振荡器不稳定而引起较大起始频差减小到较小的剩余频差 Δf。AFC 电路达到最后稳定状态时，两个频率不能完全相等，必定有剩余频差 Δf 的存在，这就是 AFC 电路的缺点。当然，要求剩余频差 Δf 越小越好。自动频率控制电路的剩余频差的大小取决于鉴频器和压控振荡器的特性，鉴频器和压控振荡器的控制特性曲线斜率值越大，剩余频差就越小。

二、应用举例

自动频率控制电路广泛用做接收机和发射机中的自动频率微调电路。图 6-29 所示是采用 AFC 电路的调幅接收机的组成框图。

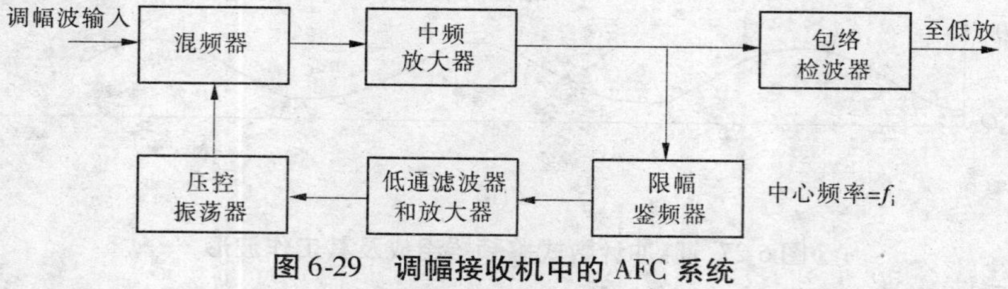

图 6-29　调幅接收机中的 AFC 系统

采用 AFC 电路的调幅接收机比普通的调幅接收机增加了限幅鉴频器、低通滤波器和放大器等部分，同时将本机振荡器改为压控振荡器。图中，混频器输出的中频信号经中频放大器放大后，输出的部分中频信号送到限幅鉴频器进行鉴频，鉴频器将偏离于额定中频的频率误差变换成电压。该电压通过窄带低通滤波器和放大器后作用到压控振荡器上。压控振荡器的振荡频率发生变化，使偏离于中频的频率误差减小。这样，在 AFC 电路的作用下，接收机的输入调幅信号的载波频率和压控振荡器振荡频率之差接近于额定中频。因此，采用 AFC 电路之后，中频放大器的带宽减小，从而有利于提高接收机的灵敏度和选择性。

图 6-30 所示是采用 AFC 电路的调频发射机组成框图。图中的晶体振荡器采用参考频率信号源，其频率为 f_r，它的频率稳定度很高，作为 AFC 电路的标准频率。调频振荡器的振荡频率为 f_c，鉴频器的中心频率调整在 f_r-f_c。由于 f_r 稳定度很高，当调频振荡器中心频率

发生漂移时，混频器输出的频差 $f_r - f_c$ 也随之变化，使限幅鉴频器输出的电压发生变化，经低通滤波器滤除调制频率分量后，将缓慢变化的电压加到调频振荡器上，调节其振荡频率使中心频率漂移减小，直至稳定。

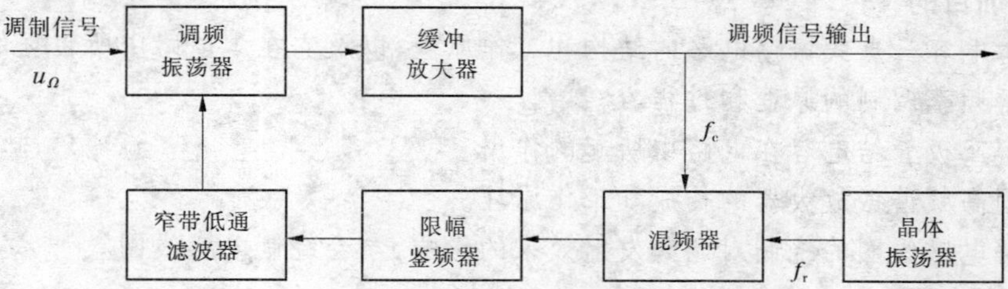

图 6-30　具有 AFC 电路的调频发射机框图

本章小结

(1) 调频与调相都表示为载波信号的瞬时相位受到调变，故统称为角度调制。调频信号与调相信号有类似的表达式和基本特性，不过调频是由调制信号去改变载波信号的频率，使其瞬时角频率 $\omega(t)$ 在载波角频率 ω_c 的上下按调制信号的规律而变化，即 $\omega(t) = \omega_c + k_f u_\Omega(t)$；而调相是用调制信号去改变载波信号的相位，使其瞬时相位 $\varphi(t)$ 在 $\omega_c(t)$ 上叠加按调制信号规律变化的附加相移，即 $\varphi(t) = \omega_c(t) + k_p u_\Omega(t)$。

角度调制具有抗干扰能力强和设备利用率高等优点，但调角信号的有效频谱带宽比调幅信号大得多，而且其带宽与调制指数大小有关。

(2) 产生调频信号的方法很多，通常可分为直接调频和间接调频两类。直接调频是用调制信号直接控制振荡器振荡回路元件的参数而获得调频信号，其优点是可以获得大的频偏，缺点是中心频率的稳定度低；间接调频是先将调制信号积分，然后对载波信号进行调相而获得调频信号，其优点是中心频率稳定度高，缺点是难以获得大的频偏。

直接调频广泛采用变容二极管直接调频电路，它具有工作频率高、固有损耗小等优点，但其中心频率的稳定度和线性调频范围与变容二极管特性及工作状态有关。

由变容二极管构成的谐振回路具有调相作用，将调制信号积分后去控制变容二极管的结电容 C_j，即可实现调频，但它很难获得大频偏的调频信号。

在实际调频设备中，常采用倍频器和混频器来获得所需的载波频率和最大线性频偏，用倍频器同时扩大中心频率和频偏，用混频器改变载波频率的大小，使之达到所需值。

(3) 调频信号的解调电路称为鉴频电路。能够检出两输入信号之间相位差的电路称为鉴相电路。

鉴频电路的输出电压与输入调频信号频率之间的关系曲线称为鉴频特性曲线，通常希望鉴频特性曲线要陡峭，线性范围要大。

相位鉴频器是先将等幅的调频信号送入频率－相位变换网络，变换成调相－调频信号，然后用鉴相器进行解调。采用乘积型鉴相器的称为乘积型相位鉴频器，它由相乘器和单谐振回路频率－相位变换网络组成。采用叠加型鉴相器的称为叠加型相位鉴频器，它由耦合回路频率－相位变换网络和二极管包络检波电路组成。

实训:三极管调频发射机的制作

(一)实训目的

(1)熟悉电容三点式振荡电路的结构和工作原理,以及它在本电路中所占据的位置。

(2)理解频率调制的原理和过程。

(3)了解三极管结电容在电路中所起的作用。

(4)巩固高频谐振放大器的构成和工作原理。

(5)了解电感线圈的绕制对调频发射效果的影响,学会绕制电感线圈。

(二)实训步骤

(1)复习相关理论知识,熟悉电路的工作原理。

(2)如图 6-31 所示,准备电路中所需要的各种电子元器件。

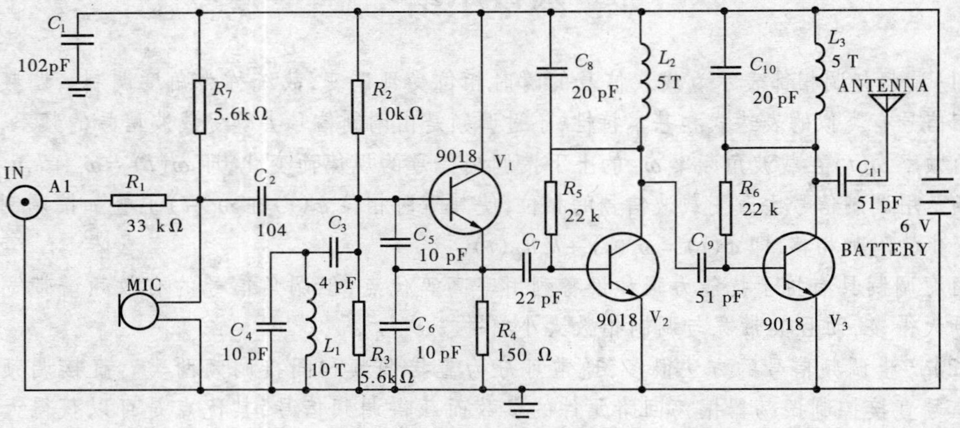

图 6-31 调频发射机电路原理图

(3)按照要求手工绕制电感线圈 L_1、L_2 和 L_3。

(4)利用 Protel 99 软件绘制电路原理图。

(5)给原理图中的各个元件填写对应的封装,Protel 99 软件封装库中没有的,要求自己制作。

(6)在 Protel 99 软件中转化得到实用的电路板图。

(7)制作电路板,并装配、焊接成功。

(8)借助频率计调整电感线圈 L_1,使电路振荡频率在 88~108 MHz 范围内。

(9)利用示波器观察后两级谐振放大器各自的输出波形,调整电感线圈 L_2、L_3,使输出波形的幅度最大。

(10)给电路板输入音频信号,利用调频收音机对整个电路进行调试和实测。

(11)调好后,再配上合适的外壳,一台小巧精致的调频发射机就做好了。

(三)说明

(1)如图 6-31 所示,音频信号作用于三极管 V_1 的发射结作为调制电压,该电压的大小直接改变发射结的结电容。结电容作为回路参数的一部分,其大小将影响高频振荡器的振荡频率。

(2)图6-31中，三个电容C_2、C_7、C_9将整个电路分成四部分：

①最左边的第一部分为音频信号的输入接口电路。

②接下来的第二部分完成高频载波的振荡产生和频率调制功能。调节L_1或C_3、C_4可以改变发射频率。

③最后两部分电路结构相同，是两级高频谐振放大电路。改变L_2、L_3的值，将改变放大器谐振的中心频率，从而影响已调波的输出功率，这是影响发射机发射距离的关键。

(四)实训要求

(1)手工绕制电感线圈。要求用直径为0.5 mm的漆包线，绕成直径为5 mm的线圈，绕制时线圈间距要紧密，线圈绕制的圈数见图6-31。

(2)按照以上各个步骤绘制电路图，并制出电路板。要求：元器件布局规则；插接口位置分布合理(尽量在边缘)；线径和焊盘直径适当；布线合理。

(3)会熟练调试调频发射机电路，达到理想的效果。

(4)对调频发射机进行实测，并记录下测量数据，完成实训报告。

习　题

6-1　已知调制信号$u_\Omega(t)=(2\cos2\pi\times10^3t+3\cos3\pi\times10^3t)$ V，载波信号$u_c(t)=10\cos2\pi\times10^6t$ V，调频比例常数$k_f=3$ kHz/V。试写出调频波表达式。

6-2　已知调制信号$u_\Omega(t)=0.1\sin(2\pi\times10^3t)$ V，载波中心频率为1 MHz。把它分别送到AM调幅电路和调频电路中，分别形成调幅波u_{AM}和调频波u_{FM}。调幅电路的调幅比例常数$k=0.05$，调频电路的调频比例常数$k_f=1$ kHz/V。请分别写出u_{AM}和u_{FM}的表达式，求各信号的带宽。

6-3　有一彩色电视机伴音采用频率调制，4频道的伴音载波中心频率$f_c=83.75$ MHz，最大频偏$\Delta f_m=50$ kHz，最高调制频率$f_{max}=15$ kHz。问该调频信号瞬时频率的变化范围是多少？

6-4　已知调制信号$u_\Omega(t)=U_{\Omega m}\cos2\pi Ft$。试求在下列四种情况下，两种角度调制信号的最大频偏Δf_m。

(1)$f=1$ kHz，$m_f=12$ rad，$m_p=12$ rad；

(2)$U_{\Omega m}$不变，$f=2$ kHz；

(3)$f=1$ kHz，$U_{\Omega m}$增加1倍；

(4)$f=2$ kHz，$U_{\Omega m}$增加1倍。

6-5　已知鉴频器的输入信号$u_{FM}=3\sin(\omega_ct+10\sin2\pi\times10^3t)$ V，鉴频灵敏度$S_D=-5$ mV/kHz，线性鉴频范围大于$2\Delta f_m$。求鉴频器的输出电压$u_o(t)$。

6-6　调角波$u(t)=10\cos(2\pi\times10^6t+10\cos2\,000\pi t)$ V，试确定：

(1)最大频偏；

(2)最大相偏；

(3)信号带宽；

(4)此信号在单位电阻上的功率；

(5)能否确定这是 FM 波还是 PM 波？

(6)调制电压。

6-7　调制信号 $u_\Omega(t)=2\cos2\pi\times10^3t+3\cos3\pi\times10^3t$，调频灵敏度 $k_f=3$ kHz/V，载波信号为 $u_c(t)=5\cos2\pi\times10^7t$V，试写出此 FM 信号表达式。

6-8　调制信号如图 6-32 所示。

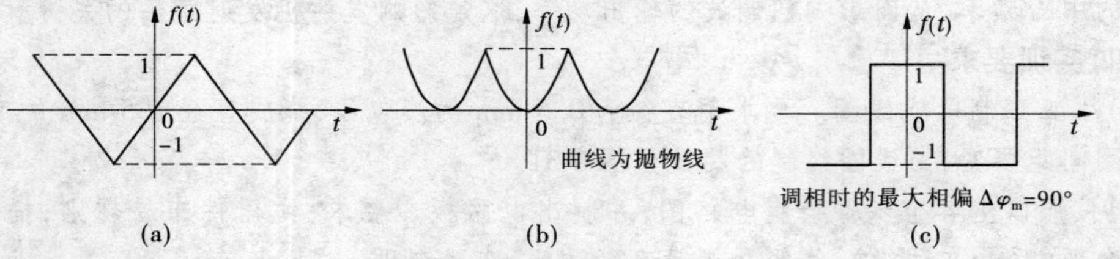

图 6-32

(1)画出 FM 波的 $\Delta\omega(t)$ 和 $\Delta\varphi(t)$ 曲线；

(2)画出 PM 波的 $\Delta\omega(t)$ 和 $\Delta\varphi(t)$ 曲线；

(3)画出 FM 波和 PM 波的波形草图。

6-9　频率为 100 MHz 的载波被频率被 5 kHz 的正弦信号调制，最大频偏为 50 kHz，求此时 FM 波的带宽。若 $U_{\Omega m}$ 加倍，频率不变，带宽是多少？若 $U_{\Omega m}$ 不变，频率增大 1 倍，带宽如何？若 $U_{\Omega m}$ 和频率都增大 1 倍，带宽又如何？

6-10　电视四频道的伴音载频 $f_c=83.75$ MHz，$\Delta f_m=50$ kHz，$f_{max}=15$ kHz。

(1)画出伴音信号频谱图；

(2)计算信号带宽；

(3)瞬时频率的变化范围是多少？

6-11　如图 6-33 所示变容管 FM 电路，$f_c=360$ MHz，$\gamma=3$，$u_\varphi=0.6$ V，$u_\Omega(t)=\cos\Omega t$V。图中 L_c 为高频扼流圈，C_3、C_4 和 C_5 为高频旁路电容。

(1)分析此电路工作原理并说明其他各元件作用；

(2)调节 R_2 使变容管反偏电压为 6 V，此时 $C_{j\Omega}=20$ pF，求 L；

(3)计算最大频偏。

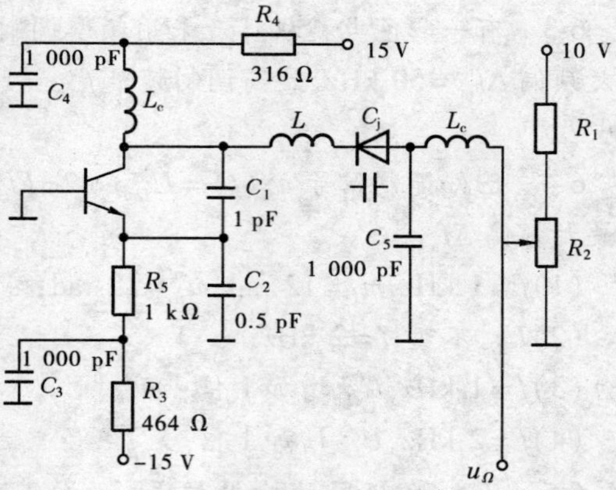

图 6-33

6-14　设计一个调频发射机，要求工作频率为 160 MHz，最大频偏为 1 MHz，调制信号最高频率为 10 kHz，副载频选 500 kHz，试画出发射机方框图，并标出各处的频率和最大频偏值。

第七章　锁相环电路与频率合成技术

第一节　概　述

在现代通信系统和电子设备中，为保证通信稳定，广泛采用了各种类型的自动控制电路，以改善设备的性能指标。由于这些控制电路都是运用反馈的原理，因而又可称为反馈控制电路。在系统受到扰动的情况下，通过反馈控制作用，可使系统的某个参数达到所需的精度，或按照一定的规律变化。

根据控制对象参量的不同，常见的自动控制电路可以分为以下三类：

(1) 自动增益控制(Automatic Gain Control，简称 AGC)。

自动增益控制能自动控制系统中某级或某几级放大器的增益大小，使电路或系统能在外来信号强弱悬殊的条件下，保持输出电平为某一设定值。它主要用于接收机中，以维持整机输出恒定，几乎不随外来信号的强弱变化。

(2) 自动频率控制(Automatic Frequency Control，简称 AFC)。

自动频率控制也称自动频率调整(AFT)，它能自动维持电子线路或设备的工作频率稳定。例如，在彩色电视接收机中，常用 AFC 技术来控制本振电路的振荡频率，以提高中频频率的准确性。在测量设备中也有运用 AFC 技术的。

(3) 自动相位控制(Automatic Phase Control，简称 APC)。

自动相位控制又称为锁相环电路(Phase Locked Loop，简称 PLL)，它能使被控振荡器输出信号的频率与参考信号的频率相一致，相位保持严格的关系，即实现相位锁定，以此可实现调频、鉴频、混频、解调、频率合成等一系列电路功能，是应用最广泛的一种反馈控制电路。

自动控制电路的基本组成框图如图 7-1 所示，由比较器、控制信号发生器、可控器件和反馈网络四部分组成一个负反馈闭合环路。各部分的作用如下。

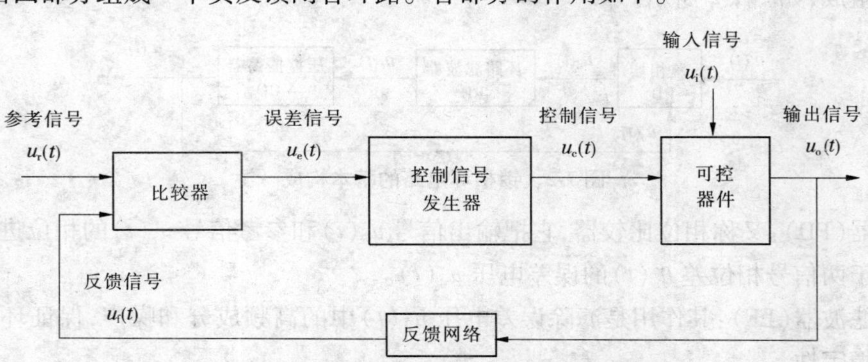

图 7-1　自动控制电路的基本组成框图

比较器：将参考信号 $u_r(t)$ 和反馈信号 $u_f(t)$ 进行比较，输出二者的差值即误差信号 $u_e(t)$，然后经过控制信号发生器送出控制信号 $u_c(t)$，对可控器件的某一特性进行控制。比较器可以是电压比较器、频率比较器（鉴频器），也可以是相位比较器（鉴相器）。

可控器件：或者是其输入输出特性受控制信号 $u_c(t)$ 的控制（如可控增益放大器），或者是在不加输入的情况下，本身输出信号的某一参量受控制信号 $u_c(t)$ 的控制（如压控振荡器）。

反馈网络：在输出信号 $u_o(t)$ 中提取所需要进行比较的分量，送到比较器与参考信号进行比较。

这种自动控制系统具有以下特点：第一，反馈必须是负反馈，即反馈的作用必须是减小或消除误差；第二，自动控制系统是以误差进行控制的，只要有误差产生，就会产生控制作用；第三，这种系统对外部干扰和内部参数变化的影响具有抑制作用；第四，这种系统对减小设备的非线性失真有好处。

本章主要介绍自动控制电路中的锁相环电路和在此基础上发展起来的频率合成技术。

第二节　锁相环电路

AFC 电路是以消除频率误差为目的的反馈控制电路，由于它的基本原理是利用频率误差电压去消除频率误差，因此当电路达到平衡状态后，必然会有剩余频率误差，即频率误差不可能为零，这是 AFC 的固有缺点。

锁相环也是一种以消除频率误差为目的的反馈控制电路，但是它的基本原理是利用相位误差去消除频率误差，因此当电路达到平衡状态后，尽管存在剩余相位误差，但频率误差可以降低到零，从而实现无频率误差的频率跟踪和相位跟踪。

目前，锁相环电路在许多技术领域获得了广泛的应用，在模拟和数字通信系统中，已成为不可或缺的基本部件，它应用于滤波、频率合成、调制与解调、信号检测等多个方面。

一、锁相环电路的构成和基本原理

锁相环是一个相位负反馈控制系统。它由鉴相器（Phase Detector，缩写为 PD）、环路滤波器（Loop Filter，缩写为 LF）和压控振荡器（Voltage Controlled Oscillator，缩写为 VCO）三个基本部件组成，如图 7-2 所示。

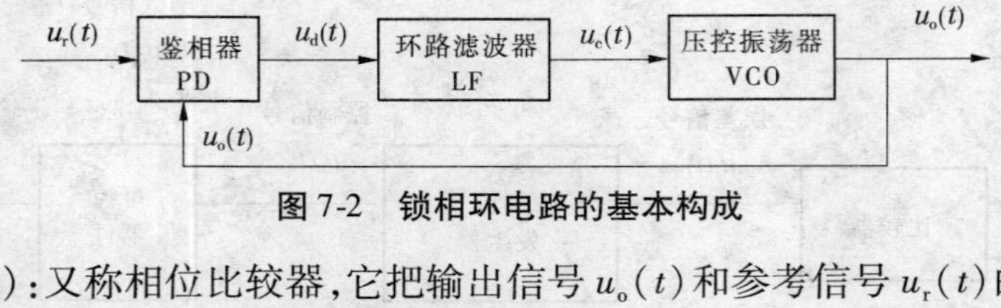

图 7-2　锁相环电路的基本构成

鉴相器（PD）：又称相位比较器，它把输出信号 $u_o(t)$ 和参考信号 $u_r(t)$ 的相位进行比较，产生对应于两信号相位差 $\theta_e(t)$ 的误差电压 $u_d(t)$。

环路滤波器（LF）：其作用是滤除误差电压 $u_d(t)$ 中的高频成分和噪声，保证环路性能，提高系统稳定性。

压控振荡器（VCO）：受控制电压 $u_c(t)$ 的控制，使其振荡频率向参考频率靠近，使两者频率误差越来越小，直至频率误差消除而被锁定。

两个人在操场跑步，如果两人速度相同，则他们两个之间的距离始终保持不变；否则，两人之间的距离会越来越大。同样的道理,当两个正弦信号频率相等时,则两个信号之间的相位差必然保持恒定,若两个正弦信号频率不相等,则它们之间的瞬时相位差将随时间变化而不断变化。如果能保证两个信号之间的相位差恒定,则两个信号的频率必相等。锁相环就是通过控制两个信号之间的相位差恒定使其频率相等的。

设参考信号为

$$u_r(t) = U_r\sin[\omega_r t + \theta_r(t)] \tag{7-1}$$

如果参考信号是未调载波,则 $\theta_r(t)=\theta_r=$常数。

设输出信号为

$$u_o(t) = U_o\cos[\omega_0 t + \theta_0(t)] \tag{7-2}$$

两信号之间的瞬时相差为

$$\theta_e(t) = (\omega_r t + \theta_r) - [\omega_0 t + \theta_0(t)] = (\omega_r - \omega_0)t + \theta_r - \theta_0(t) \tag{7-3}$$

由频率和相位之间的关系可得两信号之间的瞬时频率误差为

$$\frac{\mathrm{d}\theta_e(t)}{\mathrm{d}t} = \omega_r - \omega_0 - \frac{\mathrm{d}\theta_0(t)}{\mathrm{d}t} \tag{7-4}$$

因此,锁相环的工作原理可简述如下:首先,鉴相器把输出信号 $u_o(t)$ 和参考信号 $u_r(t)$ 的相位进行比较,产生一个反映两信号相位差 $\theta_e(t)$ 大小的误差电压 $u_d(t)$;$u_d(t)$ 经过环路滤波器过滤后得到控制电压 $u_c(t)$;最后由控制电压 $u_c(t)$ 去控制振荡器的振荡频率,使其向参考频率靠近,直到两者频率相等而相位同步实现锁定。锁定后两信号之间的相位差表现为一固定的稳态值,即

$$\lim_{t\to\infty}\frac{\mathrm{d}\theta_e(t)}{\mathrm{d}t} = 0 \tag{7-5}$$

此时,输出信号的角频率已偏离了原来的自由振荡角频率 ω_0(控制电压 $u_c(t)=0$ 时的角频率),其偏移量由式(7-4)和式(7-5)可得

$$\frac{\mathrm{d}\theta_0(t)}{\mathrm{d}t} = \omega_r - \omega_0 \tag{7-6}$$

这时输出信号的工作频率已变为

$$\frac{\mathrm{d}}{\mathrm{d}t}(\omega_0 t + \theta_0(t)) = \omega_0 + \frac{\mathrm{d}\theta_0(t)}{\mathrm{d}t} = \omega_r \tag{7-7}$$

由此可见,通过锁相环电路的相位跟踪作用,最终可以实现输出信号与参考信号同步,两者之间不存在频率误差而只存在很小的稳态相差。

二、锁相环电路的数学模型和基本方程

为了建立锁相环电路的数学模型,首先建立鉴相器、环路滤波器和压控振荡器的数学模型。

(一)鉴相器

鉴相器(PD)又称相位比较器,用来比较两个输入信号之间的相位差 $\theta_e(t)$。鉴相器输出的误差信号 $u_d(t)$ 是相位差 $\theta_e(t)$ 的函数,即

$$u_d(t) = f[\theta_e(t)] \tag{7-8}$$

鉴相器的形式很多,按其鉴相特性可分为正弦型、三角型和锯齿型等。较为典型的正弦

型鉴相器可用模拟乘法器与低通滤波器的串接构成,如图 7-3 所示。

若以压控振荡器的载波相位 $\omega_0 t$ 作为参考,将输出信号 $u_o(t)$ 与参考信号 $u_r(t)$ 变形,有:

$$u_o(t) = U_o\cos[\omega_0 t + \theta_2(t)] \tag{7-9}$$

$$u_r(t) = U_r\sin[\omega_r t + \theta_r(t)] = U_r\sin[\omega_0 t + \theta_1(t)] \tag{7-10}$$

式中

$$\theta_2(t) = \theta_0(t)$$

$$\theta_1(t) = (\omega_r - \omega_0)t + \theta_r(t) = \Delta\omega_0 t + \theta_r(t) \tag{7-11}$$

将 $u_o(t)$ 与 $u_r(t)$ 相乘,滤除 $2\omega_0$ 分量,可得

$$u_d(t) = U_d\sin[\theta_1(t) - \theta_2(t)] = U_d\sin\theta_e(t) \tag{7-12}$$

式中,$U_d = \dfrac{K_m U_r U_o}{2}$,$K_m$ 为相乘器的相乘系数,单位为 1/V。U_d 越大,在同样的 $\theta_e(t)$ 下,鉴相器的输出就越大。因此,U_d 在一定程度上反映了鉴相器的灵敏度。$\theta_e(t) = \theta_1(t) - \theta_2(t)$ 为相乘器输入电压的瞬时相位差。图 7-4 是正弦型鉴相器的频域数学模型。

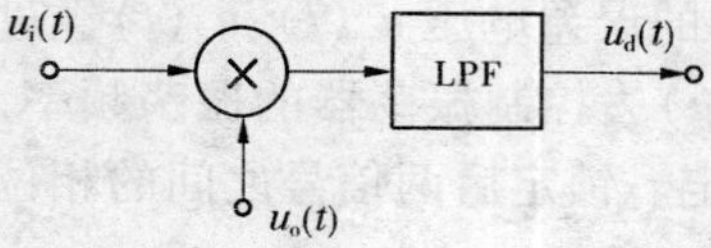

图 7-3　正弦型鉴相器模型

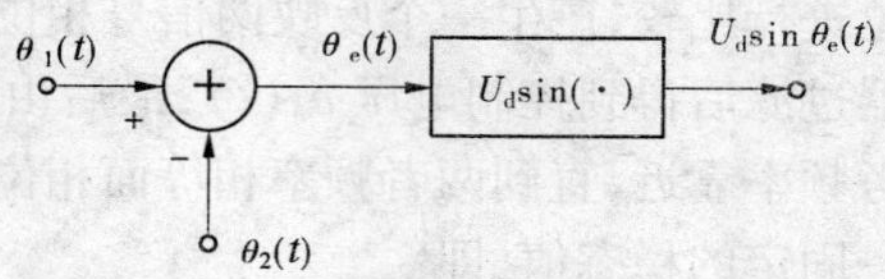

图 7-4　正弦型鉴相器的频域数学模型

(二)环路滤波器

环路滤波器(LF)是一个线性低通滤波器,用来滤除误差电压 $u_d(t)$ 中的高频分量和噪声,更重要的是,它对环路参数调整起到决定性的作用。

环路滤波器一般由线性元件如电阻、电容和运算放大器组成。由于它是一个线性系统,在频域可用其传输函数 $F(s)$ 表示,其中 $s = \delta + j\Omega$ 是复频率。若用 $s = j\Omega$ 代入 $F(s)$,就得到它的频率响应函数 $F(j\Omega)$,故环路滤波器的模型可以表示为图 7-5。

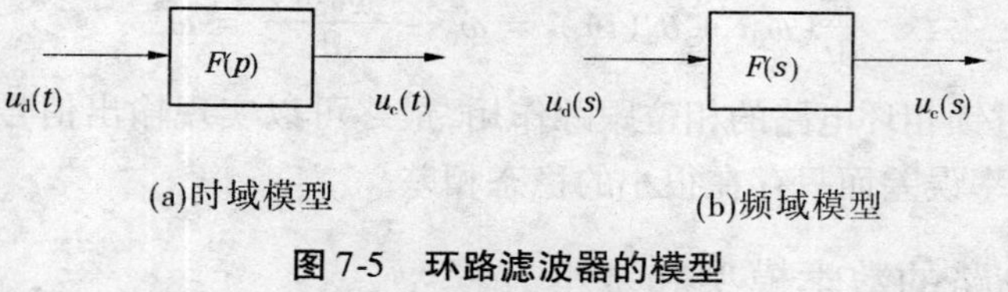

图 7-5　环路滤波器的模型

常用的环路滤波器有 RC 积分滤波器、无源比例积分滤波器和有源比例积分滤波器三种。

1. RC 积分滤波器

RC 积分滤波器是最简单的低通滤波器,电路如图 7-6(a)所示,其传输函数为

$$F(s) = \frac{u_c(s)}{u_d(s)} = \frac{1}{1 + s\tau_1} \tag{7-13}$$

式中,$\tau_1 = RC$ 是时间常数,它是这种滤波器唯一可调的参数。用 $s = j\Omega$ 代入,可得滤波器的频率响应,其对数频率特性如图 7-6(b)所示。由图可见,它具有低通特性,且相位滞后。当

频率很高时,幅度趋于零,相位滞后接近 90°。

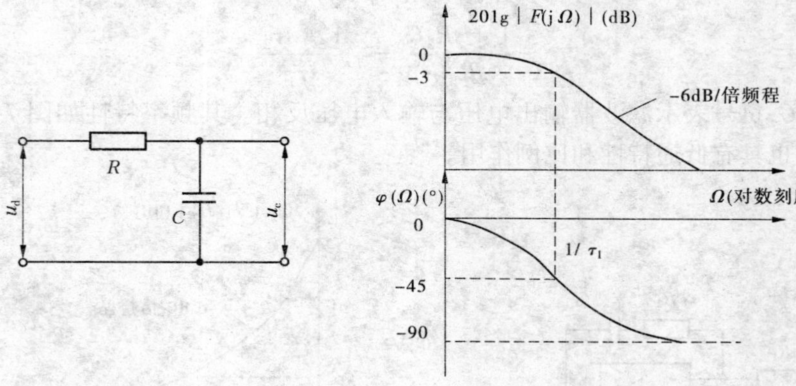

(a)电路组成　　(b)频率特性

图 7-6　RC 积分滤波器的电路组成与频率特性

2. 无源比例积分滤波器

无源比例积分滤波器如图 7-7(a)所示。与 RC 积分滤波器相比,它附加了一个与电容 C 串联的电阻 R_2,这样就增加了一个可调参数。它的传输函数为

$$F(s)=\frac{u_c(s)}{u_d(s)}=\frac{1+s\tau_2}{1+s\tau_1}\tag{7-14}$$

式中,$\tau_1=(R_1+R_2)C$,$\tau_2=R_2C$,它们是两个独立的可调参数。其对数频率特性如图 7-7(b)所示。与 RC 积分滤波器不同的是,当频率很高时,$F(j\Omega)\big|_{\Omega\to\infty}=R_2/(R_1+R_2)$ 是电阻的分压比,这就是滤波器的比例作用。

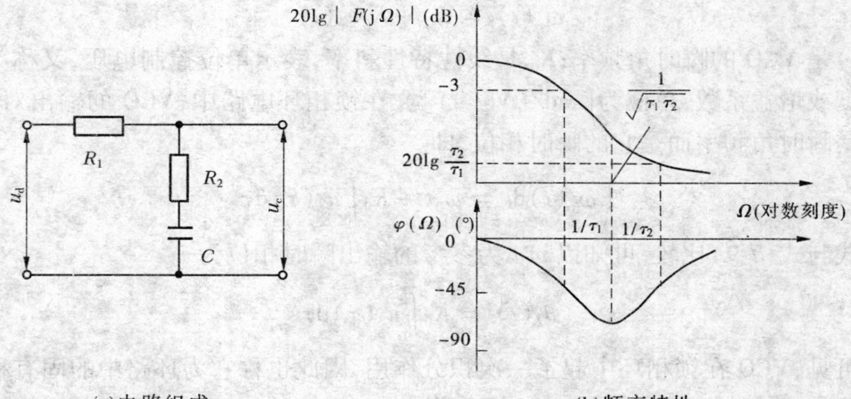

(a)电路组成　　(b)频率特性

图 7-7　无源比例积分滤波器

3. 有源比例积分滤波器

有源比例积分滤波器由运算放大器组成,电路如图 7-8(a)所示。当运算放大器开环电压增益 A 为有限值时,它的传输函数为

$$F(s)=\frac{u_c(s)}{u_d(s)}=-A_u\frac{1+s\tau_2}{1+s\tau_1'}\tag{7-15}$$

式中,$\tau_1'=(R_1+AR_1+R_2)C$,$\tau_2=R_2C$。若 A_u 很高,则

$$F(s) = -A_u \frac{1 + sR_2C}{1 + s(A_uR_1 + R_1 + R_2)C} \approx -A_u \frac{1 + sR_2C}{1 + sA_uR_1C}$$

$$\approx \frac{1 + sR_2C}{sR_1C} = -\frac{1 + s\tau_2}{s\tau_1} \tag{7-16}$$

式中，$\tau_1 = R_1C$，负号表示滤波器输出电压与输入电压反相。其频率特性如图 7-8(b)所示。由图可见，它也具有低通特性和比例作用。

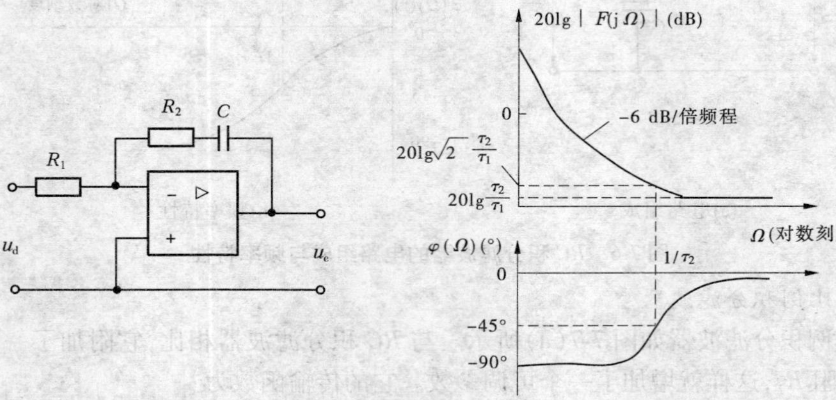

(a)电路组成　　(b)频率特性

图 7-8　有源比例积分滤波器

(三)压控振荡器

压控振荡器(VCO)是一个电压－频率变换器，在环路中作为被控振荡器，它的振荡频率应随输入控制电压 $u_c(t)$ 线性地变化，即

$$\omega_v(t) = \omega_0 + K_0u_c(t) \tag{7-17}$$

式中，$\omega_v(t)$ 是 VCO 的瞬时角频率；K_0 是线性特性斜率，表示单位控制电压，又称为 VCO 的控制灵敏度或增益系数，单位为[rad/(V · s)]。在锁相环电路中，VCO 的输出对鉴相器起作用的不是瞬时角频率而是它的瞬时相位，即

$$\int_0^t \omega_v(t)\,dt = \omega_0 t + K_0\int_0^t u_c(\tau)\,d\tau \tag{7-18}$$

将此式与式(7-9)比较，可知以 $\omega_0 t$ 为参考的输出瞬时相位为

$$\theta_2(t) = K_0\int_0^t u_c(\tau)\,d\tau \tag{7-19}$$

由此可见，VCO 在锁相环中起了一次积分作用，因此也称它为环路中的固有积分环节。式(7-19)就是压控振荡器相位控制特性的数学模型，若对式(7-19)进行拉氏变换，可得到在复频域的表达式为

$$\theta_2(s) = K_0\frac{u_c(s)}{s} \tag{7-20}$$

VCO 的传输函数为

$$\frac{\theta_2(s)}{u_c(s)} = \frac{K_0}{s} \tag{7-21}$$

图 7-9 给出了 VCO 的复频域数学模型。

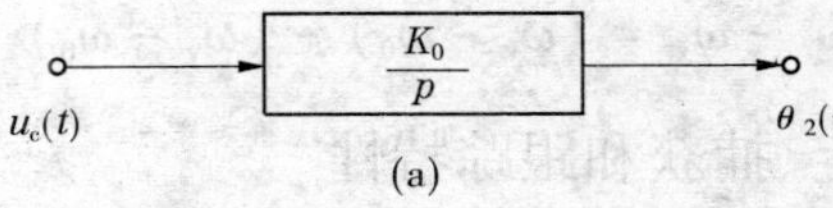

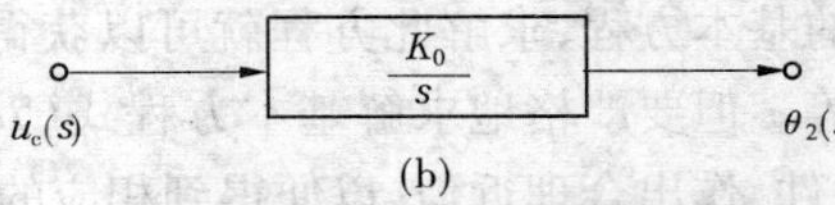

图 7-9　VCO 的复频域数学模型

(四)环路相位模型和基本方程

上面分别得到了鉴相器、环路滤波器和压控振荡器的数学模型,将三个模型连接起来,就可得到锁相环电路的数学模型,如图 7-10 所示。复时域分析时,可用一个传输算子 $F(p)$ 来表示,其中 $p \equiv d/dt$ 是微分算子。由图 7-10 可以得出锁相环电路的基本方程

$$\theta_e(t) = \theta_1(t) - \theta_2(t) \tag{7-22}$$

$$\theta_2(t) = U_d \sin\theta_e(t) F(p) \frac{K_0}{p} \tag{7-23}$$

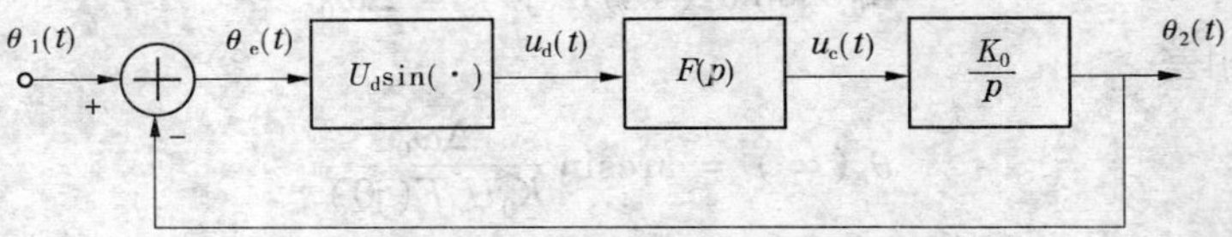

图 7-10　锁相环电路的相位模型

将式(7-23)代入式(7-22)得

$$p\theta_e(t) = p\theta_1(t) - K_0 U_d \sin\theta_e(t) F(p) = p\theta_1(t) - K\sin\theta_e(t) F(p) \tag{7-24}$$

式中,$K = K_0 U_d$ 为环路增益。U_d 是误差电压的最大值,U_d 的单位是 V,它与 K_0 的乘积就是压控振荡器的最大频偏量。

下面我们来分析基本方程的物理含义。

设环路输入一个频率 ω_r 和相位 θ_r 均为常数的信号,即

$$u_r(t) = U_r \sin(\omega_r t + \theta_r) = U_r \sin[\omega_0 t + (\omega_r - \omega_0)t + \theta_r] \tag{7-25}$$

式中,ω_0 是控制电压 $u_c(t) = 0$ 时 VCO 的固有振荡频率;θ_r 是输入参考信号的初相位。令

$$\theta_1(t) = (\omega_r - \omega_0)t + \theta_r$$

则

$$p\theta_1(t) = \omega_r - \omega_0 = \Delta\omega_0 \tag{7-26}$$

将式(7-26)代入式(7-24)可得固定频率输入时的环路基本方程

$$p\theta_e(t) = \Delta\omega_0 - K_0 U_d \sin\theta_e(t) F(p) \tag{7-27}$$

等式左边 $p\theta_e(t)$ 项是瞬时相差 $\theta_e(t)$ 对时间的导数,称做瞬时频差 $\omega_r - \omega_v$;等式右边第一项 $\Delta\omega_0$ 称为固有频差,它反映锁相环需要调整的频率量;右边第二项是闭环后 VCO 受控制电压 $u_c(t)$ 作用引起振荡频率 ω_v 相对于固有振荡频率 ω_0 的频差 $\omega_v - \omega_0$,称为控制频差。由式(7-27)可见,在闭环之后的任何时刻存在如下关系

瞬时频差 = 固有频差 − 控制频差

$$\Delta\omega = \Delta\omega_0 - \Delta\omega_v \tag{7-28}$$

即

$$\omega_r - \omega_v = (\omega_r - \omega_0) - (\omega_v - \omega_0)$$

三、锁相环电路的锁定、捕获和跟踪特性

式(7-27)是锁相环电路的基本方程,求解此方程就可以获得锁相环电路的各种性能指标,如锁定、跟踪、捕获、失锁等。但要严格地求解基本方程式(7-27)往往比较困难,工程实践中,总是根据不同的工作条件,作出合理近似,以便得到相应的环路性能指标。

(一)锁定状态

在环路的作用下,当调整控制频差等于固有频差时,瞬时相差 $\theta_e(t)$ 趋向于一个固定值,并一直保持下去,即满足

$$\lim_{t\to\infty} p\theta_e(t) = 0 \tag{7-29}$$

我们将这种状态称为锁相环电路进入了锁定状态。此时,环路对输入固定频率的信号锁定后,由于输入到鉴相器的两个信号无频差,只有一个固定相差,因此误差电压为直流,经低通滤波后得到的控制电压也为直流。因此,锁定时的环路方程为

$$K_0 U_d \sin\theta_e(\infty) F(j0) = \Delta\omega_0 \tag{7-30}$$

从中解得稳态相差

$$\theta_e(\infty) = \arcsin\frac{\Delta\omega_0}{K_0 U_d F(j0)} \tag{7-31}$$

可见,锁定正是在由稳态相差 $\theta_e(\infty)$ 产生的直流控制电压作用下,强制使 VCO 的振荡角频率 ω_v 相对于 ω_0 偏移了 $\Delta\omega_0$,而与参考角频率 ω_r 相等的结果。即

$$\omega_v = \omega_0 + K_0 U_d \sin\theta_e(\infty) F(j0) = \omega_0 + \Delta\omega_0 = \omega_r \tag{7-32}$$

因此,锁定后无稳态频差,这是锁相环的一个重要特征。

(二)跟踪过程

在锁定的前提下,输入参考频率和相位在一定范围内,以一定的速率发生变化时,输出信号的频率和相位以同样的规律跟随变化,这一过程称为环路的跟踪过程。

假设输入信号频率 ω_r 增大时,固有频差 $\Delta\omega_0 = |\omega_r - \omega_0|$ 也增大,这使稳态相差 $\theta_e(\infty)$ 增大,从而使直流控制电压增大,这必使 VCO 产生的控制频差 $\Delta\omega_v$ 增大。当 $\Delta\omega_v$ 大得足以补偿固有频差 $\Delta\omega_0$ 时,环路维持锁定,因而有

$$\Delta\omega_0 = \Delta\omega_v = K_0 U_d \sin\theta_e(\infty) F(j0)$$

故

$$\Delta\omega_0\big|_{max} = K_0 U_d F(j0)$$

如果继续增大 $\Delta\omega_0$,使 $|\Delta\omega_0| > K_0 U_d F(j0)$,则环路失锁($\omega_v \neq \omega_r$)。因此,我们把环路能够继续维持锁定状态的最大固有频差定义为环路的同步带

$$\Delta\omega_H = \Delta\omega_0\big|_{max} = K_0 U_d F(j0) \tag{7-33}$$

同步带 $\Delta\omega_H$ 的物理意义为:当参考信号频率在同步范围内变化时,环路能够维持锁定;若超出此范围,环路将失锁。锁相环电路的锁定与跟踪统称为同步。

(三)失锁状态

失锁状态就是瞬时频差($\omega_r - \omega_v$)总不为零的状态。这时,鉴相器输出电压 $u_d(t)$ 为一上下不对称的稳定差拍波,其平均分量为一恒定的直流。这一恒定的直流电压通过环路滤

波器的作用使 VCO 的平均频率 ω_v 偏离 ω_0 向 ω_r 靠拢，这就是环路的频率牵引效应。也就是说，锁相环处于失锁差拍状态时，VCO 的瞬时角频率 $\omega_v(t)$ 始终不能等于参考信号频率 ω_r，即环路不能锁定。

(四)捕获过程

前面是在假定环路已经锁定的前提下来讨论环路跟踪过程的。但在实际工作中，例如开机、换频或由开环到闭环，一开始环路总是失锁的。因此，环路需要经过一个由失锁进入锁定的过程，这一过程称为捕获过程。

开机时，鉴相器输入端两信号之间存在着起始频差(即固有频差)$\Delta\omega_0$，其相位差为 $\Delta\omega_0 t$。因此，鉴相器输出的是一个角频率等于频差 $\Delta\omega_0$ 的差拍信号，即

$$u_d(t) = U_d\sin(\Delta\omega_0 t) \tag{7-34}$$

若 $\Delta\omega_0$ 很大，$u_d(t)$ 差拍信号的拍频很高，易受环路滤波器抑制，这样加到 VCO 输入端的控制电压 $u_c(t)$ 很小，控制频差建立不起来，$u_d(t)$ 仍是一个上下接近对称的稳定差拍波，环路不能入锁。

环路能否发生捕获与固有频差的 $\Delta\omega_0$ 大小有关。只有当 $|\Delta\omega_0|$ 小到某一频率范围时，环路才能捕获入锁，这一范围称为环路的捕获带 $\Delta\omega_p$。它定义为在失锁状态下能使环路经频率牵引，最终锁定的最大固有频差 $|\Delta\omega_0|_{max}$，即

$$\Delta\omega_p = |\Delta\omega_0|_{max} \tag{7-35}$$

捕获全过程的各点波形变化过程，如图 7-11 所示。

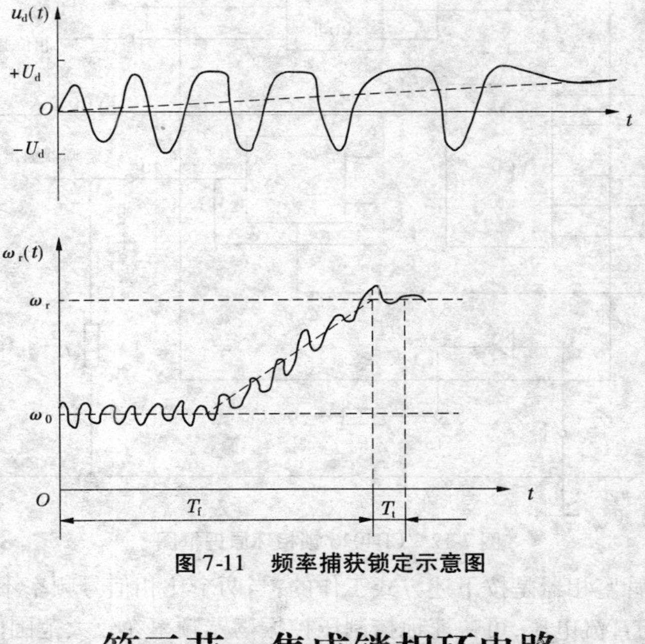

图 7-11　频率捕获锁定示意图

第三节　集成锁相环电路

由于锁相环的大量应用，对 IC 锁相环的需求已经大大地增长。此外，由于环路滤波器控制了许多 PLL 的性能，所以希望让用户按照应用的带宽和建立时间的要求，自已来实现这部分环路。

单片集成锁相环有通用和专用两种形式。其中，通用型按电路又分为模拟式和数字式。专用集成片是指完成某一功能的单片集成锁相环，多用于调频立体声设备、电视设备和频率合成器中。通用型单片集成锁相环可以实现鉴频、FSK（频移键控）信号的产生与解调等多种功能，所以又称为多功能通用锁相环。这种环路的鉴相器、压控振荡器、放大器等主要部件集成在一块基片上。有的内部互不连接，根据需要由外部接入必要的元件，如定时电容器、环路滤波器等；也有的部分电路在内部连接。

一、数字集成锁相环 CD4046

CD4046 是一种微功耗 CMOS 多功能数字集成锁相环。其组成如图 7-12 所示，它包括一个低功耗线性压控振荡器、源极输出器和两个鉴相器。鉴相器 I 为 CMOS 异或门鉴相器，鉴相器 Ⅱ 为 CMOS 数字式鉴频鉴相器。

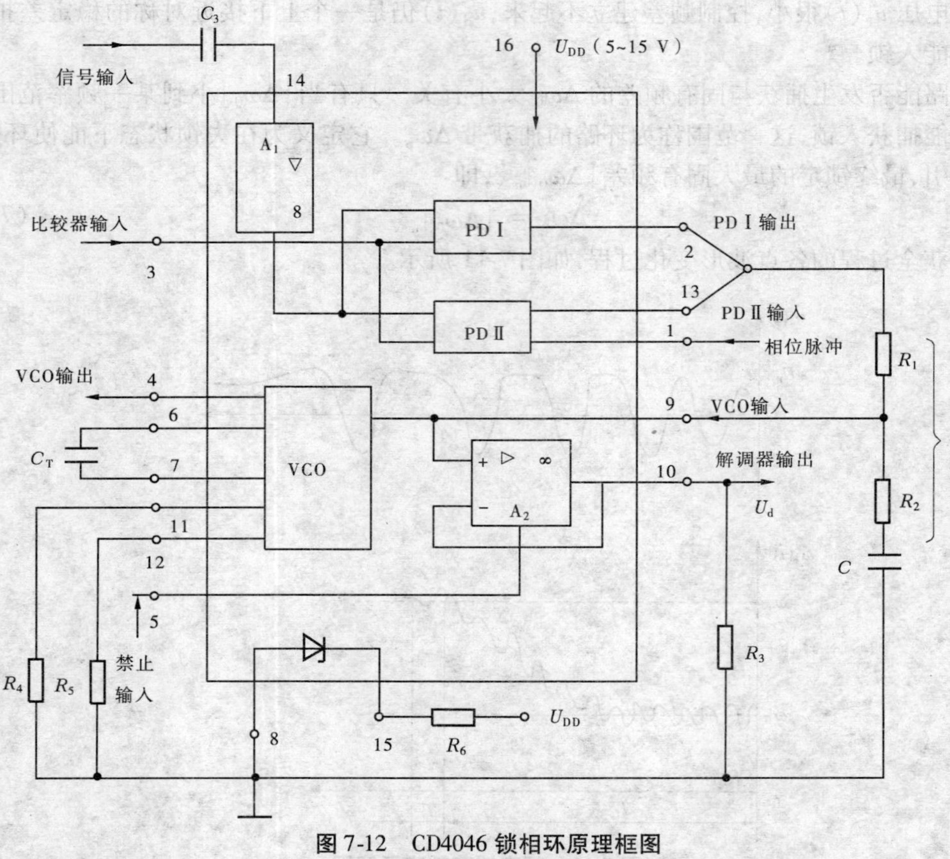

图 7-12 CD4046 锁相环原理框图

一般稳压二极管鉴相器是按下述方式工作的：当两个比相信号频率不同时，不论频差大小，它都输出较大的直流电压，可快速地控制压控振荡器频率在较大范围内变化。当两个比相信号达到频率锁定（同频率）时，它就转换为鉴相方式工作。其线性鉴相区域可达 $\pm 2\pi$。

压控振荡器是用 CMOS 数字门电路构成的，输入阻抗高，有利于环路滤波器的设计，但其工作频率只有 1 MHz 左右。压控振荡器的输出端 4 与鉴相器比较输入端 3 在电路上预先没有连接，以便在 3、4 端插入分频器类部件，以适应环路多功能的需要。环路滤波器也是通过外接部件来实现的。此外，图中 A_1 是鉴相器的前置放大与整形电路。与压控振荡器输入端相连的源极输出器 A_2 专门作鉴频输出之用，避免鉴频信号的输出加重滤波器负载。

CD4046 的同类产品有 5G4046，它可在 5 ~ 16 V 的电源条件下工作，工作频率大于 1 MHz，总功率为几兆瓦。它可实现鉴频、频率交换、频率合成和数据同步等功能。

二、双频锁相环 LMX2370

LMX2370 是一种高性能、低功耗的双频锁相环芯片，内部结构如图 7-13 所示。它包含两路鉴相器、电流充电泵、可编程 15 bit 参考分频器和反馈频率分频器。其中反馈频率分频器由可编程前置分频器、整数分频器和吞除计数器组成。来自外部晶体振荡器的信号（OSC_{in}）经参考分频器分频后，作为参考频率 f_r 加到鉴相器；压控振荡器（VCO）的反馈频率 f_{VCO} 经反馈频率分频器分频后也加到鉴相器。鉴相器对两输入信号进行相位比较，驱动电流充电泵输出误差信号，经片外环路滤波器滤波后，形成调谐电压，调整 VCO 频率，直至环路锁定，此时锁定检测（LD）为高电平。

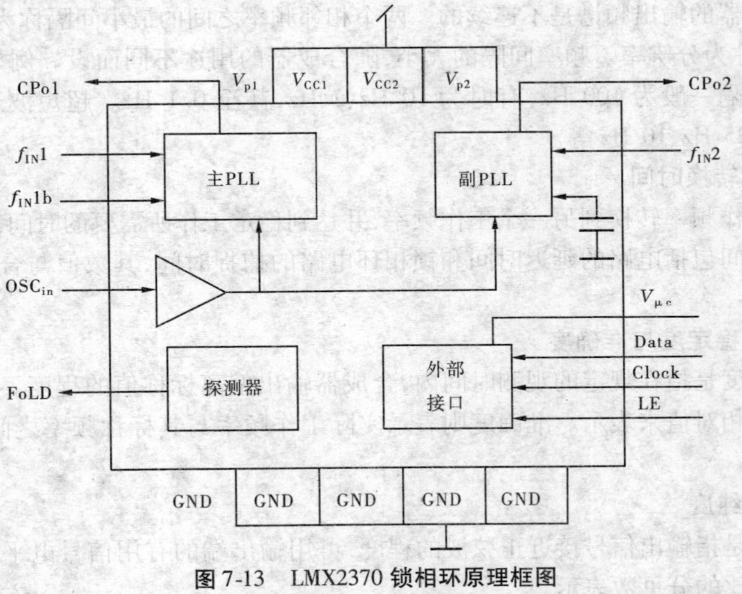

图 7-13　LMX2370 锁相环原理框图

LMX2370 通过三线接口（时钟、数据、使能）转换串行数据。在时钟上升沿，数据移入移位寄存器，最高有效位（MBS）先入；在使能上升沿，移位寄存器的 22 位数据将锁存到串行数据最后 2 位（地址位）所指定的锁存器。

LMX2370 的工作电压为 2.7 ~ 5.5 V，工作电流仅 6 mA。双模前置分频比可编程（主环 $P = 32/33$ 或 16/17，副环 $P = 16/17$ 或 8/9）；工作频率主环达 2.5 GHz（$P = 32/33$）或 1.2 GHz（$P = 16/17$），副环 1.2 GHz（$P = 16/17$）或 550 MHz（$P = 8/9$）。

第四节　频率合成技术

由于通信技术的迅速发展，对信号源的要求也不断提高。不仅要求它的频率稳定度高，而且要求能方便地改换频率。

频率合成技术是利用一个或若干个高稳定度、高精度的基准频率作为参考频率，通过一定的变换和处理后，产生出一系列等间隔的离散频率。这些离散频率的稳定度和精度均与基准频率相同，并且能在很短的时间内，由某一频率变换到另一频率。

使用频率合成技术产生不同频率输出信号的部件，称为频率合成器或频率综合器。

一、频率合成器的主要技术指标

为了正确理解、使用与设计频率合成器，应对它提出合理的技术指标。频率合成器的使用场合不同，对它的要求也不尽相同。其主要技术指标如下。

（一）频率范围

频率范围是指频率合成器的工作频率范围（最低频率和最高频率之间的变化范围）。通常要求频率合成器在指定的频率范围和离散频率点上均正常工作，并达到质量指标的要求。

（二）频率间隔

频率合成器的输出频谱是不连续的。两个相邻频率之间的最小间隔称为频率合成器的频率间隔，又称为分辨率。频率间隔的大小，随合成器的用途不同而设。例如，短波单边带通信的频率间隔一般为 100 Hz，有时为 10 Hz、1 Hz，甚至 0.1 Hz。超短波通信则多取 50 Hz，有时也取 25 Hz、10 Hz 等。

（三）频率转换时间

从一个工作频率转换到另一个工作频率，并达到稳定工作所需要的时间，称为频率转换时间。这个时间包括电路的延迟时间和锁相环电路的捕捉时间，其数值与合成的电路形式有关。

（四）频率稳定度与准确度

频率稳定度是指在规定的观测时间内，合成器输出偏离标称值的程度。一般用偏离值与输出频率的相对值来表示。准确度则表示实际工作频率与其标称频率之间的偏差，又称频率误差。

（五）频谱纯度

频谱纯度是指输出信号接近正弦波的程度，可用输出端的有用信号电平与各寄生频率分量总电平之比的分贝数表示。

二、频率合成器的类型

频率合成器可分为直接式频率合成器（DS）、间接式（或锁相式）频率合成器（IS）和直接式数字频率合成器（DDS）3 大类。

（一）直接式频率合成器（DS）

直接式频率合成器是最早出现的一种频率合成模式，它一般以多个晶体振荡源为基础，再用倍频、分频、混频等方法，获得有限个所需频率的信号源。直接频率合成指的是新频率的产生来自于倍频器、分频器、带通滤波器和混频器组合的一个或多个参考频率。典型的直接频率合成的例子如图 7-14 所示。

图 7-14 中新频率$\frac{2}{3}f_0$是由f_0使用一个三分频电路、一个混频器和一个带通滤波器来实

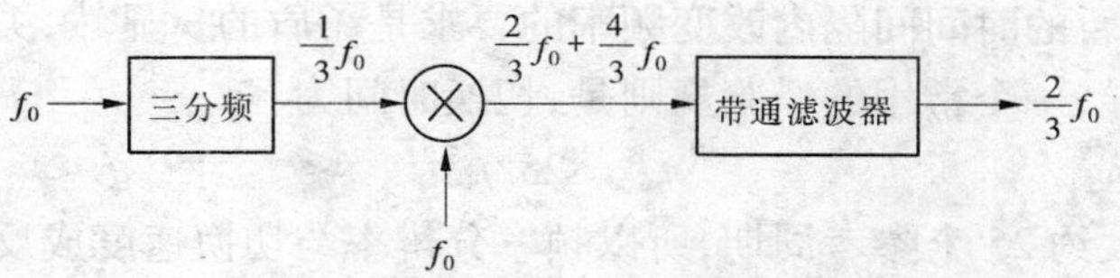

图 7-14　典型的直接频率合成框图

现的。这个例子中，$\frac{2}{3}f_0$ 是直接对 f_0 的运算合成的。直接频率合成器设计首要考虑的问题之一是混合比，即

$$r = f_1/f_2 \tag{7-36}$$

式中，f_1 和 f_2 是混频器的两个输入频率。如果混合比太大或太小，两个输入频率相互太近，要滤除其中的一个信号将会很困难。

直接频率合成能够产生快速的频率切换（可低于 100 μs）、几乎任意精细的频率分辨率（高达 10 ~ 2 Hz）、低的相位噪声，工作稳定可靠，输出信号的频谱纯度很高。但是，直接频率合成需要的硬件（振荡器、混频器和带通滤波器）比较多，使得建造直接合成器的规模大，价格昂贵。直接频率合成技术的另一个缺点是输出中含有不需要（寄生）的频率。频率范围越宽，在输出中出现寄生分量的可能性就越大。相对于直接频率合成的通用性、速度及灵活性，这些缺点也是必须权衡的。

（二）间接式（或锁相式）频率合成器（IS）

间接频率合成法是用一个或几个基准频率源，用锁相环将压控振荡器的频率锁定在某一谐波或组合频率上，由压控振荡器间接产生所需要的频率输出。应用锁相环（PLL）的频率合成技术较好地克服了直接频率合成的缺点，锁相式频率合成器是目前应用最广泛的频率合成器。图 7-15 是一个简单的 PLL。当 PLL 正常工作时，鉴相器的两个输入频率是相等的，即

$$f_i = f_d \tag{7-37}$$

频率 f_d 是把压控振荡器（VCO）的输出频率 f_o 除以 N 而得到的，即

$$f_d = f_o/N \tag{7-38}$$

因此，输出频率 f_o 是参考频率的整数倍，或

$$f_o = Nf_i \tag{7-39}$$

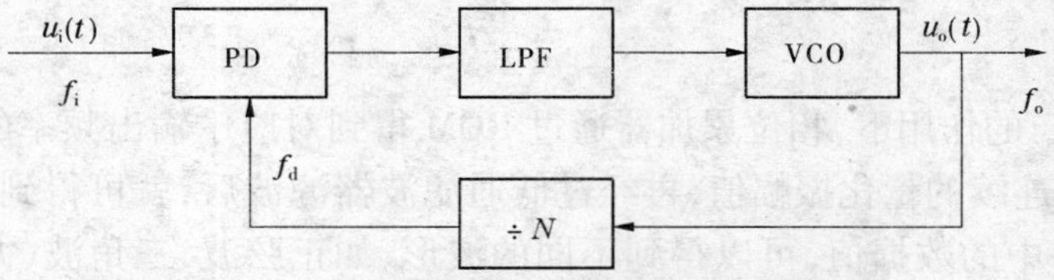

图 7-15　带有分频器的锁相环电路组成框图

这样，在环路中带有分频器的 PLL 就提供了一种从一个单一的参考频率来获得许多频率的方法。如果除数 N 是用一个可编程的分频器来实现的，就能够很容易地以增量 f_i 来改变输出频率。有可编程分频器的 PLL 提供了一种合成大量频率的方法，合成的频率都是参考频率的整数倍。

由式（7-39）看到，频率分辨率等于 f_i。就是说，输出频率可以按最小的增量 f_i 来变化；

然而,这与在一个短暂的时间间隔内改变频率的要求是矛盾的。显然,关于切换时间的精确的表达式还需要推导,一个常用的经验规则是,切换时间为

$$t_s = 25/f_i \tag{7-40}$$

切换频率需要大约 25 个参考周期,所以频率分辨率与切换速度成反比。一个频繁使用各种频率信号的现代卫星通信系统规范是,频率分辨率等于 10 Hz,而切换时间要小于 10 μs。按上面的经验规则,预计切换时间为 2.5 s,所以简单的 PLL 频率合成器不可能同时满足这两个要求。

(三)直接式数字频率合成器(DDS)

直接式数字频率合成器是近年来发展非常迅速的一种器件,它采用全数字技术,用波形合成的方法组成各种频率和各种波形的信号,具有分辨率高、频率转换时间短、相位噪声低等特点,并具有很强的调制功能和其他功能。

DDS 的基本思想是在存储器内存入正弦波的 L 个均匀间隔样值,然后以均匀速率把这些样值输出到数模转换器,将其变换成模拟信号。最低输出频率的波形会有 L 个不同的点。以同样的数据输出速率,存储器中的值每隔一个输出一个,就能产生二倍频率的波形。以同样的速率,每隔 k 个点输出就得到 k 倍频率的波形。频率分辨率与最低频率一样,其上限频率由 Nyquist 速率决定,与 DDS 所用的工作频率有关。DDS 的组成如图 7-16 所示。

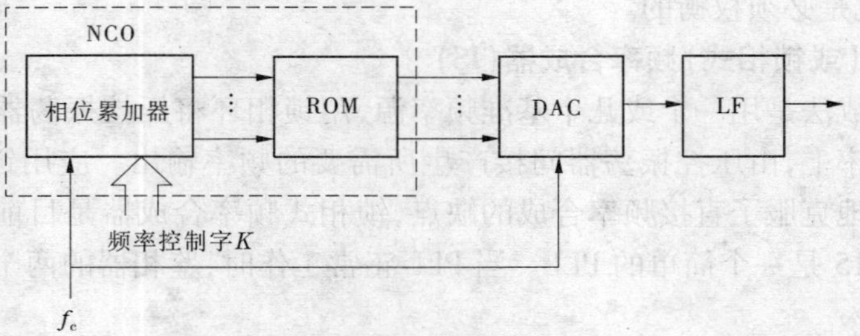

图 7-16　DDS 的组成框图

图中,DDS 由一个相位累加器、只读存储器(ROM)、数模转换器(DAC)和低通滤波器组成,f_c 为时钟频率。相位累加器的长度为 N,用频率控制字 K 去控制相位累加器的次数。当最低有效位为 1 加到相位累加器时,产生最低的频率,在时钟 f_c 的作用下,经过了 N 位累加器的 2^N 个状态,输出频率为 $f_c/2^N$。加任意的 M 值到累加器,则 DDS 的输出频率为

$$f_o = \frac{M}{2^N} f_c \tag{7-41}$$

在时钟频率 f_c 的作用下,相位累加器通过 ROM 得到对应于输出频率的量化振幅值,通过数模转换,得到连续的量化振幅值,再经过低通滤波器滤波后,就可得到所需频率的模拟信号。改变 ROM 中的数据值,可以得到不同的波形,如正弦波、三角波、方波、锯齿波等周期性的波形。

三、集成频率合成器

集成频率合成器一般采用专用芯片设计,方法简单,主要有两类:一类是基于锁相环电路的数模混合芯片,如 Motorola 的 MC145000 系列(工作频率达 30 MHz)、Peregrine 公司的 PE3236(工作频率达 2.4 GHz);另一类是基于相位概念的全数字芯片,如 AD 公司的

AD9850、AD9851、AD9852、AD9858、AD9995 等。

MC145000 系列是最典型的单片集成频率合成器，目前已经有好几种型号可供使用，大多数都含有数字鉴相器及用于反馈除法运算的可预置计数器。有些更先进的芯片还包含了外部双模数预定标器所需要的控制逻辑和计数器，并且可预置成串联和并联。

(一)MC145000 系列单片集成频率合成器

图 7-17 所示的是 MC145152－2 PLL 频率合成器。当与一个外接的低通滤波器以及压控振荡器结合起来时，这些器件能够提供一个 PLL 频率合成器的全部功能，工作频率可以高至器件的频率上限。对于更高的 VCO 频率，可以在 VCO 和合成器 IC 之间使用一个降频混频器或预定标器。

这些频率合成器芯片可以应用于 CATV(有线电视)、AM/FM 收音机、双向无线电、TV 调谐、扫描接收机、业余无线电等。

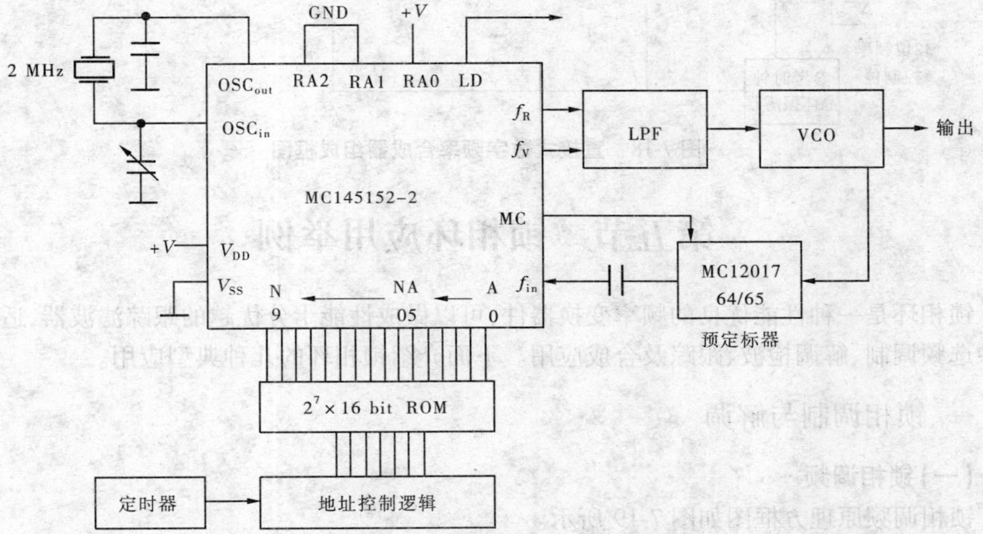

图 7-17　MC145152－2 PLL 频率合成器

(二)AD9850 系列直接式数字频率合成器

AD9850 系列直接式数字频率合成器是近年来迅速发展起来的全数字化的频率合成系统，整个合成器已成为一种超大规模的集成器件，以此为基础的信号源产品已大量问世。这种合成器的代表产品是 AD 公司生产的 AD9850、AD9852、AD9854 等产品。

直接式数字频率合成器的特点：以 AD9850 DDS 为例，其频率分辨率甚高，可达 0.029 1 Hz；频率转换时间甚短，可低至数十纳秒(每秒钟能产生 2 300 万个新的频率)；频率范围很宽，低至 0.029 1 Hz，高至数十兆赫兹(在参考时钟为 125 MHz 时，输出信号的频率可高至 62.5 MHz)；变换信号频率时，信号的相位能保持连续；具有多种功能，如能输出方波，若有好的软件设计，还可输出调频波、调幅波及其他所需已调信号；功耗小，在 5 V 供电时耗电 380 mW，3.3 V 供电时耗电 155 mW；适应环境温度变化大(－40～80 ℃)；体积小，质量轻(28 脚 SSOP 超小型封装)。从实际使用的情况来看，其缺点是，在输出信号幅度小时，噪声较大。

上述的是 AD9850 的特点，对 AD9852、AD9854 而言，其指标更好，功能更全，实际应用中的几乎所有信号均可用软件设定,由硬件电路输出。

直接式数字频率合成器(DDS)的电路组成框图如图 7-18 所示。由图可见,合成器主要由相位累加器、算法电路、存储器、A/D 转换器、低通滤波器、比较器、串并行接口等电路组成。相位累加器受参考时钟信号及频率控制字的控制,产生所需控制参数,再由专门设计的算法电路的操作,从存储器中依序取出相应样点的数据,加至 A/D 转换器变换成模拟信号,最后经低通滤波器滤波,由芯片某端口输出所需的正弦信号。图中的参考信号是由本芯片的石英晶体振荡器产生的,也可以由外电路供给,频率控制字由外部的 PC 机或单片机提供,对 AD9850 芯片而言,此控制字为 40 位二进制数(其中的 32 位作控制频率用),可串行输入,也可并行输入。

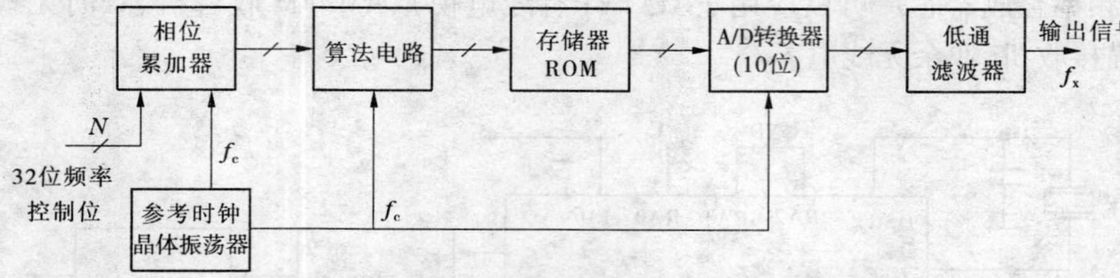

图 7-18　直接式数字频率合成器组成框图

第五节　锁相环应用举例

锁相环是一种性能优良的频率变换器件,可以做成性能十分优越的跟踪滤波器,适用于多种选频调制、解调检波、跟踪及合成应用。下面介绍锁相环的几种典型应用。

一、锁相调制与解调

(一)锁相调频

锁相调频原理方框图如图 7-19 所示。

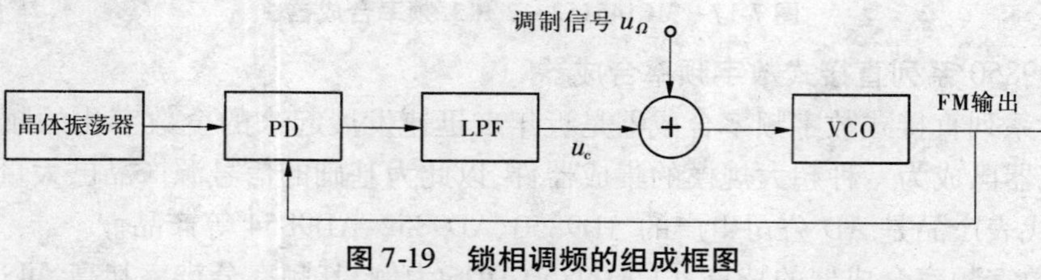

图 7-19　锁相调频的组成框图

环路滤波器的输出信号 u_c 与调制信号 u_Ω 一起去控制压控振荡器的频率,实现所需的调频。由于锁相环电路的作用,VCO 输出的调频信号的中心频率和石英晶体振荡器的频率完全一样,所以频率稳定度较高。但环路滤波器的通频带很窄,不能让由于 u_Ω 所引起的 VCO 输出调频信号中的变化分量通过,否则不可能实现调频。

(二)锁相鉴频

图 7-20 是锁相鉴频的方框图。

当输入信号为调频信号时,只要环路带宽设计得足够宽,保证 VCO 的瞬时角频率能跟踪输入信号中反映调制规律变化的瞬时角频率,此时 VCO 输入端的控制电压 $u_c(t)$ 反映调

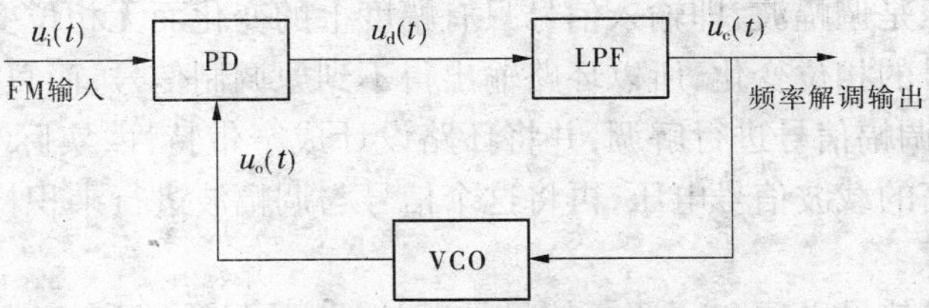

图 7-20　锁相鉴频方框图

制信号的变化规律,从环路滤波器输出端得到的就是所需的调频波解调电压。

(三)锁相鉴相

这里以调相信号的乘法鉴相(相干解调)器为例,再次说明锁相环的应用。对于调相信号或数字相位键控信号而言,相干解调是最佳解调方式。

如图 7-21 所示,当锁相环的输入为调相波时,只要环路带宽设计得足够窄,就能滤除输入调相波的调制分量,使压控振荡器只能跟踪调相信号的中心角频率(即载波角频率)。在这种条件下,如果鉴相特性是线性的,则在鉴相器的输出端就可以得到不失真的调柜波的调制信号。可见,鉴相电路是个载波跟踪型电路。所谓载波跟踪型,是指压控振荡器的输出角频率只能跟踪输入调制信号的中心频率。系统中加入移相器是用来补偿压控振荡器输出信号与输入被解调信号中载频分量之间的固定相移,以保证乘法器两输入信号完全同步,使解调出的信号失真尽可能得小。

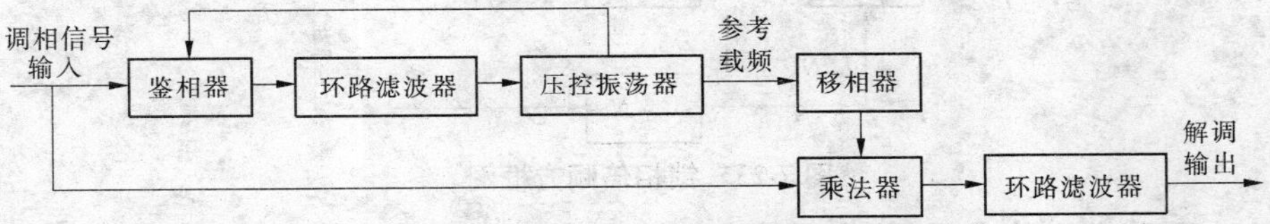

图 7-21　调相信号相干解调器原理图

(四)同步检波

在调幅波信号频谱中,除包含调制信号的成分外,还含有较强的载波分量,使用载波跟踪环可将载波分量从已调波信号中提取出来,再经过 90°移相,作为同步检波器的参考信号,然后与调幅信号相乘,经输出滤波就可以获得检波输出,如图 7-22 所示。

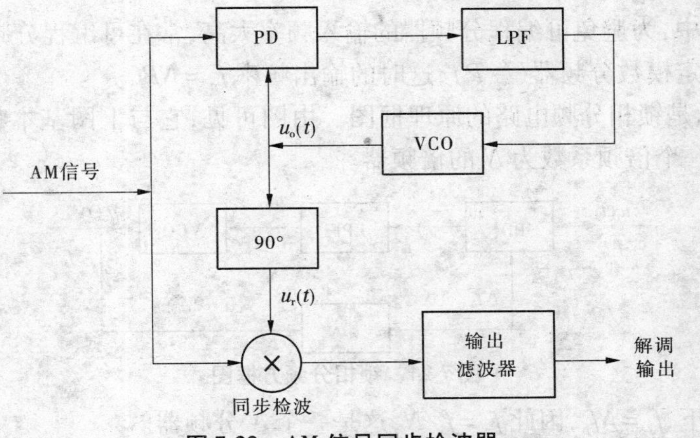

图 7-22　AM 信号同步检波器

图中的输入电压是调幅波，即输入信号只有幅度上的变化而无相位变化，由于锁相环电路只能跟踪输入信号的相位变化，所以环路输出得不到原调制信号，而只能得到等幅波。因此，如果用锁相环对调幅信号进行解调，并将环路设计成窄带特性，实际上是利用锁相环电路提供一个稳定度高的载波信号电压，再将这个信号与调幅波进行乘积检波，就可以将原调制信号解调出来。

同步检波的参考信号必须和原调幅信号的载波同频同相。图 7-22 中是用锁相环电路的方案获得参考信号的，显然，这是一个载波跟踪型锁相环电路。

二、频率变换电路

利用锁相环的频率跟踪特性，可以完成分频、倍频和混频功能，构成频率变换电路。这些对频率进行加、减、乘、除的功能是构成频率合成器的基础。频率合成器是一种频率可调或可程控的高稳定度的信号源，在通信、雷达以及测量仪表中已得到广泛应用。

（一）倍频器与分频器

若将一个振荡器通过锁相环锁定在它的谐波成分上，就可以构成倍频器和分频器。图 7-23所示是一个锁相倍频电路的原理框图。它在基本锁相环路的反馈支路中（压控振荡器和鉴相器之间）插入了一个分频比为 N 的分频器。

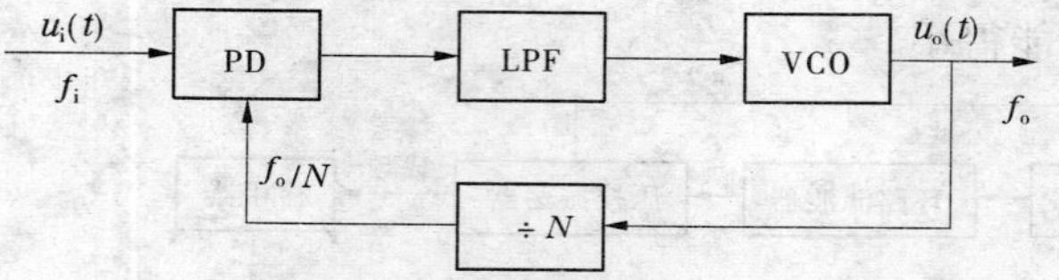

图 7-23　锁相倍频方框图

图中，在环路锁定状态下，鉴相器的两个输入信号的频率相等，即 $f_i = f_o/N$，因此

$$f_o = Nf_i \tag{7-42}$$

由此可见，这是一个 N 倍频器。一般情况下，输入信号 $u_i(t)$ 是由晶体振荡器产生的，所以 f_i 具有很高的稳定度和准确度。电路中采用了可编程分频器，只要改变分频器的分频比 N，就可以得到一系列频率间隔为 f_i 标准频率的信号输出。锁相倍频的优点是：频谱很纯，而且倍频次数高，可达数万次以上。

在实际电路中，为避免可编程分频器的输入频率太高，常在可编程分频器与压控振荡器之间插入一个固定模数分频器（$\div P$），这时的输出频率 $f_o = NPf_i$。

图 7-24 所示是锁相分频电路的原理框图。由图可见，它与上图基本相同，只是在 VCO 和 PD 之间改插一个倍频系数为 N 的倍频器。

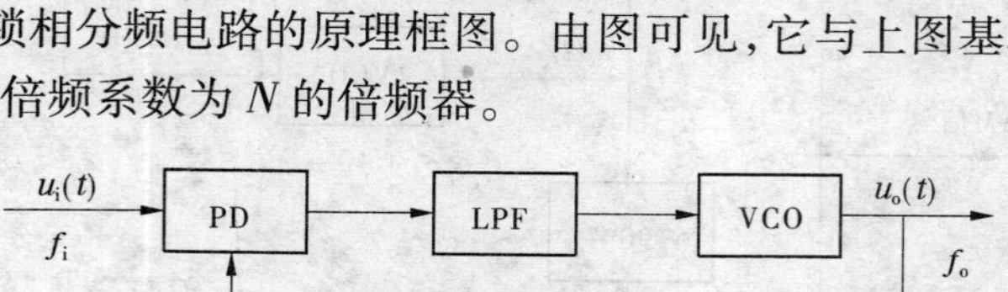

图 7-24　锁相分频方框图

在锁定状态下，$f_i = Nf_o$，因此 $f_o = f_i/N$，这是一个 N 分频器。

(二)锁相混频

锁相混频是在压控振荡器和鉴相器之间插入一个混频器 M,如图 7-25 所示。图中 f_i 为输入信号频率,f_L 为本振频率,f_o 为压控振荡器输出频率。f_o 与 f_L 作为混频器的输入信号,混频器输出上下边频为 $f_o \pm f_L$ 的中频信号。

若 $f_o > f_L$,在锁定情况下,$f_i = f_o - f_L$,于是

$$f_o = f_L + f_i \tag{7-43}$$

上式表明,环路输出频率 f_o 是 f_L 和 f_i 之和,为上变频。

若 $f_o < f_L$,在锁定情况下,$f_i = f_L - f_o$,则

$$f_o = f_L - f_i \tag{7-44}$$

上式表明,环路输出频率 f_o 是 f_L 和 f_i 之差,为下变频。利用锁相环的频率加、减、乘、除等功能可以构成频率合成器。

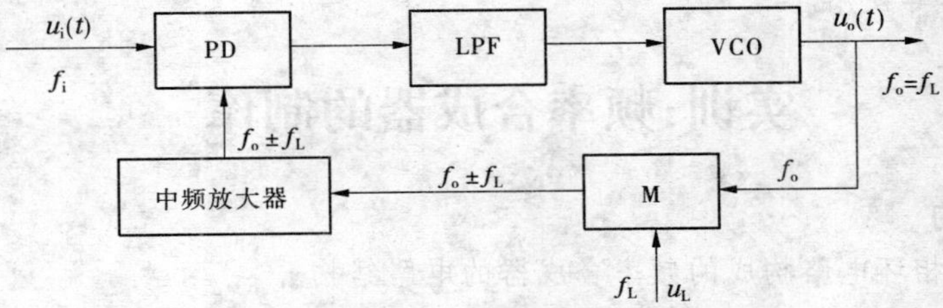

图 7-25　锁相混频方框图

当 $f_L \gg f_i$ 时,若采用普通混频器进行混频,由于 $f_L \pm f_i$ 很靠近 f_L,要取出 $f_L \pm f_i$ 中的任一分量,滤出另一分量,对普通混频器输出滤波器的要求就十分苛刻,尤其是需要 f_i 和 f_L 在一定的范围内变化时更是难以实现。利用锁相混频电路则是十分方便的。环路滤波器应按输入信号 $u_i(t)$ 的通带宽度设计。

(三)频率合成器

利用一个(或几个)晶体振荡器作为参考频率,产生若干个标准频率信号的设备,叫做频率合成器。采用频率合成技术,可以综合晶体振荡器频率稳定度好、准确度高和可变频率振荡器改换频率方便的优点,克服了晶体振荡器点频工作和可变频率振荡器频率稳定度低、准确度不高的缺点,用途非常广泛。

本章小结

本章主要讨论了锁相环电路的基本工作原理。主要介绍的内容包括:

(1) 锁相环的构成及工作原理;

(2) 锁相环电路各组成部分的分析,锁相环电路的数学模型;

(3) 锁相环电路的捕获特性和跟踪特性;

(4) 集成锁相环电路;

(5) 锁相鉴频及锁相调频;

(6) 频率合成技术;

(7) 锁相环电路的应用。

锁相环电路是一个相位误差控制系统，一般由鉴频器、环路滤波器和压控振荡器组成，是将参考信号与输出信号之间的相位进行比较，产生相位误差电压来调整输出信号的相位，以达到与参考信号同频的目的。PLL 有两个工作状态(失锁和锁定)和两个工作过程(捕获和跟踪)，其中锁定和跟踪统称为同步。

频率合成技术是利用一个或若干高准确度和高稳定度的标准频率而产生出多个或大量的准确度和稳定度与标准频率一致的离散输出频率的技术。其主要技术指标有频率范围、频率间隔、准确度、稳定度等。常用的频率合成方法有直接频率合成、间接频率合成(锁相频率合成)和直接式数字频率合成。

随着电子技术的发展，特别是集成电路的出现，在各种电子系统中广泛使用锁相环电路。例如锁相接收机、微波锁相振荡器、锁相调频器、锁相鉴频器等。特别在锁相频率合成器中，锁相环电路具有稳频作用，能够完成频率的加、减、乘、除等运算，可以作为频率的加减器、倍频器、分频器等使用。

实训：频率合成器的制作

(一)实训目的

(1)了解由锁相环电路构成的频率合成器的电路结构。

(2)理解频率合成器的工作原理。

(3)熟悉分频器分频比的计算方法。

(4)会根据频率合成器电路原理图正确制出电路板，并调试成功。

(5)会对频率合成器电路进行通电调试，设计数据记录表格，并记录和分析测量数据。

(二)实训步骤

(1)复习相关理论知识，熟悉频率合成器电路的工作原理。

(2)如图 7-26 所示，准备电路中所需要的各种电子元器件。

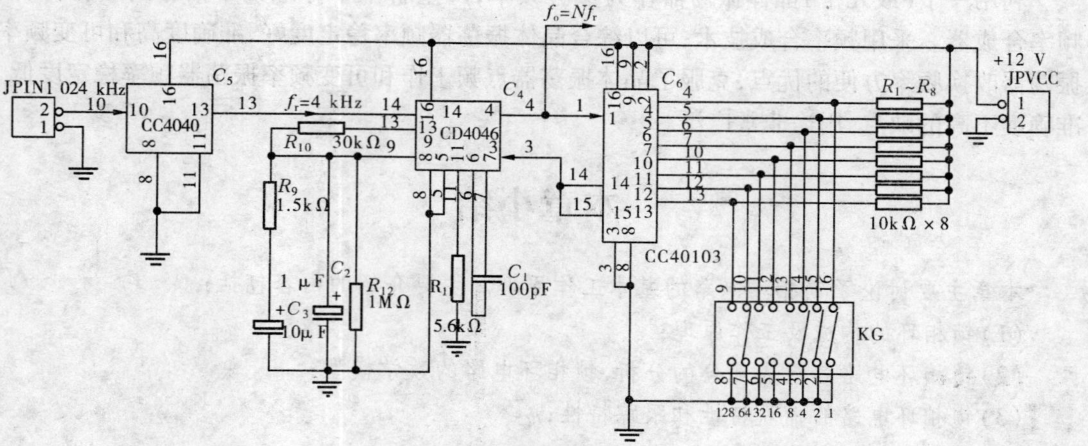

图 7-26　频率合成器电路原理图

(3)利用 Protel 99 软件绘制电路原理图。

(4)给原理图中的各个元件填写对应的封装，Protel 99 软件封装库中没有的，要求自己制作。

(5)在 Protel 99 软件中转化得到实用的电路板图。图 7-27 可以供大家参考。

(6)制作电路板，并装配、焊接成功。

(7)在信号输入端加 1 024 kHz 的信号，调节拨码开关的位置，如图 7-26 所示，借助频率计测量输出信号的频率值。

(8)改变拨码开关的位置，借助频率计再次测量输出信号的频率，比较实际测量的频率值与理论计算的频率值是否一致。

(三)说明

(1)在工程应用上，对频率源不仅要求稳定、准确，而且还要能够方便地改变频率值。频率合成器既可采用一个或多个石英晶体标准振荡源来产生大量的、与标准源有相同频率稳定度和准确度的众多频率。

(2)通常锁相频率合成器是利用锁相环电路的窄带跟踪特性，在基本锁相环电路的反馈通道中插入分频器来构成的。

(3)图 7-26 中，CC4040 为参考分频器，其分频比 $N=2^8=256$。CD4046 为集成锁相环电路。CC40103 为 8 位可预置二进制 $\div N$ 计数器，其分频比 N 由拨码开关的位置来决定。按照图 7-26 的连接方式，可以输出频率为 $f_o=Nf_r$、频率间隔为 4 kHz 的信号。改变拨码开关的位置，得到不同 N 值，即可获得不同频率的信号输出。

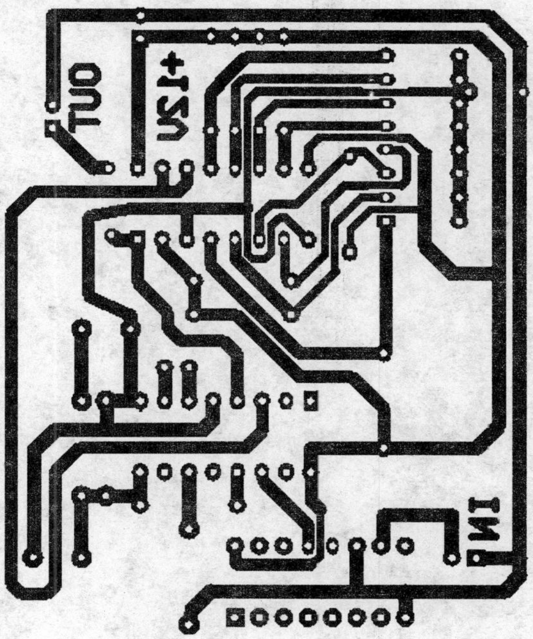

图 7-27　频率合成器的参考电路板图

(四)实训要求

(1)会利用 Protel 99 软件绘制电路原理图。

(2)会在 Protel 99 软件环境中为各个元器件指定封装名称，封装库中没有的元件，会自己定义封装库。

(3)能够正确生成电路板图,要求:元器件布局规则;插接口位置分布合理(尽量在边缘);线径和焊盘直径适当;布线合理。

(4)能够熟练制出电路板,并装配焊接成功。

(5)会熟练调试频率合成器电路,达到预期的效果。

(6)会对频率合成器电路进行实测,并记录下测量数据,完成实训报告。

习 题

7-1 锁相与自动频率调节有何区别?为什么说锁相环相当于一个窄带跟踪滤波器?

7-2 在锁相环路中,常用的滤波器有哪几种?写出它们的传输函数。

7-3 什么是环路的跟踪状态?它和锁定状态有什么区别?

7-4 试分析锁相环电路的同步带和捕获带之间的关系。

7-5 试画出锁相环电路的方框图,并回答以下问题:

(1)环路锁定时压控振荡器的频率和输入信号频率之间是什么关系?

(2)在鉴相器中比较的是哪种参量?

7-6 举例说明锁相环电路的应用。

附　录

附录一　49.67 MHz 窄带调频发射器制作举例

与调幅系统相比,调频系统由于高频振荡器输出的振幅不变,因而具有较强的抗干扰能力与较高的效率。所以,在无线通信、广播电视、遥控遥测等方面获得了广泛应用。

49.67 MHz 窄带调频发射机以 Motorola 公司推出的窄带调频发射集成电路 MC2833 为核心,MC2833 是同步开发无绳电话和调频通信设备的 FM 发射系统,内置送话器放大电路、压控振荡器和两级缓冲放大晶体管。这种集成电路有很多特点,它的工作电压范围为 2.8 ~9.0 V,低功耗(当 U_{CC} =4.0 V,无信号调制时,消耗的电流典型值为2.9 mA),只需少量的外围元器件,60 MHz 的频率具有 -30 dB 直接功率输出,使用片内放大晶体管输出功率可达 +10 dB 的输出功率,可以接入 FCC、DOT、PTT 等射频电路。

用集成电路 MC2833 制作的窄带调频器,主要的工作频率为 49.67 MHz,最大频偏不小于3 kHz,输入音频压缩幅度3 mV,电源电压5 V,天线有效长度1.5 m,发射距离大于20 m。

在设计印制板电路过程中,印刷板上的元器件要合理安排,注意地线宽度和高频零电位点的安排,高频信号的走线要避免过长。

调整整机电路时,要确定最佳调制工作点。可以将集成电路3端上的固定电阻换成电位器。调节电位器,选择不同的调制工作点,测得输出频偏与调制工作点的关系,作出它们的关系曲线,即晶体调频器的静态调制特性曲线(u—f 曲线),从该特性曲线上确定最佳调制工作点。

下面介绍 MC2833 的引脚和内部电路,如附图1所示。

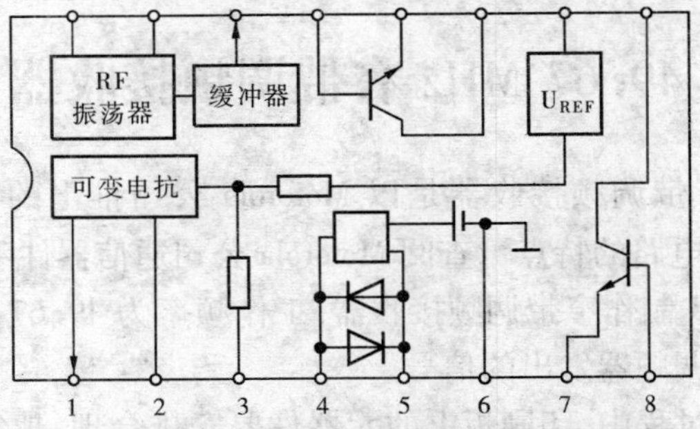

附图1　MC2833 的引脚和内部电路图

MC2833 的内部电路主要包括可压控的射频振荡器、音频电压放大器和辅助晶体管放大器等。

射频振荡器是片内克拉波型电路,在克拉波型电路的基础上构成基音(或泛音)晶体压控振荡器。音频电压放大器为高增益运算放大电路，其频率响应约 35 kHz。

输入信号（语音信号）从引脚 5 输入，经过高增益运算放大电路后从引脚 4 输出，再加到引脚 3，通过可变电抗控制振荡频率变化，在晶体直接调频工作方式下，产生 ±2.5 kHz 左右频偏。如果需要提高调制器输出的中心频率和频偏时，可由缓冲器进行二倍频或三倍频，再利用辅助晶体管放大射频功率。当 $U_{CC}=8$ V 时，射频输出功率可达到 +5 dB 至 +10 dB。

制作 49.67 MHz 窄带调频发射器的典型电路如附图 2 所示。图中电感可选 3.3 ~ 4.7 μH，晶体选用 16.5667 MHz 基音晶体。其他元件参数可按照图中选用，要求误差在 ±5% 左右，去耦电容可在几千皮法范围内选用。

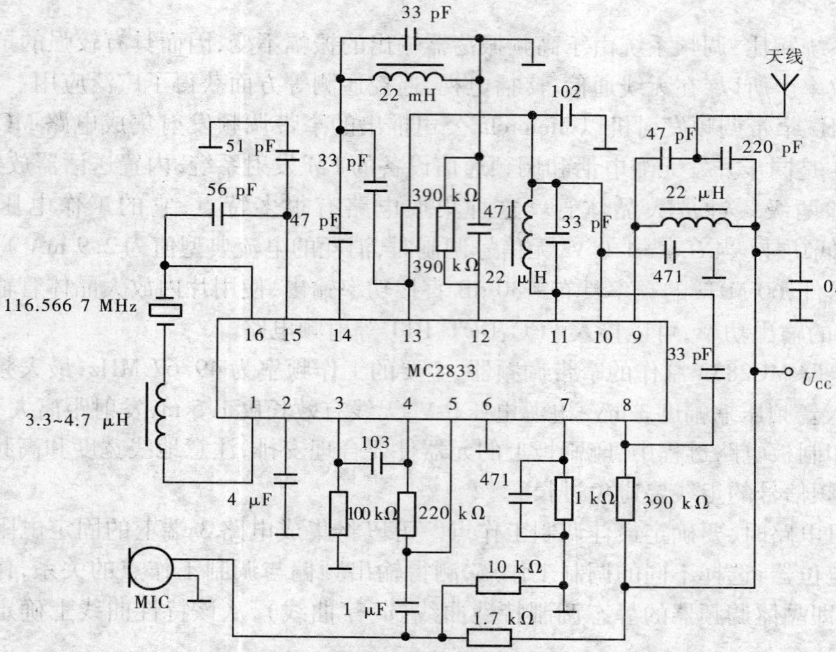

附图 2　49.67 MHz 窄带调频发射器的典型电路

引脚 9 接输出负载回路，49.67 MHz 窄带调频信号通过拉杆天线辐射。

附录二　49.67 MHz 窄带调频接收器制作举例

制作 49.67 MHz 窄带调频接收器是以 Motorola 公司推出的窄带调频接收集成电路 MC3363 为核心，该集成电路的特点可查阅 Motorola 公司通信器件手册。

用集成电路 MC3363 制作窄带调频接收器，工作频率为 49.67 MHz，电源电压 2 ~ 7 V，调试好后可以接收窄带调频器发出的信号。

在设计印刷板电路过程中，印刷板上的元器件要安排合理，地线宽度、信号的走线要避免过长。

MC3363 的引脚和内部电路框图如附图 3 所示。MC3363 的内部电路主要包括第一混频、第二混频、第一本振、第二本振、限幅中放、正交检波电路等。

各引脚功能如附表 1 所示。

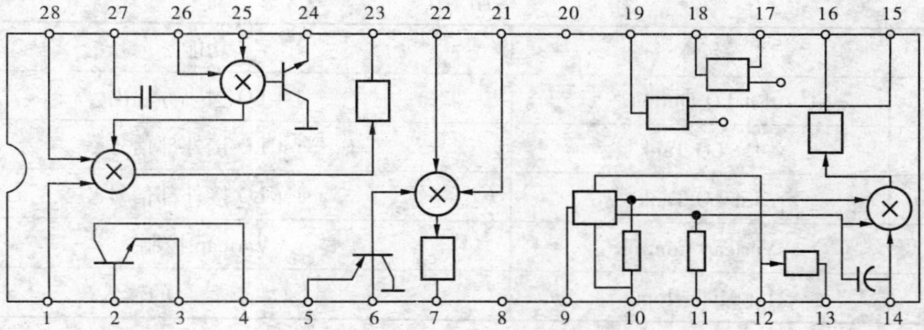

附图 3　MC3363 的引脚和内部电路框图

附表 1　MC3363 各个引脚功能表

序号	名称	功能
引脚 1	1st Mixer Input	1st 混频信号的输入
引脚 2	Base	基极(基带信号输入)
引脚 3	Emitter	发射极
引脚 4	Collector	集电极
引脚 5	2nd LO Emitter	2nd LO 发射极
引脚 6	2nd LO Base	2nd LO 基极(基带信号输入)
引脚 7	2nd Mixer Output	混频信号的输出
引脚 8	VCC	电源电压
引脚 9	Limiter Input	限制输入(限幅输入端)
引脚 10	Limiter Decoupling	限制减弱
引脚 11	Limiter Decoupling	限制减弱
引脚 12	Meter Drive(RSSI)	(米、公尺、计、表)驱动
引脚 13	Carrier Detect	载波检测
引脚 14	Quadrature Coil	积分环
引脚 15	Mute Input	弱音输入
引脚 16	Recovered Audio	音量调整
引脚 17	Comparator Input	比较输入
引脚 18	Comparator Output	比较输出
引脚 19	Mute Output	弱音输出
引脚 20	VEE	电源电压
引脚 21	2nd Mixer Input	2nd 混频信号的输入
引脚 22	2nd Mixer Output	2nd 混频信号的输入
引脚 23	1st Mixer Output	1st 混频信号的输入

续附表 1

序号	名称	功能
引脚 24	1st LO Output	1st LO(本振)输出
引脚 25	1st LO Tank	1st LO 接外部信号
引脚 26	1st LO Tank	1st LO 接外部信号
引脚 27	Varicap Control	Varicap 控制
引脚 28	1st Mixer Input	1st 混频信号的输入

49.67 MHz 窄带调频接收器的典型电路如附图 4 所示。输入到引脚 2 的窄带调频信号的中心频率为 69.67 MHz,经过放大后,从引脚 1 加到第一混频器,而 38.97 MHz 的第一本振信号从内部注入。若要用外部振荡信号时,需电压从引脚 25 和 26 输入 100 mV。第一中频本振信号由另一块晶体产生。第二混频器输出 455 MHz 中频信号,也经陶瓷滤波器从引脚 9 加到限幅中放,增益为 60 dB,带宽较窄,约 3.5 kHz。正交检波后从引脚 16 输出音频信号,后接一片放大器。

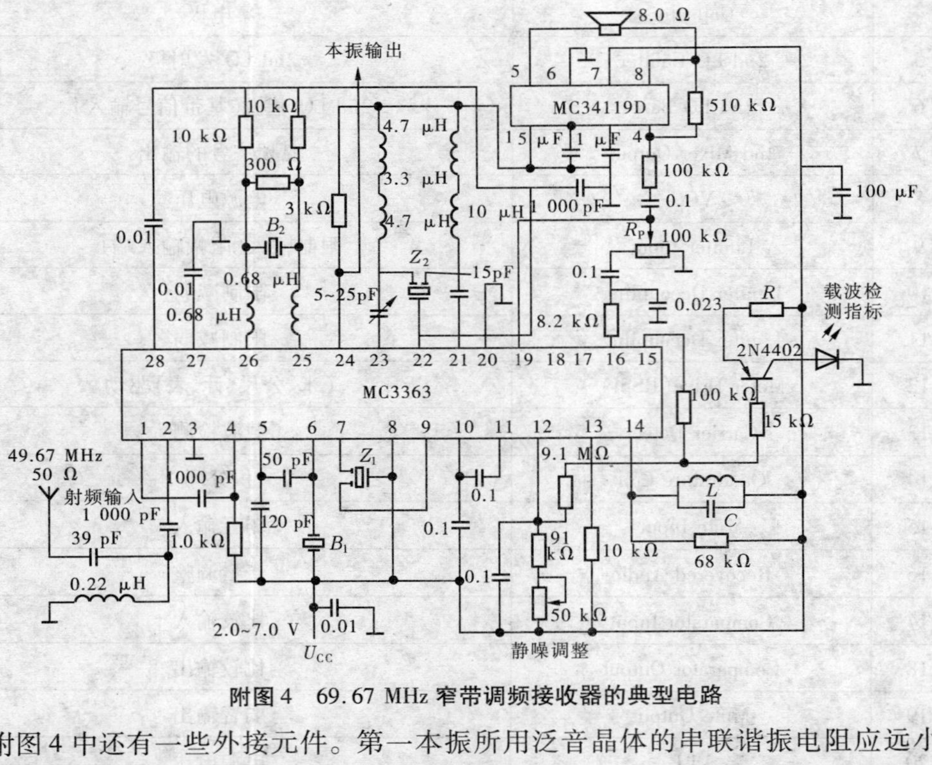

附图 4　69.67 MHz 窄带调频接收器的典型电路

附图 4 中还有一些外接元件。第一本振所用泛音晶体的串联谐振电阻应远小于 300 Ω,与晶体并接的 300 Ω 电阻限制其他振荡频率出现,而正交线圈两端并联的 68 kΩ 电阻用来确定解调器的峰距(线性范围)。较小的阻值可降低 Q 值,以改善频偏线性区的大小,但却会影响再现音频信号电平幅度。

对于 MC3363 集成电路来说,在信噪失真比(SINAD)为 12 dB 时,具有优于 0.3 μV 的

灵敏度。信噪失真比的意义为

$$\mathrm{SINAD(dB)} = \frac{S+N+D}{N+D}\mathrm{dB}$$

其中，S 为信号电平；N 为噪声电平；D 为失真分量电平，通常指解调器输出有用信号的二次谐波电平。在规定的 12 dB 信噪失真比下，窄带调频接收机输入所需要的最小信号电平，称为 SINAD 灵敏度，可用 μV 或 dBμ 表示。

另外，还包括 LC 为 455 kHz 正交谐振回路；R_P 为音量控制电位器；B_1 为 10.245 MHz 泛音晶体，负载电容 32 pF；B_2 为 38.97 Hz 泛音晶体，串联型晶体振荡器，调整线圈为 0.68 mH；Z_1 为 455 kHz 陶瓷滤波器，$R_{in} = R_{out} = 1.5 \sim 2.0\ \mathrm{k\Omega}$；$Z_2$ 为 10.7 MHz 陶瓷滤波器，$R_{in} = R_{out} = 330\ \mathrm{k\Omega}$；若采用晶体滤波器，可以更加改善邻频道干扰与第二镜像抑制，提高接收机选择性和灵敏度；R 用来调整发光二极管电流 I_{LED}，$I_{LED} \approx (U_{CC} - U_{LED})/R$，$U_{LED}$ 一般为 1.7 ~ 2.2 V。

附录三　常用射频发射模块与接收模块

在数字音频和数字视频无线传输系统、无线遥控和遥测系统、无线数据采集系统、无线网络、无线安全防范系统等应用中，无线收发电路是必不可少的。对于缺少射频电路设计经验的工程技术人员来说，射频收发电路的设计是无线应用的一个瓶颈。目前一些公司可以提供一系列的单片射频收发芯片，为工程技术人员提供了多种选择。

一、常用射频发射模块应用举例

F05 系列芯片采用声表谐振器稳频，SMT 树脂封装，频率一致性好，免调试，特别适合多发一收无线遥控及数据传输系统。而一般的 LC 振荡器频率稳定度及一致性较差，即使采用高品质微调电容也很难保证已调好的频点不会发生偏移。F05 具有较宽的工作电压范围及低功耗特性，当发射电压为 3 V 时，发射电流约 2 mA，功率不再明显提高。F05 采用 AM 方式调制以降低功耗，数据信号停止，发射电流降为零。数据信号与 F05 用电阻而不能用电容耦合，否则 F05 将不能正常工作。数据电平应接近 F05 的实际工作电压以获得较高的调制效果，F05 对过宽的调制信号易引起调制效率下降，收发距离变近。当高电平脉冲宽度在 0.08 ~ 1 ms 时，发射效果较好，大于 1 ms 后效率开始下降；当低电平区大于 10 ms，接收到的数据第一位极易被干扰（即零电平干扰）而引起不解码。如采用 CPU 编译码可在数据识别位前加一些乱码以抑制零电平干扰，若是通过编解码器，可调整振荡电阻，使每组码中间的低电平区小于 10 ms。F05 输入端平时应处于低电平状态，输入的数据信号应是正逻辑电平，幅度最高不应超过 F05 的工作电压。

F05 天线长度可从 0 ~ 250 mm 选用，也可无天线发射，但发射效率下降。

F05C 为改进型，体积更小，内含隔离调制电路消除输入信号对射频电路的影响，信号直接耦合，性能更加稳定。

F05 应垂直安装在印板边部，应离开周围器件 5 mm 以上，以免受分布参数影响而停振。F05 发射距离与调制信号天线在开阔区最大发射距离约为 250 m，在障碍区相对要近，由于折射反射会形成一些死区及不稳定区域，不同的收发环境会有不同的收发距离。如需更远的可靠距离,可在 F05 的输出端增加一级射频功率放大器。

附图5(a)、(b)为 F05 典型应用电路,工作电压为3～12 V,发射电流2～10 mA,发射功率10 mV,发射频率315 MHz 和433 MHz,工作温度为 −40～+60 ℃,传输速率小于10 Kbps 编码器采用 PT2262,振荡电阻取 3.3 MΩ 效果较好,17 脚无信号输出时,F05 不工作,发射电流为零;当14 脚为低电平时,17 脚输出已设定的编码脉冲对 F05 进行调制发射,通过测试 F05 工作电流可大致判断 F05 是否处于正常发射状态,空码时加天线时发射电流约为 6 mA,调整 R_2 可调整发射电流,R_3 取值小可提高发射距离,但易引起调制甚至停振。

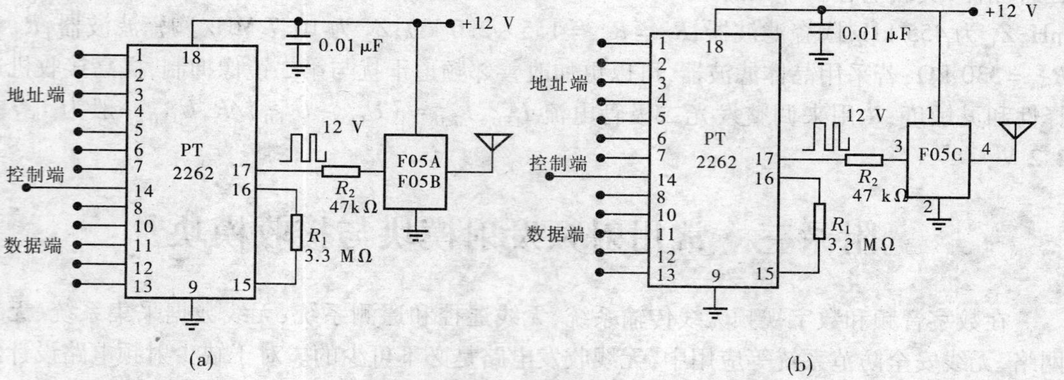

附图5　F05 典型应用电路

二、常用射频接收模块应用举例

J05 系列采用超外差二次变频结构,所有的射频接收、混频、滤波、数据解调、放大整形等功能全部在芯片内完成。芯片接收功能高度集成化,免去射频频率调试及超再生接收电路的不稳定性,具有体积小,可靠性高,频率稳定,接收频率免调试,安装使用极为方便等优点。J05B 引脚功能如附图6 所示。

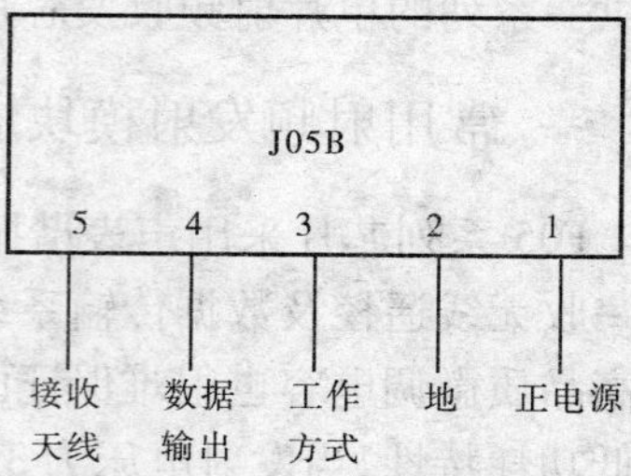

附图6　J05B 引脚功能

J05 系列具有两种工作方式,可以适合解调不同的数据速率。第3 脚悬空(内部已上拉为高电平)时,射频接收带宽较宽,可适应发射频率精度误差较大的声表谐振器稳频的发射机及一般的 *LC* 发射机。第3 脚接地时,射频接收带宽较窄,解调滤波器带宽较大,但要求配套的发射机必须具有较高的频率精度及稳定度,发射频率必须由晶体或精度较高的声表谐振器稳频。多次试验结果表明,发射 PT2262 振荡电阻用 1.2 MΩ 时,第3 脚悬空接收效果较好。对配套发射频点精度放宽可降低发射成本,抗干扰性也好。

J05B 具有与标准解码器及单片机的 +5 V 逻辑电平接口。J05B 在无信号状态下输出为一片随机噪声。虽然在接收到数据信号时噪声被抑制,但在信号较弱(远距)时这种随机噪声极易影响到数据的起止位而导致数据错误而不解码。解决的办法是连发几次或在起止位前加一些乱码来抑制零电平状态干扰。若是标准编解码器可调整振荡电阻使每组码中间的零电平区干扰最小,同时应兼顾 J05B 解调滤波器带宽及发射效率,因为太低的调制频率会使发射效率下降而影响收发距离。

J05B 天线一般取$\frac{\lambda}{4}$即可。在天线端口加 *LC* 谐振回路可抑制射频干扰，提高接收灵敏度。

附图 7 为 J05B 典型应用电路。解码器 PT2272 振荡电阻取 680 kΩ，编码器应为 3.3 MΩ，17 脚为解码有效指示端。解码时输出直流高电平，可驱动一支 LED 发光指示。8 脚及 10～13 脚为 5 路数据输出，与 PT2262 对应。如果采用 VD5026、VD5027 编解码器，振荡电阻应都取 200 kΩ，同时发射电压应改为 6 V。如果采用单片机，应注意印板及地线布局，否则单片机晶体会干扰 J05B，使接收到的数据错误。

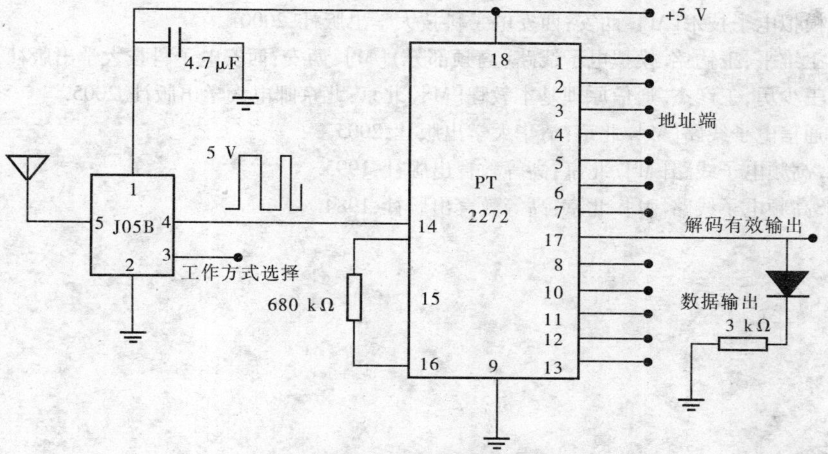

附图 7　J05B 典型应用电路

J05B 对电源纹波及电压范围要求较严，不宜使用开关电源，可采用 7805 三端稳压器。J05B 若有随机噪声输出而无信号，应首先检查发射电路。如果是传输单片机数据，则应调整单片机数据速率。若收发距离很近，用示波器观察 J05B 输出的数据是否被干扰（即零电平干扰点）。噪声干扰可以被信号抑制，但不合理的地线及部件引入的干扰很难被抑制，应逐步断开后级电路找到干扰源。

参考文献

[1] 曾兴雯,刘乃安,陈健.通信电子线路[M].北京:科学出版社,2006.
[2] 吴慎山.高频电子线路[M].北京:电子工业出版社,2007.
[3] 邬正义,范瑜,徐惠钢.现代无线通信技术[M].北京:高等教育出版社,2006.
[4] 申功迈,钮文良.高频电子线路[M].西安:西安电子科技大学出版社,2004.
[5] 杜武林.高频电路原理与分析[M].西安:西安电子科技大学出版社,2000.
[6] 李雅轩.模拟电子技术[M].西安:西安电子科技大学出版社,2000.
[7] 郑应光,王维平,王钧铭.模拟电子线路(高频部分)[M].西安:西安电子科技大学出版社,1996.
[8] 王秉均,王少勇,王彦杰.通信原理基本教程[M].北京:北京邮电大学出版社,2005.
[9] 于洪珍.通信电子线路[M].北京:清华大学出版社,2005.
[10] 胡宴如.高频电子线路[M].北京:高等教育出版社,1993.
[11] 张肃文.高频电子线路[M].北京:高等教育出版社,1984.